网络空间安全学科系列教材

密码软件实现
与密钥安全

林璟锵 郑昉昱 王伟 刘哲 王琼霄◎著

机械工业出版社
CHINA MACHINE PRESS

图书在版编目（CIP）数据

密码软件实现与密钥安全 / 林璟锵等著 . -- 北京：机械工业出版社，2021.5（2024.12 重印）
（网络空间安全学科系列教材）
ISBN 978-7-111-67957-8

I. ①网…　 II. ①林…　 III. ①计算机网络 – 网络安全 – 高等学校 – 教材　 IV. ①TP393.08

中国版本图书馆 CIP 数据核字（2021）第 064860 号

密钥安全是密码工程与实践中需要重点关注的问题，在密码软件实现中尤其关键。本书从密码算法、计算机存储单元、操作系统内存管理等方面入手，介绍密码软件实现的原理，重点阐述密钥安全的重要性。然后，介绍用户态、内核态、虚拟机监控器等典型密码软件实现，并总结它们可能面临的安全威胁。最后，针对这些安全威胁，详细介绍多种前沿的密码软件实现的密钥安全方案，给出深入的分析。

本书结构清晰、内容全面，既可作为高校密码技术相关课程的教材，也可作为密码软件、密码安全研究者和技术人员的参考读物。

出版发行：机械工业出版社（北京市西城区百万庄大街 22 号　邮政编码：100037）
责任编辑：朱秀英　　　　　　　　　　　　　责任校对：殷　虹
印　　刷：北京建宏印刷有限公司　　　　　　版　　次：2024 年 12 月第 1 版第 4 次印刷
开　　本：185mm×260mm　1/16　　　　　　印　　张：13.5
书　　号：ISBN 978-7-111-67957-8　　　　　定　　价：79.00 元

客服电话：（010）88361066　88379833　68326294

序

中国工程院院士 蔡吉人

　　密码技术是实现网络空间安全的核心技术，能够为计算机和网络系统提供多种重要安全服务，包括数据机密性、数据完整性、消息起源鉴别和抗抵赖等。随着密码技术与计算机技术的全面、深度融合，密码软件实现已经成为密码计算的主流形态，在大量信息系统中被广泛使用。相比于传统的密码硬件产品，密码软件具有开发周期短、成本低、部署灵活、更新迭代方便等优势。

　　密码算法发挥安全作用的前提是密钥安全，如果攻击者可以随意访问密钥，则基于密码技术的安全服务就形同虚设。然而，在现有大量密码软件系统中，密钥数据的安全保护措施与其他数据的一样，并没有获得特别关注。密码软件与其他计算机软件共享运行环境，面临同样的敏感数据泄露威胁，即计算机系统的各种安全漏洞同样会影响密码软件，使攻击者非授权地读取密钥。

　　本书从计算机软件安全的角度讨论密码系统的安全实现，首先总结密码软件实现所面临的各种密钥安全威胁，然后逐一介绍基于寄存器、基于Cache、基于处理器扩展特性、基于门限密码算法的密钥安全方案。希望本书的出版能够吸引和带动更多网络空间安全从业人员关注和解决密钥安全问题，开发出更安全、更实用的密码软件，从而使密码技术在网络空间安全中发挥更扎实的作用！

前 言

　　密码学是一门古老而又年轻的学科。自诞生以来，密码技术主要用于军事和外交领域重要信息的保密通信。随着香农的论文"保密系统的通信理论"的发表，密码技术逐渐建立起完备的理论基础，密码学也逐渐成为一门严谨的学科。今天的密码学应用已不再局限于军事和外交领域，密码技术已经成为实现网络空间安全的关键、核心技术，在维护国家安全、保障国计民生等方面发挥着重要的基础性作用。

　　在传统的应用场景下，密码算法大多实现为专用的硬件，例如密码机、密码卡和密码芯片等，利用隔离的密码计算环境和专用的密钥存储介质保护密码算法中最关键的数据——密钥。近年来，随着密码技术的广泛应用，密码技术与计算机技术日益融合，密码软件实现蓬勃发展。软件形态的密码实现由于具有开发便捷、使用灵活、部署快速和维护方便的特点，已经在网络空间中得到广泛部署和应用。

　　在现有信息系统中，软件已经成为密码实现的主流形态。密码软件实现也是持续扩大密码学应用范围的推动力量之一。然而，由于密码软件实现依赖于计算机操作系统、没有独立的密钥存储空间和密码计算环境，在计算机系统面临各种漏洞和攻击的情况下，保证密钥安全是密码软件实现的巨大技术挑战。按照密码学原理，密码技术发挥安全作用的前提是密钥安全。密钥一旦泄露，攻击者就可以随意访问密钥，基于密码技术的安全服务就形同虚设。

　　相比于传统的密码硬件实现，密码软件实现的密钥安全技术风险没有得到应有的关注。在现有的密码软件实现中，密钥的安全保护措施与其他数据的一样，并没有得到应有的专门处理。密码软件与其他计算机软件共享运行环境，面临同样的敏感数据泄露威胁，即计算机系统的各种漏洞和攻击同样会影响密码软件，有可能导致密钥泄露，使攻击者非授权地读取密钥。如何保证密码软件实现的密钥安全，已经成为亟待解决而又极具挑战的重要问题。2014 年，OpenSSL 心脏滴血漏洞事件的大规模爆发为我们敲响了警钟。

　　本书围绕密码软件实现的密钥安全这条主线，系统地介绍了多种密码软件实现的密钥安全方案的原理和实际应用，通过密码软件实现面临的攻击引出密钥安全方案的设计和实现。全书共有 8 章，内容如下：第 1 章主要介绍密码算法以及密钥相关的基本知识和概念，使读者对密码算法实现和密钥安全有初步的认识；第 2 章简要介绍密码软件实现所依赖的运行环境，包括计算机体系结构和操作系统的相关知识；第 3 章和第 4 章介绍常规的密码软件实现及其所面临的各种攻击；第 5 ～ 8 章是本书的主体部分，分别详细介绍基于寄存器、基于 Cache、基于处理器扩展特性、基于门限密码算法等的新型密码软件实现的密钥安全方案。

本书可作为高等院校网络空间安全和密码学等相关专业学生的教材，也可作为网络空间安全和密码行业技术人员的参考书。

在本书编写过程中，王子阳、魏荣、高莉莉、万立鹏、范广、孟令佳、郎帆、许新、刘广祺、范浩玲进行了大量的素材搜集、整理和校对工作，谨此致谢。

由于作者认识的局限和技术的快速发展，书中不妥和错漏之处在所难免，恳请广大读者提出宝贵意见，帮助我们不断改进和完善书稿。

作者

目 录

第1章 密码算法和密钥

密码技术是实现网络空间安全的关键核心技术，密码算法是密码技术的基础理论。密码算法不仅可以提供包括数据机密性、数据完整性、消息起源鉴别和不可否认性等多种基础安全服务，也是密钥管理的基础工具。密钥是密码算法的关键数据，密码算法又用于密钥管理。在密钥管理中，有多种密钥生成和建立方法是在密码算法的基础上设计的。

本章从三个方面分别介绍密码算法和密码软件实现的相关基础知识。首先，简要说明密码杂凑算法、对称密码算法和公钥密码算法三类密码算法。然后，阐述密钥管理的基本概念和各种密码算法实现中需要重点保护的密钥等敏感数据。最后，简单介绍密码算法的实现形态和密码软件实现所面临的攻击威胁。

1.1 密码算法

密码算法是密码技术的核心，各种基于密码技术的安全功能都需要密码算法的支持。密码算法可以实现数据机密性（data confidentiality）、数据完整性（data integrity）、消息起源鉴别（source authentication）、不可否认性（non-repudiation）等基础安全功能。

- ❑ 数据机密性是指保证数据不会泄露给未获授权的个人、计算机等实体。利用密码算法的加密和解密操作，可以实现数据机密性。

- ❑ 数据完整性是指保证数据在传输、存储和处理过程中不会遭到未经授权的篡改。利用消息鉴别码或数字签名算法可以实现数据完整性。密码杂凑算法只能防范无意的传输错误，不能防范攻击者恶意的篡改，除非它产生的消息摘要无法被修改。

❑ 消息起源鉴别是指保证消息来自于特定的个人、计算机等实体，且没有未经授权的篡改或破坏。利用消息鉴别码或者数字签名算法，可以实现消息起源鉴别。

❑ 不可否认性也称为抗抵赖性，是指实体不能否认自己曾经执行的操作或者行为。利用数字签名算法可以实现不可否认性。

本节主要为读者介绍密码算法的基础知识，包括密码算法的分类以及各种密码算法所能实现的安全功能。

1.1.1　密码算法和数据安全

常用的密码算法包括密码杂凑算法、对称密码算法和公钥密码算法三类。

1. 密码杂凑算法

密码杂凑算法也称为密码杂凑函数，其作用是为任意长度的消息计算生成定长的消息摘要。密码杂凑算法的计算是单向的，从给定的消息摘要计算输入的消息在计算上是不可行的。输入消息的微小变化会导致密码杂凑算法输出的巨大变化。密码杂凑算法的计算过程一般不需要密钥，但是它可以应用在多种带密钥的密码算法或者密码协议中。在数据安全保护中，密码杂凑算法有以下作用：

1）作为消息鉴别码（Message Authentication Code，MAC）的基础函数，实现数据完整性和消息起源鉴别，例如带密钥的杂凑消息鉴别码（Keyed-Hash MAC，HMAC）。

2）配合数字签名算法（例如 RSA 算法、SM2 算法等），用于压缩消息、产生消息摘要，作为数字签名算法的计算输入。

2. 对称密码算法

对称密码算法用于明密文数据的可逆变换，且变换和逆变换的密钥是相同的。明文到密文的变换称为加密，密文到明文的变换称为解密。加/解密的秘密参数称为密钥。对称密码算法中的"对称"是指加密密钥和解密密钥是相同的。在不知道密钥的情况下，从明文获得密文的有关信息或者从密文获得明文的有关信息，在计算上是不可行的。在数据安全保护中，对称密码算法有以下作用：

1）用于加/解密数据，实现数据机密性保护。

2）用于构建消息鉴别码，实现数据完整性和消息起源鉴别，例如 CBC-MAC（Cipher Block Chaining MAC，密文分组链接 MAC）、CMAC（Cipher-based MAC，基于对称加密算法的 MAC）等。

3）使用专门的对称密码算法工作模式，在实现数据机密性的同时，提供 MAC 类似功能的数据完整性和消息起源鉴别，例如 GCM（Galois/Counter Mode，Galois/ 计数器模式）和 CCM（Counter with CBC-MAC，带 CBC-MAC 的计数器模式）。

3. 公钥密码算法

公钥密码算法也称为非对称密码算法。它同样可以用于明密文数据的变换，且变换和逆变换的密钥是不同的，分为用于加密的公开密钥（简称公钥）和用于解密的私有密钥（简称私钥）。任何人都可以使用公钥来加密数据，拥有对应私钥的实体才可以解密，而且从公钥不能获得私钥的任何有关信息。除了公钥加密算法，公钥密码算法还包括数字签名算法。拥有私钥的实体可以对消息计算数字签名，任何人都可以使用公钥来验证数字签名的有效性。总的来说，在数据安全保护中，公钥密码算法有以下作用：

1）直接用于加/解密数据，实现数据机密性。由于公钥密码算法的计算效率低，因此这种方法一般只用于少量数据（如对称密钥）的加/解密。

2）用于计算数字签名和验证数字签名，实现数据完整性保护、消息起源鉴别和抗抵赖。

相同的密码算法可以选择不同的密钥长度，例如AES（Advanced Encryption Standard，高级加密标准）对称密码算法的密钥长度可以是128位、192位或者256位。密码算法的安全强度与密钥长度相关，对于相同的密码算法，密钥长度越大则安全强度越高。密码算法安全强度是指破解密码算法所需的计算量，它的单位是位（bit）。n位的安全强度表示破解该密码算法需要2^n次计算。按照目前的技术发展水平，80位安全强度及以下的密码算法（例如RSA-1024算法）是不安全的，112位安全强度的密码算法（例如RSA-2048算法）在2030年后是不安全的。

密码算法的安全强度并不等于密钥长度。一般来说，对称密码算法的安全强度与密钥长度相当，公钥密码算法的安全强度显著小于密钥长度。例如，RSA算法密钥包括两个大素数因子，密钥空间并不等于密钥长度确定的全部取值空间。同时，由于密码算法存在各种破解方法，也会导致安全强度小于密钥长度。例如，3Key-TDEA（3-Key Triple Data Encryption Algorithm，三密钥的三重数据加密算法）的密钥长度是168位，但是由于存在中间相遇攻击，3Key-TDEA的安全强度只有112位；2Key-TDEA（2-Key Triple Data Encryption Algorithm，两密钥的三重数据加密算法）的密钥长度是112位，其安全强度只有80位；由于存在各种大整数分解方法，因此RSA-1024、RSA-2048算法的安全强度分别只有80位、112位；256位素域的SM2算法的安全强度只有128位。

接下来，本节将具体介绍密码杂凑算法、对称密码算法和公钥密码算法三类密码算法。

1.1.2 密码杂凑算法

密码杂凑算法通常表示为$h = H(M)$，M是任意长度的消息，h是计算输出的定长消息摘要。一般来说，密码杂凑算法应该具有如下性质：

1）**单向性（抗原像攻击）** 对于输入消息M，计算摘要$h = H(M)$是容易的；但是给定输出的消息摘要h，找出能映射到该输出的输入消息M满足$h = H(M)$，在计算上是困难的、不可行的。

2）**弱抗碰撞性（抗第二原像攻击）** 给定消息M_1，找出能映射到相同消息摘要输出的另一个输入消息M_2，满足$H(M_2) = H(M_1)$，在计算上是困难的、不可行的。

3）**强抗碰撞性** 找到能映射到相同消息摘要输出的两个不同的消息 M_1 和 M_2，满足 $H(M_2) = H(M_1)$，在计算上是困难的、不可行的。

1. 常用的密码杂凑算法

常用的密码杂凑算法包括 MD5（Message Digest 5）算法、SHA（Secure Hash Algorithm，安全密码杂凑算法）系列算法和中国国家标准 SM3 算法。SHA 系列算法包括 SHA-1、SHA-2 和 SHA-3。

（1）MD5 算法

MD5 算法是 20 世纪 90 年代初由美国麻省理工学院的 Rivest 设计的。MD5 算法将输入消息划分成若干个 512 位的消息分组，经过逐分组的一系列变换后，输出 128 位的消息摘要。大量的密码杂凑算法也是采取类似的设计，将输入消息划分成若干定长的消息分组，然后进行逐分组的一系列变换。因为王小云院士的原创研究成果以及后续研究进展，MD5 算法的碰撞消息已经能够很容易找到，而且也能够构造满足语义要求的碰撞消息，所以 MD5 算法已经不能满足现有信息系统的安全要求。

（2）SHA-1 算法

SHA-1 算法是 20 世纪 90 年代初由美国国家安全局（National Security Agency，NSA）和美国国家标准技术研究院（National Institute of Standards and Technology，NIST）设计的美国国家标准密码杂凑算法。SHA-1 输出的消息摘要长度是 160 位。与 MD5 算法一样，SHA-1 算法也因为王小云院士的原创成果而被找到碰撞实例，继续使用 SHA-1 算法存在安全风险，所以 SHA-1 算法也在逐步停止使用。

（3）SHA-2 算法

SHA-2 算法是由美国 NSA 和 NIST 于 2001 年公开的一系列美国国家标准密码杂凑算法。SHA-2 算法支持 224 位、256 位、384 位和 512 位 4 种不同长度的消息摘要输出。它包含 6 个算法：SHA-224、SHA-256、SHA-384、SHA-512、SHA-512/224、SHA-512/256。其中，SHA-256 和 SHA-512 是主要算法，其他算法都是在这两个算法的基础上使用不同的初始值并截断计算输出而得到的。目前还没有发现对 SHA-2 算法的公开有效攻击。

（4）SHA-3 算法

因为 MD5 和 SHA-1 算法相继出现安全问题，引发了人们对已有密码杂凑算法安全性的担忧。2007 年，美国 NIST 宣布公开征集新一代美国国家标准密码杂凑算法。经过层层筛选，2012 年 10 月，NIST 宣布 Keccak 算法成为新的美国国家标准密码杂凑算法，即 SHA-3 算法。与 SHA-2 算法类似，SHA-3 算法也是系列算法，包含 SHA3-224、SHA3-256、SHA3-384、SHA3-512 共 4 种不同长度摘要输出的密码杂凑算法，以及 SHAKE128、SHAKE256 这两种可拓展输出函数（eXtendable Output Function，XOF）。可拓展输出函数与传统密码杂凑算法的区别在于，可拓展输出函数的输出长度不固定。由于这个特性，直接将 XOF 作为密码杂凑算法用于 HMAC、密钥派生函数（Key Derivation Function，KDF）等有一定的安全风险。更多信息可以参考美国国家标准 FIPS PUB 202。

（5）SM3 算法

SM3 算法是中国国家标准密码杂凑算法。SM3 算法于 2012 年发布为密码行业标准 GM/T 0004-2012《SM3 密码杂凑算法》，于 2016 年升级为国家标准 GB/T 32905-2016《信息安全技术 SM3 密码杂凑算法》。SM3 算法输出的消息摘要长度是 256 位。SM3 算法使用了多种创新性的设计技术，能够有效抵抗多种攻击方法。目前没有发现对 SM3 算法的有效攻击。

（6）小结

在应用中，密码杂凑算法的主要参数是输出长度、消息分组长度和安全强度。例如，将密码杂凑算法用于 HMAC 算法时，国际标准 ISO/IEC 9797 2:2011 要求密钥的长度大于或者等于密码杂凑算法的输出长度且小于等于消息分组长度。

常用密码杂凑算法的主要安全参数如表 1-1 所示。

表 1-1　常用密码杂凑算法的主要安全参数

密码杂凑算法		输出长度（位）	消息分组长度（位）	安全强度（位）
MD5		128	512	发现碰撞，不安全
SHA-1		160	512	发现碰撞，不安全
SHA-2	SHA-224	224	512	112
	SHA-256	256		128
	SHA-384	384	1024	192
	SHA-512	512		256
	SHA-512/224	224		112
	SHA-512/256	256		128
SHA-3	SHA3-224	224	1152	112
	SHA3-256	256	1088	128
	SHA3-384	384	832	192
	SHA3-512	512	576	256
	SHAKE128	任意长度（d）	1344	$\mathrm{Min}(d/2, 128)$ ⊖
	SHAKE256	任意长度（d）	1088	$\mathrm{Min}(d/2, 256)$
SM3		256	512	128

2. 带密钥的杂凑消息鉴别码

密码杂凑算法可用于压缩消息、产生消息摘要，通过对比消息摘要，可以实现数据完整性校验，防范传输和存储中的随机错误。但是，由于任何人都可以对消息进行密码杂凑计算，因此它不能防范对消息的恶意篡改。利用 HMAC，可以防范对消息的恶意篡改，同时实现数据完整性和消息起源鉴别。例如，IPSec（Internet Protocol Security，互联网协议安全）和 SSL/TLS（Secure Sockets Layer/Transport Layer Security，安全套接层 / 传输层安全）协议均使用了 HMAC，用于数据完整性和消息起源鉴别。

⊖　$\mathrm{Min}(a, b)$ 函数返回 a 和 b 中的较小值。

国际标准 ISO/IEC 9797-2:2011、美国国家标准 FIPS PUB 198-1 和国际互联网工程任务组 IETF RFC 2104 都对 HMAC 算法进行了规范。HMAC 利用密码杂凑算法，将密钥和消息作为输入，计算消息鉴别码。对于密钥 K、消息 D，HMAC 的计算公式如下：

$$\text{HMAC}(K, D) = \text{MSB}_m(H((\bar{K} \oplus \text{OPAD}) \| H((\bar{K} \oplus \text{IPAD}) \| D)))^{\ominus}$$

其中，密钥 K 的长度为 k 位。ISO/IEC 9797-2:2011 中要求 $L_2 \le k \le L_1$（L_1 是密码杂凑算法的消息分组长度，L_2 是密码杂凑算法的输出长度），FIPS PUB 198-1 和 IETF RFC 2104 则无此要求。

下面以 ISO/IEC 9797-2:2011 为例介绍 HMAC 的计算流程。首先对密钥进行填充，在密钥 K 的右侧填充（L_1-k）个 0，得到长度为 L_1 的比特串 $\bar{K}$。将十六进制值 0x36（二进制表示为 00110110）重复 $L_1/8$ 次连接起来，得到比特串 IPAD，然后将 $\bar{K}$ 和比特串 IPAD 异或，将异或结果和消息 D 连接起来，并将连接后的数据输入第一次密码杂凑计算。将十六进制值 0x5C（二进制表示为 01011100）重复 $L_1/8$ 次连接起来，得比特串 OPAD，然后将 $\bar{K}$ 和比特串 OPAD 异或，将异或结果与第一次密码杂凑计算的结果连接起来，并将连接后的数据输入第二次密码杂凑计算；取计算输出的最左侧 m 位作为 HMAC 计算结果。

1.1.3　对称密码算法

对称密码算法的加 / 解密计算过程如图 1-1 所示。发送方使用加密算法将明文变换为密文，密文计算结果由明文和密钥共同确定。接收方使用解密算法将密文变换为明文，加密过程和解密过程必须使用相同的密钥。

图 1-1　对称密码算法的加 / 解密过程

对称密码算法分为两种：一是序列密码算法，也称为流密码算法，二是分组密码算法。序列密码算法和分组密码算法的区别如下：

1）序列密码算法将密钥和初始向量（Initial Vector，IV）作为输入，计算输出得到密钥流；然后将明文和密钥流进行异或计算，得到密文。密钥流由密钥和初始向量确定，与明文无关；明文对应的密文不仅与密钥相关，还与明文的位置相关。序列密码算法的执行速度快、计算资源占用少，常用于资源受限系统（例如嵌入式系统、移动终端），或者用于实时性要求高的场景（例如语音通信、视频通信的加 / 解密）。

2）分组密码算法每次处理一个分组长度（例如，128 位）的明文，将明文和密钥作为输

　$\ominus$　$\text{MSB}_m(s)$ 函数返回比特串 s 的最左侧高位 m 位。

入，计算输出得到密文。利用特定的分组密码算法的工作模式（例如计数器模式和输出反馈模式），分组密码算法也可以获得与序列密码算法相同的特性：计算得到与明文无关的密钥流，然后将明文和密钥流进行异或计算，得到密文。

分组密码算法的计算过程通常是由相同或者类似的多轮计算组成，逐轮处理明文，每一轮的输出是下一轮的输入，直至最后一轮输出结果。同时，利用密钥扩展算法，从密钥计算得到多个轮密钥，每一个轮密钥对应输入每一轮计算。

1. 常用对称密码算法

目前，常用的分组密码算法有 AES 和 SM4 算法，序列密码算法有 ChaCha20、ZUC 算法等。

（1）AES 分组密码算法

AES 算法又称为 Rijndael 算法，是美国国家标准分组密码算法，用来替代安全强度不足的 DES（Data Encryption Standard，数据加密标准）算法。AES 算法的分组长度是 128位，密钥长度支持 128 位、192 位或者 256 位，分别用 AES-128、AES-192、AES-256 表示，加 / 解密的轮数分别是 10、12 和 14。AES-128、AES-192 和 AES-256 加 / 解密过程的每一轮计算基本一致，只是轮数不同，密钥扩展算法也需要输出不同数量的轮密钥。

AES 是目前应用最为广泛的分组密码算法。许多 CPU 集成了专门的 AES 指令集用于 AES 算法加速。AES-NI（AES New Instruction，AES 新指令）是 Intel 于 2008 年推出的 AES 算法硬件加速指令集，一条指令执行一轮 AES 加 / 解密计算。之后，ARM、SPARC 等处理器也开始支持 AES 算法硬件加速指令。相比 AES 算法的软件实现，AES 算法硬件加速指令有数量级的性能提升。

（2）SM4 分组密码算法

SM4 算法是中国国家标准分组密码算法。SM4 算法于 2006 年公开发布，2012 年 3 月发布为密码行业标准，2016 年 8 月升级为国家标准 GB/T 32907-2016《信息安全技术 SM4分组密码算法》。

SM4 分组密码算法的分组长度是 128 位，密钥长度是 128 位，迭代轮数是 32 轮。SM4算法的加密和解密过程相同，只是轮密钥使用顺序相反，解密的轮密钥是加密的轮密钥的逆序。

（3）ChaCha20 序列密码算法

ChaCha20 算法是由美国密码学家 Daniel J. Bernstein 设计的序列密码算法。ChaCha20算法的主要结构是 ARX（Add-Rotate-XOR，加 – 循环移位 – 异或）结构的伪随机函数，密钥长度是 256 位。它的核心计算是逐次将密钥、64 位 nonce 和 64 位计数器变换为 512 位的密钥流。由于使用了计数器，相比其他序列密码算法，ChaCha20 算法可以容易地获得任意位置的密钥流。

ChaCha20 算法已经被 IKE（Internet Key Exchange，互联网密钥交换）协议和 TLS 协议

采纳为标准密码算法（分别在 IETF RFC 7634 和 RFC 7905 中进行了规范）。

（4）ZUC 序列密码算法

ZUC（祖冲之密码算法）是中国国家标准序列密码算法。ZUC 算法以中国古代数学家祖冲之（ZU Chongzhi）名字命名，可用于数据机密性和完整性保护。ZUC 算法密钥长度是 128 位。ZUC 算法由 128 位密钥和 128 位 IV 共同作用、计算生成密钥流，每次输出 32 位。

2011 年 9 月，在日本福冈召开的第 53 次第三代合作伙伴计划（Third Generation Partenership Project, 3GPP）会议上，以 ZUC 算法为核心的加密算法 128-EEA3 和完整性保护算法 128-EIA3 被采纳为国际标准，是继美国 AES、欧洲 SNOW 3G 之后的第三套 4G 移动通信密码算法国际标准。

（5）小结

常用对称密码算法的主要安全参数如表 1-2 所示。

表 1-2　常用对称密码算法的主要安全参数

算法	密钥长度（位）	分组长度（位）	安全强度（位）
AES-128	128		128
AES-192	192		192
AES-256	256	128	256
SM4	128		128
ChaCha20	256	序列密码	256
ZUC	128	序列密码	128

2. 分组密码的工作模式

分组密码算法每次加 / 解密处理的数据是固定长度的分组，例如 AES、SM4 算法处理 128 位分组。对于任意长度的消息，需要利用特定的分组密码工作模式（mode of operation）进行处理。有些工作模式要求消息长度是分组长度的整数倍，否则必须填充为分组长度的整数倍。常见的填充方式可以参考 PKCS#5/#7、ISO 10126、ISO/IEC 7816-4 和 ANSI X9.23 等标准。

美国 NIST SP 800-38A 定义了 5 种工作模式：电码本（Electronic Code Book，ECB）模式、密文分组链接（Cipher Block Chaining，CBC）模式、密文反馈（Cipher Feedback，CFB）模式、输出反馈（Output Feedback，OFB）模式、计数器（Counter，CTR）模式。其中，CBC 模式最为常用，下面简单介绍 CBC 模式。

CBC 模式的加 / 解密流程如图 1-2 所示。其中参数含义如下：P_1，P_2，P_3，…，P_q 为 q 个明文分组，IV 为初始向量，E_K 表示以 K 为密钥的加密算法，D_K 表示以 K 为密钥的解密算法，C_1，C_2，C_3，…，C_q 为 q 个密文分组。

在 CBC 模式下，每个明文分组在加密之前，先与前一组密文分组按位异或后，再进行加密计算。计算输出的密文分组不仅与当前明文分组有关，还与之前的明文分组有关。在解密过程中，初始向量 IV 用于计算第一个明文输出；之后，前一个密文分组与当前密文分组解密计算后的结果进行按位异或，得到对应的明文分组。

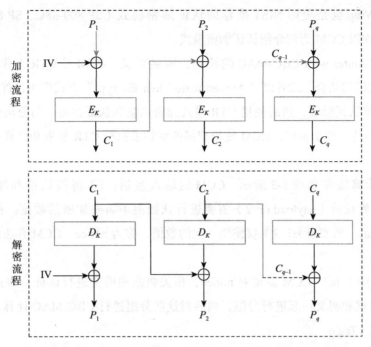

图 1-2　密文分组链接（CBC）模式的加密和解密流程

在加密过程中，初始向量起到引入随机性的作用。每次加密时，初始向量都应该重新生成，初始向量的引入使得多次分别对相同明文数据使用相同的密钥进行加密时，能够得到不同的密文。在加密完成后，初始向量随密文一起传输。即使攻击者截获了初始向量，也不会威胁到数据机密性。

3. 基于对称密码算法的 MAC

CBC 模式的分组密码算法还有一个重要用途：生成消息鉴别码，即使用最后一个分组的输出结果作为 MAC。MAC 可以用于检验消息的完整性、验证消息源的真实性等。需要注意的是，基于 CBC 模式的 MAC（CBC-MAC）有许多安全特性与 CBC 模式并不相同，包括不使用初始向量（也可以认为使用全 0 的初始向量），以及只能为定长的消息产生鉴别码等。为了克服 CBC-MAC 在处理变长的消息时存在的安全问题，一系列基于对称密码算法的 MAC 也被提出，包括 CMAC（Cipher-based Message Authentication Code）和 GMAC（Galois Message Authentication Code）等。其中 CMAC 是 CBC-MAC 的变种，对最后一个消息分块进行了特殊处理。具体算法可查看 ISO/IEC 9797-1:2011 或 NIST SP 800-38C。

4. 认证加密模式

分组密码算法的认证加密（Authenticated Encryption，AE）模式和带相关数据的认证加密（Authenticated Encryption with Associated Data，AEAD）模式可同时实现数据机密性、数据完整性和数据起源鉴别。相比认证加密模式，AEAD 可以同时保护相关数据的完整性和数据起源鉴别。国际标准 ISO/IEC 19772:2009 规范了 6 种不同的认证加密模式，其中 CCM、

GCM 和 Key Wrap 也是美国 NIST 推荐的认证加密模式（SP 800-38C、SP 800-38D 和 SP 800-38F）。下面以 CCM 为例介绍认证加密模式。

CCM 是 Counter with CBC-MAC 的简称，顾名思义，CCM 是 CTR 工作模式和 CBC-MAC 消息鉴别码的结合，二者以"Authenticate-Then-Encrypt"方式应用，首先对消息计算 CBC-MAC 获得认证标签，然后使用 CTR 模式加密消息和认证标签。与分离使用加密算法和 MAC 算法的传统用法不同，CCM 使用相同的密钥来执行 CTR 加密和计算 CBC-MAC 消息鉴别码。

CCM 的计算流程如图 1-3 所示。CCM 的输入包括：1）将被认证和加密的明文数据，也称为有效载荷（payload）；2）需要进行认证但不需要加密的数据，称为相关数据（associated data），例如报头；3）仅使用一次的数值，称为 nonce。CCM 算法的计算过程主要分为两部分：

- **认证**（图 1-3a）　CCM 需要对 nonce、相关数据和明文进行认证，即首先将 nonce、相关数据和明文一起进行分组，然后对这些分组进行 CBC-MAC 计算，最后获得认证标签（Tag）；

- **加密**（图 1-3b）　CCM 利用 CTR 模式对明文和认证标签进行加密，即首先利用计数器生成算法生成计算器 Ctr_0, Ctr_1, $\cdots$, Ctr_m，然后利用 Ctr_0 对认证标签进行 CTR 模式加密，利用 Ctr_1, $\cdots$, Ctr_m 对明文进行 CTR 模式加密，两组串接起来就得到最终的密文。

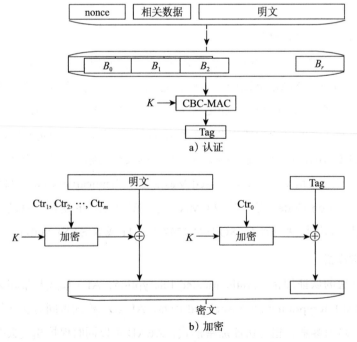

图 1-3　CCM 工作模式计算流程

1.1.4　公钥密码算法

公钥密码算法又称为非对称密码算法，包括公钥加密和数字签名两种主要用途，同时也是密钥协商算法的基础。常用的公钥密码算法有 RSA、DSA（Digital Signature Algorithm，数字签名算法[⊖]）、ECDSA（Elliptic Curve Digital Signature Algorithm，椭圆曲线数字签名算法）、EdDSA（Edwards-Curve Digital Signature Algorithm，Edwards 曲线数字签名算法），以及中国的 SM2 和 SM9 算法。

公钥密码算法的设计一般依赖于计算困难的数学问题，包括大整数因子分解问题、素域离散对数问题、椭圆曲线离散对数问题等。例如，RSA 算法依赖于大整数因子分解问题，DSA 算法和 DH（Diffie-Hellman）密钥协商算法依赖于素域离散对数问题，ECDSA、SM2、EdDSA 算法和 ECDH（Elliptic Curve Diffie-Hellman）密钥协商算法依赖于椭圆曲线的离散对数问题。

在公钥加密算法的加 / 解密过程中，加密和解密使用不同的密钥。其中，用于加密的公开密钥称为公钥（public key），用于解密的私有密钥称为私钥（private key）。公钥和私钥配对使用，从私钥可以推导得到公钥，但是从公钥推导私钥在计算上是不可行的。公钥密码算法的加 / 解密和数字签名过程分别如下：

1）**加 / 解密**　发送方查找接收方的公钥，然后使用该公钥加密要保护的消息。当接收方收到消息后，用自己的私钥解密得到消息。公钥密码算法的加 / 解密速度一般远远慢于对称加密算法，因此公钥密码算法主要用于少量数据的加 / 解密，例如建立共享的对称密钥。

2）**数字签名**　数字签名主要用于实现数据完整性、消息起源鉴别和不可否认性等。与公钥加解密算法使用公钥、私钥的顺序不同，签名方先使用私钥对消息进行数字签名，验证方使用公钥对消息和数字签名进行验证。需要注意的是，在数字签名过程中，一般先使用密码杂凑算法计算消息的摘要，再对消息摘要进行数字签名。

公钥密码算法还包括 DH、Menezes-Qu-Vanstone（MQV）等密钥协商算法，SM2 算法也包括了密码协商算法。在后面的密钥管理算法中将介绍它们。

下面介绍常用的 RSA 算法和 ECDSA、SM2 这两种椭圆曲线密码算法。

1. RSA 公钥密码算法

RSA 算法基于大整数因子分解问题，是目前应用最广泛的公钥密码算法，可用于加 / 解密和数字签名。

RSA 算法包括以下步骤：

1）**密钥生成**　选取两个随机的大素数 p 和 q，计算 $n = pq$ 和 $\varphi(n) = (p-1)(q-1)$；选择随机数 e，满足 e 与 $\varphi(n)$ 互素；然后计算 $d = e^{-1} \bmod \varphi(n)$。公开 (n, e) 作为公钥，保留 (d, p, q) 作为私钥。

⊖　这里特指 FIPS Publication 186-4 规范的基于素域离散对数问题的 DSA 算法，而不是广义上的数字签名算法。

2）**公钥加密**　对于明文 P，计算密文 $C = P^e \bmod n$。

3）**私钥解密**　对于密文 C，计算明文 $P = C^d \bmod n$。

4）**私钥数字签名**　对于消息摘要 E，计算数字签名 $S = E^d \bmod n$。

5）**公钥签名验证**　对于消息摘要 E 和数字签名 S，判断等式 $E = S^e \bmod n$ 是否成立。

RSA 算法加 / 解密的关键步骤是模幂计算，其计算量非常大。在实际应用中，RSA 算法的计算过程有如下优化：

1）加密和签名验证计算。公钥 e 的取值一般很小，有效长度不超过 32 位。很多时候，e 的值为素数 65 537（即 $2^{16}+1$），这样只需要 16 次模平方和 1 次模乘计算就可以完成公钥加密和公钥签名验证计算。

2）解密和数字签名计算。利用中国剩余定理（Chinese Remainder Theorem，CRT），可以显著提升算法计算性能。利用 CRT 提升计算性能时，RSA 算法的私钥结构不再是 (d, n)，而是 $(d, p, q, d \bmod (p–1), d \bmod (q–1), q^{-1} \bmod p)$。当 RSA 算法的模长为 $2k$ 位时，利用 CRT 加速，RSA 解密只需要计算两个 k 位长度的模幂运算：

$$P_1 = C^{d \bmod (p-1)} \bmod p \text{ 和 } P_2 = C^{d \bmod (q-1)} \bmod q$$

然后，利用混合基数转换计算 $P = P_2 + [(P_1–P_2) \cdot (q^{-1} \bmod p) \bmod p] \cdot q$，即可完成模长为 $2k$ 的模幂运算 $P = C^d \bmod n$。相比于直接执行模长为 $2k$ 位的模幂运算，利用 CRT 加速能够减少约 75% 的计算量。

在实际应用过程中，RSA 算法还需要与特定的填充模式配合，即先将消息（或消息摘要）按照填充模式填充至一定长度后（例如，对于 RSA-2048 算法，需要将消息先填充至 2048 位），再进行模幂运算。常用的填充模式包括 PKCS#1-v1.5（Public-Key Cryptography Standards #1-v1.5，公钥加密标准 #1-v1.5）、OAEP（Optimal Asymmetric Encryption Padding，最优非对称加密填充）和 PSS（Probabilistic Signature Scheme，概率性签名方案），具体细节参见 RFC 8017。

2. 椭圆曲线公钥密码算法

1985 年，Neal Koblitz 和 Victor Miller 分别独立地提出了椭圆曲线密码学（Elliptic Curve Cryptography，ECC）的技术思想，成为一类重要的公钥密码算法。ECC 的安全性是建立在椭圆曲线的离散对数问题上的。椭圆曲线并不是椭圆，只是因为它们使用三次方程来表示，与计算椭圆周长的方程相似，所以称为椭圆曲线。椭圆曲线可以定义在不同的有限域上，最常用的是定义在素域上的椭圆曲线和定义在二元扩域上的椭圆曲线。

椭圆曲线的两个基本运算是点加（point addition）和倍点（point doubling），用来构造椭圆曲线点乘（或者称为椭圆曲线标量乘）。点乘运算是椭圆曲线密码学中最主要也是最耗时的运算。ECC 密码算法的加 / 解密、数字签名和密钥协商算法都要求执行椭圆曲线点乘运算。而且，ECC 密码算法通常都是在事先已经公开确定的椭圆曲线上生成公 / 私密钥对，并非所有参数都是一次性生成的。

（1）ECDSA 算法

ECDSA 于 1999 年成为美国 ANSI 标准，并于 2000 年成为 IEEE 国际标准和美国 NIST 标准。

ECDSA 算法可以工作在两类椭圆曲线有限域上，分别是素域椭圆曲线（包括 Curve P-{192, 224, 256, 384, 521} 系列）和二元扩域椭圆曲线（包括 B-{163, 233, 283, 409, 571} 和 K-{163, 233, 283, 409, 571} 两个系列）。目前，素域椭圆曲线的使用更为广泛。

椭圆曲线有限域 $E(F_p)$ 的参数如下：G 是 $E(F_p)$ 的一个基点，它的阶为 n，即 nG 为无穷远点；$\#E(F_p)$ 为 $E(F_p)$ 上点的个数，$h=\#E(F_p)/n$，称为余因子。常用素域椭圆曲线 NIST Curve P-{192, 224, 256, 384, 521} 的余因子均为 1。需要说明的是，在使用过程中，这些椭圆曲线参数一般是公开且固定的，不必重新计算、生成这些参数。

ECDSA 算法密钥生成、数字签名和签名验证的过程如下。

1）生成密钥。

①产生随机数 d，$d \in [1, n–1]$。

②计算椭圆曲线点乘 $P = dG$，将 P 作为公钥公开，d 作为私钥保存。

2）生成签名。

①签名者产生随机数 k，$k \in [1, n–1]$，计算椭圆曲线点乘 $kG = (x_1, y_1)$。

②计算 $r = x_1 \bmod n$，若 $r = 0$ 则返回第一步。

③计算消息摘要 $e = H(m)$，H 是密码杂凑算法。

④计算 $s = k^{-1}(e+dr) \bmod n$，若 $s = 0$ 则返回第一步，重新产生随机数 k。

⑤消息 m 的数字签名为 (r, s)。

3）验证签名。

①验证者接收消息 m 和数字签名 (r, s)，检查 r 和 s 是否在 [1, n–1] 区间范围内。

②计算 $e = H(m)$。

③计算 $w = s^{-1} \bmod n$。

④计算 $u_1 = ew \bmod n$，$u_2 = rw \bmod n$。

⑤计算椭圆曲线点 $X = u_1G + u_2P = (x_1, y_1)$，若 X 是椭圆曲线无穷远点，则数字签名不正确。

⑥计算 $r' = x_1 \bmod n$，若 r' 和 r 相等，则数字签名正确。

（2）SM2 算法

SM2 椭圆曲线公钥密码算法也是基于椭圆曲线离散对数困难问题。2010 年，国家密码管理局发布 SM2 算法，2012 年该算法成为密码行业标准，2016 年升级为中国国家标准，2017 年 SM2 被国际标准化组织（ISO）采纳，成为国际标准 ISO/IEC 14888-3 的一部分。SM2 算法包括了数字签名算法、密钥协商算法和公钥加密算法 3 个部分。

SM2 算法的密钥生成、签名生成、签名验证、加密和解密过程如下。

1）密钥生成。

①产生随机数 d，$d \in [1, n–2]$。

②计算椭圆曲线点乘 $P = dG$，将 P 作为公钥公开，d 作为私钥保存。

2）签名生成。

①产生随机数 k，$k \in [1, n–1]$，计算椭圆曲线点乘 $kG = (x_1, y_1)$。

②计算 $r = (H(M)+x_1) \bmod n$，其中 $M = Z_A \| m$，Z_A 是对签名者的可辨别标识、部分椭圆曲线系统参数和公钥进行杂凑计算的摘要，m 是待签名消息；H 是密码杂凑算法。若 $r = 0$ 或 $r+k = n$，则返回第一步，重新产生随机数 k。

③计算 $s = (1+d)^{-1}(k–rd) \bmod n$。若 $s = 0$，则返回第一步，重新产生随机数 k。

④消息 m 的数字签名为 (r, s)。

3）签名验证。

①验证者接收消息 m 和数字签名 (r, s)，检查 r 和 s 是否在 $[1, n–1]$ 区间范围内且 $r+s \neq n$。

②计算 $(x_2, y_2)=sG+(r+s)P$，计算 $r'=H(M)+x_2 \bmod n$。

③若 r' 和 r 相等，则数字签名正确，否则数字签名不正确。

4）加密。

①选取随机数 $l \in [1, n–1]$，分别计算 $C_1 = lG = (x_3, y_3)$ 和 $lP = (x_4, y_4)$。

②计算 $b = \mathrm{KDF}(x_4\|y_4, m\mathrm{len})$，利用密钥派生函数生成 $m\mathrm{len}$ 长度（消息 m 的长度）的密钥流。

③计算 $C_2 = m \oplus b$ 和 $C_3 = H(x_4\|m\|y_4)$。

④输出密文 $C = C_1\|C_3\|C_2$。

5）解密。

①验证 C_1 是否在椭圆曲线上，计算 $dC_1 = (x_5, y_5)$。

②计算 $b = \mathrm{KDF}(x_5\|y_5, m\mathrm{len})$。

③计算 $m = C_2 \oplus b$。

④计算 $C_3' = H(x_5\|m\|y_5)$，并验证 $C_3' =C_3$ 是否成立，若不成立则报错退出。

⑤输出明文 m。

3. 小结

常用公钥密码算法的主要安全参数如表 1-3 所示。

表 1-3　常用公钥密码算法的主要安全参数

公钥密码算法	密钥长度定义	密钥长度	安全强度
RSA	公钥参数 n 的长度（位）	1024	80
		2048	112
		3072	128
		4096	192
		15360	256

（续）

公钥密码算法	密钥长度定义	密钥长度	安全强度
基于素域的 ECDSA	椭圆曲线素域参数 p 的长度（位）	160	80
		224	112
		256	128
		384	192
		521	256
SM2		256	128

1.2 密钥管理和密钥安全

柯克霍夫斯原则（Kerckhoffs's Principle）是现代密码学的重要原则之一，其内容如下：即使密码系统的任何细节都是公开已知的，只要密钥没有泄露，它也应该是安全的。网络空间安全的密码学应用应该遵守柯克霍夫斯原则，使用公开的密码算法，通过密钥的管理和保护实现安全功能。对于对称密码算法，加密和解密的密钥是相同的，密钥必须保证不泄露；对于公钥密码算法，用于加密和签名验证的公钥可以公开，用于解密和数字签名的私钥必须保证不泄露。

密钥的安全性直接关系着密码系统的安全性。下面介绍密钥生命周期中的重要环节以及相关的密钥管理密码算法，最后总结各种密码算法实现过程中需要保护的密钥等敏感数据。

1.2.1 密钥管理

密钥除了作为密码算法的重要参数参与密码计算外，还需要经历生成、建立、使用、存储、销毁等环节。在各环节中，密钥的安全性都必须得到保障。

1. 密钥生命周期的重要环节

密钥生命周期是指密钥从生成、使用到销毁的全过程。不同密钥的生命周期各不相同，时间跨度也不相同。例如，临时性的会话密钥在通信会话结束后立即销毁，一般不涉及存储，使用的时间跨度比较短。又如，代表用户身份的数字签名密钥可以多次使用，使用的时间跨度长，还需要考虑不使用时的存储安全。

下面介绍密钥生命周期的各个环节。

（1）密钥生成

密钥生成是密钥生命周期的起点。为了保证密钥不会被攻击者猜测，密钥取值应均匀地分布在密钥空间中，因此密钥应当直接或间接地根据随机数生成。密钥生成的主要方式包括随机数直接生成和通过密钥派生函数（KDF）生成两类。密钥派生函数方式相当于随机数间接生成，因为密钥派生函数输入的秘密值（如主密钥、密钥材料）应该是随机的。

基于用户口令派生密钥也是一种常用的密钥生成方式，其原理是利用用户口令以及其他公开信息，使用密码杂凑算法等方法来计算密钥。用户口令派生密钥的密钥空间依赖于口令的复杂度，相比于密钥的预期复杂度（例如，SM4 算法密钥的可能取值空间大小为 2^{128}），口令只能提供有限的随机熵（例如，8 位数字口令的随机熵约等于 2^{27} 的密钥空间），极大地降低了暴力搜索攻击的难度。

（2）密钥建立

密钥建立是指在通信实体之间建立共享的密钥。密钥建立可以采用手动方式，例如采取面对面的方式人工传递密钥，依赖人与人之间的信任关系来实现密钥共享；密钥建立也可以通过密码技术来实现，利用密码技术实现的密钥建立方案包括密钥协商和密钥传输两大类。

1）密钥协商是指两个或多个实体相互通信、交互数据，协商生成共享密钥。

2）密钥传输是指将密钥从一个实体安全地发送到另一个实体，密钥由发送者加密并由接收者解密。

密钥协商和密钥传输的区别在于，密钥传输的密钥由发送者单方确定，而密钥协商的密钥由参与通信的多个实体共同确定。通常而言，密钥协商算法涉及不重复使用的随机数，可以提供更好的前向安全性（forward secrecy）；对于密钥传输，如果接收者的解密密钥泄露，则攻击者可以获得之前传输的密钥。密钥协商要求通信的多方必须同时在线，所以不适用于某些需要离线通信的场景（例如电子邮件），离线通信的场景往往使用密钥传输算法来完成密钥建立。

（3）密钥使用

密钥使用是指在各种密码算法中，使用密钥进行加密、解密、签名生成、签名验证等工作。密钥使用过程中，密钥一般不可避免地以明文形式存在，而且所涉及的敏感中间变量也是明文，因此，密钥需要在受控的环境下使用，防止恶意攻击者直接从计算过程中获取密钥明文。构建受控的密码计算环境可以采用不同的技术路线。在高安全等级的信息系统中，常见的做法是将密钥保存在物理隔离的硬件密码模块中，通过隔离的计算环境和有效的物理保护来确保密钥不会泄露。但是，常用的密码软件实现往往缺乏这种物理隔离的条件，给密钥安全带来了极大的挑战。因此，密码软件实现中的密钥安全问题也是本书所介绍的各类密钥安全方案要重点解决的问题。

公钥可以公开，不影响安全性，不必担心公钥泄露的风险，但是必须在使用前（例如签名验证或者密钥协商）验证公钥来源的真实性和公钥的完整性。

（4）密钥存储

对于长期使用的密钥，密钥应存储在非易失的存储介质中，且保证密钥存储的机密性和完整性，以防止密码设备断电等意外情况导致密钥丢失或泄露。并不是所有密钥都需要存储，临时性的会话密钥或者一次一密的密钥在使用后就应立即销毁。

密钥存储主要有以下两种方式：

1）存储在访问受限的存储区域或者存储介质中。有些密码设备带有访问受限的存储区域或者存储介质，专门用于密钥存储。这些区域有的部署了入侵检测或者入侵响应机制，可防止非授权的访问或者在被非法访问时立即销毁密钥；有的则利用访问控制机制实现对密钥存储的保护，将密钥存储在仅有特定的授权用户才能访问的位置。

2）加密存储在通用存储介质中。对于某些应用场景，由于密钥数量较大，只能将密钥存储在通用的外部存储介质（例如数据库系统）中。在这种情况下，需要利用密码算法对密钥数据进行机密性和完整性保护后再存储。

（5）密钥销毁

密钥销毁是密钥生命周期的终点。密钥生命周期结束后，应该销毁密钥，并根据需要重新生成密钥，完成密钥更新。密钥销毁时，应当销毁所有的密钥副本（但不包括归档备用的密钥副本）。

密钥销毁主要有两种情况：

1）**正常销毁**　密钥到达设计的使用截止时间后自动销毁，避免密钥数据被攻击者恢复，例如临时密钥在使用完毕时应立即销毁。

2）**应急销毁**　存在泄露风险时的密钥销毁。有些高安全等级的密码系统带有入侵响应的密钥销毁机制。如果没有自动的应急销毁机制，当发现存在密钥泄露风险时，需要手动提前终止密钥的生命周期，将密钥销毁。

2. 密钥管理密码算法

密码算法不仅可以为应用系统提供数据机密性、数据完整性、消息起源鉴别、不可否认性等重要安全功能，同时也是密钥管理的基础工具。密钥管理密码算法不直接处理用户应用数据，而是处理密钥数据。根据用途，密钥管理密码算法可分为密钥生成算法（包括随机数生成算法和密钥派生算法）和密钥建立算法（包括密钥传输算法和密钥协商算法）两大类。在密码杂凑算法、对称密码算法、公钥密码算法的基础上，有如下四类密钥管理密码算法，如图1-4所示。

1）随机数生成算法：在确定性随机比特生成器（Deterministic Random Bit Generator，DRBG）中，需要将密码杂凑算法或对称密码算法作为伪随机函数（Pseudo Random Function，PRF）来产生随机比特。

2）密钥派生算法：在密钥派生函数（KDF）中，需要将密码杂凑算法或对称密码算法作为伪随机函数来产生随机比特。

3）密钥传输算法：密钥传输时将密钥通过加密的方式从一方传输给另一方，加密过程依赖于对称密码算法或公钥密码算法，但是由于所要加密的是密钥，密钥传输算法在使用模式上与用于加密数据时略有不同。

4）密钥协商算法：密钥协商算法一般依赖于公钥密码算法的数学困难问题，在不可信的网络中协商出共享密钥。需要说明的是，基于对称密码算法和密码杂凑算法也可以实现密钥协商，但是较少被使用，本书主要介绍基于公钥密码算法的密钥协商算法。

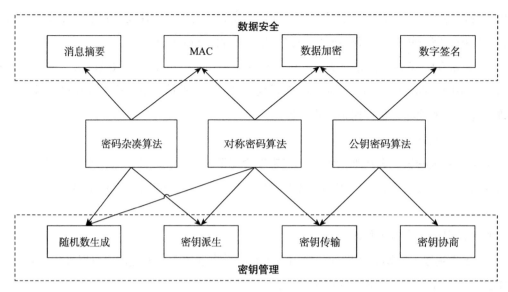

图 1-4   密钥算法与数据安全、密钥管理的关系

（1）随机数生成算法

随机数生成器是密钥生成的必要组件。随机数生成器分为两大类：确定性随机比特生成器（DRBG）和非确定性随机比特生成器（Non-deterministic Random Bit Generator，NRBG）。确定性随机比特生成器又称为伪随机数生成器（Pseudo Random Number Generator，PRNG），因为在随机数生成器运行状态确定、输入确定的情况下，输出的随机数每一比特都是确定的。DRBG 一般基于密码算法（例如密码杂凑算法和对称密码算法），根据初始值（或者称为随机数生成器种子）计算生成伪随机比特。在 DRBG 的运行过程中，还可以有外部输入（熵输入）以更新运行状态。秘密的初始值和外部输入提供了 DRBG 的随机熵。NRBG 也称为真随机数生成器（True Random Number Generator，TRNG），它采集环境中不可预测的物理随机熵源（例如，热噪声、电路噪声等），处理后输出真正不可预测的随机数。NRBG 输出的真随机数可以作为 DRBG 的种子和输入。

NIST SP 800-90A 规范了三类 DRBG 方法，分别基于密码杂凑算法（Hash_DRBG）、基于 HMAC（HMAC_DRBG）和基于分组密码算法（CTR_DRBG）。三类 DRBG 的主要区别在于内部状态变量的类型和生成伪随机数过程中的密码算法，对外接口基本一致。图 1-5 展示了 DRBG 的基本原理。

DRBG 方法一般包含实例化函数（instantiate function）、生成函数（generate function）、补种函数（reseed function）和健康测试函数（health test function）。

1）实例化函数将 nonce、个性化字符串与熵输入相结合，产生种子并创建 DRBG 内部状态。

2）生成函数根据内部状态与输入生成伪随机数，并更新后续步骤的 DRBG 内部状态。

3）补种函数根据当前的内部状态，用新的熵输入与其他输入生成新的种子与 DRBG 内部状态。

4）健康测试函数通过已知答案测试（Known Answer Test，KAT）的方式来检测 DRBG 机制是否正常运行，确保不会由于 DRBG 内部的故障导致输出不安全的伪随机数。

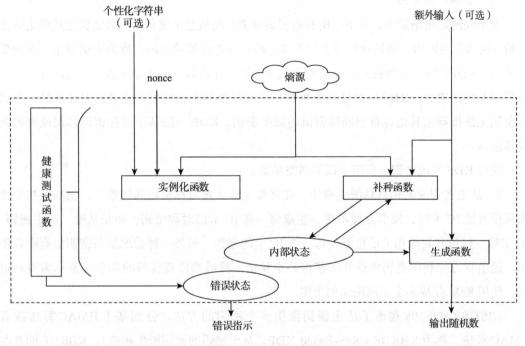

图 1-5　DRBG 原理

在 DRBG 中，熵输入（entropy input）是保证 DRBG 安全性的基础，它必须满足 DRBG 机制所需要的安全强度，且熵输入必须是保密的。nonce、个性化字符串、额外输入等其他输入参数则不强制要求保密，它们与熵输入一起产生种子。种子决定了 DRBG 的初始内部状态，内部状态通过一定的运算生成伪随机数，并在每次生成伪随机数时按照一定规则不断迭代更新。

安全的 DRBG 具备回溯抵抗（backtracking resistance）特性，这与前向安全的概念类似，要求即使某个时刻的 DRBG 内部状态泄露，攻击者也不能推测得到之前的内部状态及生成的随机数。反过来，如果某个时刻 DRBG 内部状态泄露，则之后的内部状态和生成的随机数都是攻击者可预测的，除非有输入新的熵。因此，DRBG 的种子和内部状态需要严格保密。对于不同的 DRBG 方法，其内部状态的组成也略有不同。

1）Hash_DRBG 的内部变量主要包括 C、V 和补种计数器（reseed counter）。C 是与种子相关的常量，它在每个补种周期内不会变化；V 是一个在每次生成伪随机数时都需要不断迭代更新的值；补种计数器在每次收到生成请求时递增，达到阈值时，DRBG 进行补种操作。对于 C 和 V，需要严格保护其机密性。

2）HMAC_DRBG 和 CTR_DRBG 的内部变量主要包括 Key、V 和补种计数器。与

Hash_DRBG 不同，Key 和 V 需要在每次生成伪随机数时迭代更新。在每次生成伪随机数过程中，Key 的更新频率为 1 次或 2 次；V 的更新频率根据所要生成伪随机数的长度决定，长度越长则更新频率越高。对于 Key 和 V，需要严格保护其机密性。

（2）密钥派生算法

在不同的应用场景中，并不是所有的密钥都来自随机数生成器，有些密钥是从确定的秘密值（例如，主密钥、密钥材料或者口令等）确定性地计算导出的，称为密钥派生。密钥派生函数（KDF）将输入的秘密值与其他输入（例如，计数器、字符串常数等）共同计算，生成指定长度的密钥。KDF 应保证从派生的密钥无法推导出秘密值，也必须保证从某一个派生密钥无法推导出其他源自相同秘密值的派生密钥。KDF 一般基于对称密码算法或密码杂凑算法。

使用 KDF 生成密钥主要用于以下两类场景。

1）从主密钥或密钥材料派生密钥。在需要生成大量对称密钥的场景下，例如在初始化大规模智能 IC 卡时，发卡方并不逐一生成每一张 IC 卡的对称密钥，而是从唯一的主密钥、IC 卡唯一标识和其他相关信息派生每一张 IC 卡的密钥。另外一种情况是与密钥协商配合使用。通信双方先利用密钥协商算法获得共享秘密，然后将协商获得的共享秘密作为密钥材料，使用 KDF 生成多个不同用途的密钥。

NIST SP 800-108 规范了从主密钥派生多个密钥的方法，分别基于 HMAC 算法或者 CMAC 算法，称为 KBKDF（Key-Based KDF，基于密钥的密钥派生函数）。KBKDF 的基本思路是将主密钥作为种子 s，计数器、标签、上下文、密钥长度等信息拼接后作为输入 x，利用 MAC 算法作为伪随机数生成函数 $PRF(s, x)$，根据需要派生的密钥长度和数量，不断递增计数器进行 PRF 计算。有一些密码协议也规定了相应的 KDF 算法，例如 IKE、SSL/TLS、SSH（Secure Shell，安全外壳协议）等。这些 KDF 都基于对称密码算法或者密码杂凑算法。关于特定密码协议中 KDF 的更多内容可以参考 NIST SP 800-135 和各类密码协议文档。

2）从口令派生密钥。在某些应用场景（例如，全磁盘加密）中，为了保证只有特定用户才能进行数据加/解密操作，要求用户掌握密钥。因为记忆力限制，用户不可能记住 128 位随机数的密钥，所以需要密钥派生算法从人类可记忆的口令计算得到密钥。

NIST SP 800-132 规定了利用口令派生密钥的方式——PBKDF（Password-Based KDF，基于口令的密钥派生函数）。它通过实体唯一标识和其他相关信息从口令派生出密钥。口令生成密钥的密钥空间依赖于口令的复杂度，相比于密钥的预期复杂度（例如 AES-128 密钥空间为 2^{128}），口令的熵很有限（8 位数字口令仅相当于 2^{27} 的密钥空间），极大地降低了穷举搜索攻击的难度。因此，不推荐使用这种密钥派生方式，尤其不能用于网络通信数据的保护。NIST SP 800-132 明确规定 PBKDF 仅适用于某些特定环境（例如加密存储设备）。

PBKDF 的工作原理与 KBKDF 相似，它将口令作为种子 s，计数器值、可公开的随机盐值（salt）和其他相关数据作为输入 x，利用 HMAC 算法作为伪随机数生成函数 $PRF(s, x)$。

与 KBKDF 不同的是，PRF(s, x)需要进行至少 1000 次迭代计算（U_j=PRF(password, U_{j-1})）才能最终生成密钥，多次迭代计算主要是为了增加攻击者的攻击难度和成本。迭代次数可以自行设置，对于安全敏感且对性能要求不高的场景，可以将迭代次数设置得非常高（例如一千万次）。

（3）密钥传输算法

密钥传输算法主要分为两类：利用对称密码算法实现的密钥加密（key wrapping）和利用公钥加密算法实现的密钥封装（key encapsulation）。

1）利用对称密码算法实现的密钥加密。20 世纪 90 年代末，NIST 提出了"key wrapping"问题，即开发一种安全、高效的基于对称密码算法的密钥加密机制。实际上，如果只考虑密钥的机密性、完整性和消息起源鉴别，认证加密模式（如 CCM、GCM）算法已经能满足要求，但是 CCM、GCM 等算法依赖 IV，有 IV 误用或者 IV 随机性不够的风险。NIST 最终选用的算法称为 Key Wrap（在 NIST SP 800-38F 中规定）。

Key Wrap 算法作为对称密码算法的工作模式使用，其处理的基本单元为"半块"（semi-block）。与传统认证加密模式类似，提供了机密性、完整性和消息起源鉴别功能，但是 Key Wrap 算法不需要 IV，因此在使用时对用户更友好、更安全，不会由于 IV 误用或随机数质量不高导致安全性问题。按照 NIST 规定，利用对称密码算法对密钥的传输安全进行保护时，需要使用 Key Wrap 模式。Key Wrap 的算法细节请参考 NIST SP 800-38F。

2）利用公钥密码算法实现的密钥封装。利用公钥密码算法进行密钥封装的一种常见做法是数字信封（digital envelope），即利用公钥加密算法加密对称密钥，再利用对称密钥加密数据。有时候对称密钥的长度比较短，在使用公钥加密算法前需要填充（padding），例如利用 RSA-2048 加密 AES-256 的密钥。填充方法对被加密的数据安全有直接影响，不安全的填充方式可能导致密钥泄露。NIST SP 800-56B 中规定了利用 RSA-OAEP 进行密钥封装的方法。

另一种方法则是利用 KEM（Key Encapsulation Mechanism，密钥封装机制），在公钥加密算法使用的有限域上随机选择一个元素，并通过该元素派生出实际使用的对称密钥来避免填充。例如，对于 RSA 算法，可以在 $0 \sim n-1$ 之间选择一个随机值 Z，实际使用的对称密钥 k=KDF(Z)，发送方使用 RSA 加密 Z 之后发送给接收方，接收方解密恢复出 Z 后即可得到实际使用的密钥 k。这种方式也在 NIST SP 800-56B 中有详细说明。

（4）密钥协商算法

密钥协商算法用于通信双方在公共信道上联合生成通信密钥。1976 年，Whitfield Diffie 和 Martin Hellman 在合作的论文"New Directions in Cryptography"中提出了 Diffie-Hellman（DH）密钥协商算法。现在使用的大量密钥协商算法都是对 DH 密钥协商算法的扩展和改进。

1）DH 密钥协商算法。经典的 DH 密钥协商算法构建在有限循环群上。在初始化阶段

选择大素数 p，令 g 为模 p 乘法群 F_p 的生成元，并公开参数 p 和 g。

用户 A 和用户 B 之间的 DH 密钥协商算法如图 1-6 所示。具体流程如下：

① 用户 A 选择随机整数 $x \in [1, p-1]$，计算 $X = g^x \bmod p$，并将 X 发送给用户 B。

② 用户 B 选择随机整数 $y \in [1, p-1]$，计算 $Y = g^y \bmod p$，并将 Y 发送给用户 A。

③ 用户 A 计算 $k = Y^x \bmod p = g^{xy} \bmod p$。

④ 用户 B 计算 $k = X^y \bmod p = g^{xy} \bmod p$。

⑤ 将双方各自计算获得的 $k = g^{xy}$ 作为密钥材料，再利用 KDF 算法派生实际使用的会话密钥。

在 DH 密钥协商算法中，用户随机选取的 x 和 y 有时候被称为临时（ephemeral）私钥，生成的 X 和 Y 被称为临时公钥。和一般的公 / 私钥对类似，临时私钥 x 和 y 需要严格保密，而它们对应的临时公钥 X 和 Y 可以公开。

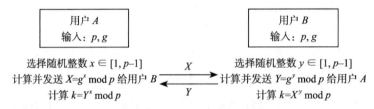

图 1-6   DH 密钥协商算法流程图

DH 可以从 F_p 扩展到任意有限群中，一个典型的扩展就是 ECDH。ECDH 是基于椭圆曲线的密钥协商算法，功能与传统 DH 相同，同时兼具了椭圆曲线密码算法高强度、密钥长度短、计算速度快的特点，是目前主流的 DH 协议实现方式，被广泛用于 SSL/TLS 等协议中。

与经典的 DH 类似，ECDH 算法的具体流程如下所示（椭圆曲线域参数 n、G、h 的定义可参考 1.1.4 节的 ECDSA 算法介绍）。

① A 生成随机整数 $k_A \in [1, n-1]$，计算点乘算法 $Q_A = k_A G$。

② B 生成随机整数 $k_B \in [1, n-1]$，计算点乘算法 $Q_B = k_B G$。

③ B 收到 A 传递的 Q_A，计算 $hk_B Q_A = hk_A k_B G$。

④ A 收到 B 传递的 Q_B，计算 $hk_A Q_B = hk_A k_B G$。

⑤ 将双方各自计算获得的 $hk_A k_B G$ 作为密钥材料，利用 KDF 算法派生实际使用的会话密钥。

无论是 DH 还是 ECDH，由于算法过程不涉及双方身份的确认，因此只能提供建立会话密钥的功能，不能提供身份鉴别的安全保障、不能抵抗中间人攻击。具有身份鉴别功能的密钥协商算法需要确认通信方的身份或者是预先获得通信方的公钥，MQV（Menezes-Qu-Vanstone）方案是其中最具代表性的方案。

2）MQV 密钥协商算法。MQV 于 1995 年由 Menezes、Qu 和 Vanstone 三人合作提出。与 DII 类似，MQV 可以在任意有限群中工作，特别是在椭圆曲线群工作的 MQV 称为椭圆曲线 MQV（ECMQV）。出于效率方面的考虑，通常使用 ECMQV。

假设用户 A 的公钥为椭圆曲线点 $P_A = d_A G$，私钥为 d_A；用户 B 的公钥为椭圆曲线点 $P_B = d_B G$，私钥为 d_B；w 是大于或等于 $(\log_2 n+1)/2$ 的最小整数。MQV 密钥协商算法的具体流程如下所示（椭圆曲线域参数 n、G、h 的定义参考 1.1.4 节的 ECDSA 算法介绍）。

①用户 A 选择 $r_A \in [1, n-1]$，计算 $R_A = r_A G = (x_1, y_1)$，并将 R_A 发送给用户 B；同时计算 $h_x = x_1 \bmod 2^w + 2^w$，以及 $t_A = h_x d_A + r_A \bmod n$。

②用户 B 选择 $r_B \in [1, n-1]$，计算 $R_B = r_B G = (x_2, y_2)$，并将 R_B 发送给用户 A；同时计算 $h_y = x_2 \bmod 2^w + 2^w$，以及 $t_B = h_y d_B + r_B \bmod n$。

③用户 A 接收到 R_B 后验证其是否在椭圆曲线上，然后计算 $h_y = x_2 \bmod 2^w + 2^w$，$k = h t_A (R_B + h_y P_B)$。

④用户 B 接收到 R_A 后验证其是否在椭圆曲线上，然后计算 $h_x = x_1 \bmod 2^w + 2^w$，$k = h t_B (R_A + h_x P_A)$。

⑤将双方各自计算获得的 k 作为密钥材料，利用 KDF 算法派生实际使用的会话密钥。

容易验证，合法用户 A 和用户 B 最终计算出共同的会话密钥 $k = h t_A (R_B + h_y P_B) = h(r_A + h_x d_A)(r_B + h_y d_B)G = h t_B (R_A + h_x P_A)$。与 DH 类似，用户随机选取的 r_A 和 r_B 也称为临时私钥，生成的 X 和 Y 称为临时公钥；相应地，用户长期拥有的 d_A 和 d_B 称为长期（static）私钥，P_A 和 P_B 称为长期公钥。无论是长期私钥还是临时私钥，都需要严格保密，而它们对应的公钥可以公开。注意，MQV 要求用户预先可靠地获得通信对方的长期公钥。

中国标准 SM2 椭圆曲线公钥密码算法（GB/T 32918-2016）第三部分规定了 SM2 密钥协商算法，它可以视为 MQV 的改进，也提供隐式身份鉴别和前向安全性等安全性保障。

1.2.2　密钥安全

密钥的安全性直接关系到密码系统的安全性。除了密钥外，也应对密码算法使用过程中各种影响安全性的敏感参数进行同样的保护，这些参数包括但不限于中间计算结果、密钥生成和密码计算过程中使用的随机数（例如 SM2 签名算法中使用的随机数和密钥协商过程生成的随机数）。

本节总结各类算法涉及的需要保护的变量。在美国 FIPS PUB 140 标准中，将密码算法实现中需要防止非授权的访问、使用、泄露、修改和替换的数据项称为关键安全参数（critical security parameter），一般包括以下几类。

1）密钥：对称密钥和私钥。根据不同算法和用途，对称密钥包括对称加密密钥、MAC 密钥、密钥加密密钥等，私钥包括签名私钥、解密私钥、密钥协商私钥等。

2）与对称密钥、私钥相关的中间计算结果：加 / 解密、签名、公钥解密、MAC 计算和验证、密钥协商等计算涉及的中间变量，包括算法执行的中间结果、上下文信息、预计算表等。通过这些中间计算结果，攻击者可以推算对称密钥和私钥或者降低猜测对称密钥和私钥的难度。

3）特定算法要求不能公开的变量：密码算法中明确要求不能公开的数据，例如 ECDSA 和 SM2 算法在签名过程中使用的随机值，DH 和 MQV 算法中通信双方选取的随机值（可视为临时私钥），DRBG 算法的熵输入、种子、内部状态值等。

4）密码算法产生的密钥和密钥材料：密钥管理密码算法生成或者保护的密钥或密钥材料，如 DRBG、KDF 生成的密钥和 DH、MQV 等协商获得的密钥（或密钥材料）。

除此之外，有些密码算法的相关数据可以公开，但是需要防止非授权的修改和替换。在美国 FIPS PUB 140 标准中，这些数据项称为公开安全参数（public security parameter），一般包括以下几类。

1）公钥：公钥密码算法的公钥。根据不同的算法，公钥包括验签公钥、加密公钥、密钥协商公钥等。

2）与公钥相关的中间计算结果：验签等计算涉及的中间变量。此外，密钥协商过程中的临时公钥也是可以公开的。但是，由于公钥加密过程涉及敏感的明文数据，因此一般公钥加密过程是需要保护的。

3）密码算法的常量：密码算法的常量可以视为密码算法的一部分，是可以公开的，例如密码杂凑算法的内部状态初始值、对称密码算法的 S 盒等。

4）域参数：在 DH、ECDH、MQV、ECMQV、ECDSA、SM2 等算法中，需要双方事先确定一组域参数，并基于域参数实现密码算法。与密码算法常量类似，域参数也是可以公开的。

5）特定算法可以公开的变量类：某些密码算法中的一些变量需要以明文形式传递，而且这些变量泄露给非授权实体不会导致安全性问题。这类变量中常见的包括对称密码算法的 IV，PBKDF 的盐值、迭代轮数，以及 DRBG 的补种计数器、nonce、个性化字符串等。

关键安全参数和公开安全参数统称为敏感安全参数（sensitive security parameter）。本节会针对不同算法说明密码算法中需要保护的敏感安全参数。

1. 密码杂凑算法的敏感安全参数

当密码杂凑算法用于计算杂凑值、消息摘要值时，输入消息以及整个计算过程不需要保密，所有计算过程可以完全公开，只需要保障计算过程不被非法篡改或破坏即可。

但是，当密码杂凑算法用作 HMAC 的组件时，由于涉及密钥数据，其安全要求完全不同。在 HMAC 计算过程中，MAC 密钥在与常量的异或、与消息的拼接后，输入密码杂凑算法；如果攻击者可以获取 HMAC 计算过程的中间计算结果，就能很容易地得到 MAC 密钥。因此，MAC 密钥以及 HMAC 计算过程中所有的中间计算结果都应当严格保密。

2. 对称密码算法的敏感安全参数

对称密码算法的密钥可以分为进行加 / 解密计算的加密密钥和进行 MAC 计算的 MAC 密钥。对于 GCM、CCM 等认证加密模式，单个密钥同时用于加 / 解密计算和 MAC 计算。

这些密钥都需要严格保密。

对于分组密码算法，一般会将密钥通过密钥编排（key schedule）扩展为轮密钥。密钥本身不直接参与运算，而是由轮密钥在分组密码算法的各轮计算中发挥作用。掌握了轮密钥也就掌握了密钥，就可以轻松地进行数据的解密和 MAC 的生成，因此分组密码算法的轮密钥也需要严格保密。但是，分组密码算法的工作模式（如 CBC、CFB、OFB、GCM 等）涉及的 IV 值可以公开，一般与密文一并发送，但是 IV 对于每个消息必须唯一（uniqueness），不能重用；CBC、CFB 的要求更高，要求 IV 不可预测（unpredictable）。对于 CMAC，需要保护的变量与分组密码算法类似。

对于序列密码算法，密钥不直接用于对明文加密，而是由密钥和 IV 计算内部状态，根据内部状态通过密钥流生成算法输出密钥流，然后将明文消息和密钥流进行异或。因此，序列密码算法的密钥、内部状态以及生成的密钥流都需要保密。与分组密码算法类似，IV 值可以公开，但要求 IV 不重复使用。

3. 公钥密码算法的敏感安全参数

公钥密码算法中的密钥根据用途可分为签名公 / 私钥对、加密公 / 私钥对等。其中私钥都需要保密，公钥可以公开。

相应地，公钥密码算法的签名和加 / 解密过程（公钥加密虽然只涉及公钥，但是待加密的明文数据也需要保密）涉及的中间变量也要保密。值得一提的是，ECDSA 和 SM2 算法签名过程中使用的随机值 k 尤其需要保护，这是因为：

- 一旦随机值 k 被泄露，则 ECDSA 签名结果 $s=k^{-1}(e+dr)$ 和 SM2 签名结果 $s=(1+d)^{-1}(k-dr)=(1+d)^{-1}(k+r)-r$ 中除私钥 d 外所有的变量都是已知的，就可以很容易地计算出私钥。
- 更进一步地，k 不能重复使用，因为如果采用的随机值 k 是固定的，使用私钥 d 对消息摘要为 e_1 和 e_2 的两组消息进行 ECDSA 签名时，签名值分别为 (r_1, s_1) 和 (r_2, s_2)，则有：(a) $r_1=r_2$，(b) $s_1=k^{-1}(e_1+dr_1)$ 和 (c) $s_2=k^{-1}(e_2+dr_2)$。计算 (b)-(c)，有 $s_1-s_2=k^{-1}(e_1-e_2)$，即 $k^{-1}=(s_1-s_2)(e_1-e_2)^{-1}$，带入 (b) 中即可计算私钥：$d=[s_1(s_1-s_2)^{-1}(e_1-e_2)-e_1]r_1^{-1}$。SM2 算法也有类似攻击。

4. 密钥管理密码算法的敏感安全参数

作为用于密钥管理的算法，密钥管理密码算法也有需要保护的敏感安全参数。不同密钥管理密码算法的情况如下。

1）确定性随机数生成算法。

①对于 Hash_DRBG，熵输入、种子以及内部状态中的 C 和 V 都需要严格保护；对于 HMAC_DRBG 和 CTR_DRBG，熵输入、种子以及内部状态中的 Key 和 V 都需要严格保护。一旦这些变量被非法获取，则 DRBG 算法生成的随机数就是可预测的。

②用于生成种子的 nonce、个性化字符串、额外输入可以公开，因为种子的随机性主要由熵输入提供，这些可公开的输入起到类似于盐值的作用。每次初始化 DRBG 时，应输入

不同的 nonce。

③ DBRG 生成的随机数需要根据用途进行保护。例如，如果随机数作为密钥使用则需要保密，如果作为 IV 则不必保密。

2）密钥派生函数。

① KBKDF 的主密钥、密钥材料和派生出的密钥需要保密，用于派生密钥的附加信息（例如标签）则可以公开。

②对于 PBKDF，用于派生密钥的口令以及生成的密钥都需要保密，用于派生密钥的附加信息（如盐值、迭代轮数）可以公开。

3）对于密钥协商算法，DH、ECDH 等不提供鉴别功能的密钥协商算法和 MQV、ECMQV 等认证密钥协商算法需要保护的数据略有不同。

① DH、ECDH 需要保护的是双方随机生成的随机值（即临时私钥），而临时私钥对应的临时公钥则可以公开。

② MQV、ECMQV 不仅需要保护双方随机生成的随机值（即临时私钥），还需要保护自己持有的长期私钥；而长期公钥和临时公钥可以公开。

③通信双方还需要确认有限域（对于 DH 和 MQV）和椭圆曲线（对于 ECDH 和 ECMQV）的域参数，域参数可以公开。

4）密钥传输算法基于公钥加密算法或对称加密算法实现，因此密钥加密需要保护的数据与对称密码算法类似；密钥封装需要保护的数据与公钥密码算法类似。需要注意的是，由于密钥传输算法所保护的密钥也需要保护，因此利用公钥计算的密钥封装过程也要保密。

5. 小结

表 1-4 总结了各类密码算法及工作模式中涉及的各类敏感安全参数。需要说明的是，有些密码算法实现（包括密码杂凑计算、加 / 解密、MAC、签名、验签等运算）为了支持分段输入，提供了初始化（initialize）、更新（update）、结束（finalize）等函数，这就需要维持上下文状态信息。对于加 / 解密、MAC、签名运算，这些状态信息通常包括密钥和密钥相关信息，因此这些状态信息也是需要严格保密的。

表 1-4　密码算法及工作模式的敏感安全参数

算法类型	密码算法	需要保密的变量			可公开的变量⊖
		密钥	中间计算结果	算法产生的密钥和其他数据	
密码杂凑算法	HMAC	MAC 密钥	MAC 生成和验证过程	—	—

⊖　密码算法中公开的常量值不列入本表。

（续）

算法类型	密码算法	需要保密的变量			可公开的变量
		密钥	中间计算结果	算法产生的密钥和其他数据	
对称密码算法	分组密码算法	加/解密密钥、MAC密钥、扩展的轮密钥	加密和解密过程，MAC生成和验证过程	—	IV（不能重用或不可预测）
	序列密码算法	加/解密密钥，以及生成的密钥流	加/解密过程	内部状态	IV（不能重用）
公钥密码算法	RSA	签名私钥、解密私钥	签名、加/解密过程	—	验签公钥、加密公钥
	ECDSA	签名私钥	签名过程	签名计算中随机值 k（且不能重复使用）	域参数、验签公钥
	SM2	签名私钥、解密私钥	签名、加/解密过程	签名计算中随机值 k（且不能重复使用）	域参数、验签公钥、加密公钥
密钥管理	DRBG	—	随机数生成的全过程，包括初始化、生成、补种等	熵输入、种子、内部状态的 Key、C 和 V，生成的随机数根据用途加以保护	nonce（不能重用）、个性化字符串、额外输入
	KBKDF	主密钥	密钥派生过程	派生出的密钥	标签、上下文等附加信息
	PBKDF	口令	密钥派生过程	派生出的密钥	盐值、迭代轮数等信息
	密钥封装	解密私钥	密钥封装和解封装过程	传输的密钥或密钥材料	加密公钥
	密钥加密	加/解密密钥	密钥加/解密过程	传输的密钥或密钥材料	—
	DH、ECDH	—	密钥协商过程	双方各自选定的随机值（临时私钥）	域参数、临时公钥
	MQV、ECMQV	长期私钥	密钥协商过程	双方各自选定的随机值（临时私钥）、协商出的密钥或密钥材料	域参数、长期公钥和临时公钥

1.3 密码算法实现

密码算法的本质是对数据进行变换，从而实现加密保护或安全认证的目的。密码变换是一些特定算术逻辑的组合，在通用计算平台和专用计算平台上都可以实现。

密码算法实现主要有 5 种形态：软件、硬件、固件、"软件 + 硬件"混合和"固件 + 硬件"混合。其中，软件和硬件形态的密码实现最为常用，大多数的密码实现都属于这两类；固件则可以看作密码硬件实现的软件部分，但是要求运行环境相对封闭和固定，其他方面与密码软件实现类似。"软件 + 硬件"和"固件 + 硬件"两类混合实现正如其名，包括软/固件和硬件两部分，两部分协同进行密码算法的实现，例如利用硬件实现 AES 的加/解密基本运算，由软件实现 CBC、CTR 等工作模式的逻辑。

本节主要介绍主流的密码软件实现和密码硬件实现。在密码软件实现方面，本节重点介绍用户态的密码软件库和操作系统提供的内核态密码软件实现。在密码硬件实现方面，本节简要介绍专用集成电路（Application Specific Integrated Circuit，ASIC）和现场可编程逻辑门阵列（Field Programmable Gate Array，FPGA）两种硬件平台的密码算法实现。最后，本节从执行速度、开销、设计灵活性和安全性等方面简要对比密码硬件实现和密码软件实现。

1.3.1 密码软件实现

密码软件实现是成本最低的实现方式，参考密码算法说明，借助编程语言，就可以很容易地在通用计算平台上实现密码算法。

密码软件实现从运行形态上可以分为库和独立进程两种形态，从所处的内存空间可以分为用户态软件和内核态软件。

1. 用户态密码软件库

在通用计算机系统中，密码算法通常都以软件形式实现。目前流行的用户态密码软件库包括提供 SSL/TLS 协议的 OpenSSL（及其分支 Boring SSL、LibreSSL）、Botan，以及通用密码软件库 Crypto++、libgcrypt、Nettle 等。其中最著名、应用最广泛的就是 OpenSSL。

OpenSSL 是全面实现 SSL/TLS 协议的开源安全工具包，同时实现了各种密码算法。OpenSSL 项目开始于 1998 年，是基于 Eric Andrew Young 和 Tim Hudson 的 SSLeay 发展起来的。OpenSSL 使用 Apache 许可证，用户可以根据简单的许可条件将其用于商业目的或非商业目的。

OpenSSL 包括密码算法库（libcrypto）、SSL/TLS 协议（libssl）以及命令行工具。它的核心代码用 C 语言编写，以静态库或动态库的形式在编译时或运行时链接到应用软件中，通过 API 为应用提供密码计算服务和 TLS/SSL 协议支撑。

OpenSSL 的密钥安全完全依赖于操作系统。对于需要存储的长期密钥，例如 SSL/TLS 协议的服务器私钥，一般通过口令派生的密钥进行加密后保存为 PEM（Privacy-Enhanced Mail，隐私增强邮件）格式文件。在计算时，无论是长期存储的密钥或者临时生成的会话密钥，都与其他数据一样在计算机内存中以明文状态出现，没有专门的保护措施。2014 年 4 月，安全公司 Codenomicon 和谷歌安全工程师发现的 OpenSSL Heartbleed（心脏出血）漏洞被公开，它是由于 TLS 心跳扩展的实现输入验证不当（缺少边界检查）造成的，攻击者可以利用该漏洞从服务器内存中读取随机位置的数据，包括服务器私钥、口令和信用卡号等隐私数据。因为 OpenSSL 的密钥数据以明文形式出现在内存中，所以攻击者可以利用心脏出血漏洞攻击获得密钥。

2. 内核态密码软件服务

由于 SSL/TLS、SSH 等密码协议都运行在应用层（更准确地说，SSL/TLS 运行在传输层与应用层之间），因此大多数支持这些协议的密码软件库只需要运行在用户态即可。但是，对于 IPSec 等运行在网络层的密码协议，因为网络层协议通常实现在操作系统内核，用户态的密码软件库不再适用，所以需要使用在内核态工作的密码软件库。

目前两大主流的操作系统 Linux 和 Windows 都提供了内核态的密码软件实现，分别是 Linux Kernel Crypto API、Windows CryptoAPI 及其后继版本 Windows Cryptography API：Next Generation（CNG）。

（1）Linux Kernel Crypto API

Linux Kernel Crypto API 是 Linux 内核版本 2.5.45 引入的，能够为内核态程序提供密码计算支持，例如 IPSec 和磁盘透明加密 dm-crypt。最初的版本里，Linux Kernel Crypto API 主要支持分组密码算法和密码杂凑算法，直到内核 3.7 版本才开始支持公钥密码算法。

用户通过 Linux Kernel Crypto API 调用密码计算服务。Linux 内核暂时不具备公钥算法的密钥生成和长期存储服务，在调用相关接口（加密、解密、签名、验签）的时候，需要先导入明文状态的密钥。与 OpenSSL 类似，用户程序（例如 GnuTLS、OpenSWAN 等）只是用口令将密钥加密存储在文件系统中，软件运行期的密钥安全还是完全依赖于操作系统的访问控制和进程隔离。

（2）Windows 内核态密码软件服务

自 Windows NT 4.0 开始，Windows 操作系统引入了 Windows 平台专用的密码服务框架 Windows CryptoAPI（Cryptographic Application Programming Interface）。该服务框架定义了一个抽象的接口层，底层通过一系列操作系统内核库文件完成密码服务的具体实现。CryptoAPI 支持密码杂凑算法、对称密码算法和公钥密码算法，以及私钥的长期存储功能。CryptoAPI 与密码服务提供者（Cryptographic Service Provider，CSP）关联，由 CSP 完成具体的密码算法实现和密钥存储。

微软之后升级了 CryptoAPI，称为 Cryptography API: Next Generation（CNG）。CNG 提供了新特性，包括更细粒度的密钥存储、长期密钥的进程隔离、可替换的随机数生成器、全栈线程安全、内核态 API 支持等。CNG 将密码计算和密钥存储进行了分离，分别称为密码原语（cryptographic primitive）和密钥存储（key storage），它们对应的功能实现称为密码算法提供者（Cryptographic Algorithm Provider，CAP）和密钥存储提供者（Key Storage Provider，KSP）。需要特别说明的是，KSP 不仅提供了密钥存储的能力，还可以利用其长期存储的密钥进行密码计算。

除了微软提供的 Provider 以外，第三方厂商也可以自行开发第三方 CSP、CAP 和 KSP。为了提高安全性，微软会对认可的第三方 CSP、CAP 和 KSP 等进行代码数字签名，在操作系统载入这些 Provider 时会验证其代码签名。载入后，操作系统也会定期扫描以防止被恶意篡改。

1.3.2　密码硬件实现

密码算法实现还可以由硬件实现。相比于密码软件实现，密码硬件实现提供了相对独立、受控的运算环境和安全的密钥存储，保护内部存储的密钥和敏感数据不被非法读取和篡改，使得密码运算和对密钥等敏感信息的处理更加安全可靠。

❑ 安全的密码计算环境：一方面，密码硬件实现的功能一般是很单一的，在硬件运行环境中仅运行了密码计算实例，不运行其他应用，断绝了同一运行环境的恶意应用发起攻击的可能性；而且，硬件运行环境是封闭的，仅提供了必要的数据输入 / 输出用于传递明密文，不允许外部输入控制和改变内部运行环境。通过控制内部和外部威胁，密码硬件实现能更好地保护密钥和中间计算结果的机密性以及密码计算实例的完整性。

❑ 安全的密钥存储：密码硬件实现一般会同时配置一块专门的安全存储区域，用于存储长期密钥，从而更有效地保证密钥的机密性。

此外，密码硬件实现的密码运算逻辑一般是专门设计的，因此会有更好的计算性能和功耗比。下面分别介绍密码硬件实现的两种典型平台：专用集成电路（ASIC）和现场可编程逻辑门阵列（FPGA）。

1. ASIC

ASIC 是指根据产品需求不同而定制的特殊规格的集成电路。ASIC 可以把不同功能的数个、数十个，甚至上百个中小规模集成电路集成在一块芯片上，使得整机电路优化、元件数减少、布线缩短、体积和重量减小，提高了系统可靠性。现代 ASIC 常包含处理器、ROM（Read-Only Memory，只读存储器）、RAM（Random Access Memory，随机存取存储器）、EEPROM（Electrically Erasable Programmable Read-Only Memory，带电可擦可编程只读存储器）、Flash 等存储单元以及其他外设接口模块，这样的 ASIC 被称为 SoC（System on Chip，片上系统）。ASIC 产品的特点是功能强、品种多，但是其设计周期长，工艺生产与测试难度高。而且，ASIC 密码实现的算法是固定的、不能灵活变化。

2. FPGA

FPGA 属于 ASIC 中的一种半定制电路，是可编程的逻辑列阵。FPGA 不仅可以编程，还可以重复编程。FPGA 编程需要使用硬件描述语言，硬件描述语言描述的逻辑可以直接编译为晶体管电路组合，通过重新连接芯片来实现用户所需的功能。所以 FPGA 的功能是直接用晶体管电路实现用户的算法逻辑，不需要指令系统的翻译。

FPGA 的基本原理是在芯片内集成大量的基本门电路以及存储器，用户通过烧入 FPGA 配置文件来定义这些门电路以及存储器之间的连线。这种烧入不是一次性的，而是可更新的，用户可以把 FPGA 配置成 AES 算法的实现，之后也可以编辑配置文件把同一个 FPGA 配置成 RSA 算法的实现。

相比于 ASIC，FPGA 实现的设计和验证更简单，开发周期更短，还可以重复编程、重复使用。但是由于 FPGA 可编程的特性，其逻辑资源的利用率不高，因此消耗的资源更多，功耗也更大。

1.3.3　密码算法软硬件实现对比

软件平台和硬件平台的密码算法实现各有优缺点。以下从执行速度、安全性、开销和设计灵活性角度来对比软件、FPGA 和 ASIC 的密码实现。

1）执行速度方面，硬件实现一般是专门为密码算法设计的，通常比通用平台的软件实现要快。由于 ASIC 的制作工艺和集成度更高，因此 ASIC 的执行速度又快于 FPGA。但是，由于通用平台的工艺不断提升，在一些特定的通用高性能计算平台下，例如集成多核的图形处理器（Graphics Processing Unit，GPU），密码软件实现的性能甚至可以优于硬件实现。当然，在同等工艺、同等功耗的前提下，硬件实现仍然有性能优势。

2）开销方面，基于通用平台的软件实现的开销较小，FPGA 实现需要专门的 FPGA 芯片，ASIC 开发则需要巨额资金投入。

3）设计灵活性方面，软件实现的灵活性最高，可随时更新代码，FPGA 具有可编程能力，专用的 ASIC 平台的灵活性很低。

4）安全性方面，硬件实现具有更好的隔离特性，有额外的存储空间来存储密钥，而且实现逻辑固化，有更高的安全性；传统软件实现缺少专门的密钥安全措施，软件代码逻辑可能被篡改，安全性依赖于运行环境的安全性。但是从安全问题的修复难度来说，虽然针对软件平台的攻击面广，但是修复相对容易；而硬件实现机制都是固定的，一旦出现安全问题，就难以修复。

1.4　本章小结

本章主要分为三个部分，分别介绍了密码算法、密钥管理和密钥安全以及密码算法实现。对于密码算法，除了介绍基础性的、用于数据安全的算法之外，还介绍了用于密钥管理的密码算法（DRBG、密钥派生、密钥传输、密钥协商），它们都依赖于基础密码算法。密钥管理与密码算法紧密结合。密码算法要有效发挥作用，就必须有密钥管理，密钥管理也需要基础密码算法的支持。表 1-5 列出了密码算法及工作模式相关的算法标准，有兴趣的读者可以参考这些标准了解详细的内容。

表 1-5　密码算法及工作模式相关的算法标准

类型	密码算法	相关标准
密码杂凑算法	SHA-1 和 SHA-2	FIPS PUB 180-4
	SHA-3	FIPS PUB 202
	SM3	中国国家标准 GB/T 32905
	HMAC	FIPS PUB 198-1

（续）

类型	密码算法	相关标准
对称密码算法	AES	FIPS PUB 197
	ChaCha20	RFC 8439
	SM4	中国国家标准 GB/T 32907
	ZUC	中国国家标准 GB/T 33133
	CMAC	NIST SP 800-38B
	CCM	NIST SP 800-38C
	GCM	NIST SP 800-38D
公钥密码算法	RSA	FIPS PUB 186-4 RFC 8017
	ECDSA	FIPS PUB 186-4
	SM2	中国国家标准 GB/T 32918
密钥管理密码算法	DRBG	NIST SP 800-90A
	KBKDF	NIST SP 800-108
	PBKDF	NIST SP 800-132
	DH、ECDH、MQV、ECMQV	NIST SP 800-56A
	RSA 密钥封装机制	NIST SP 800-56B
	Key Wrap	NIST SP 800-38F

参考文献

[1] Elaine Barker. SP 800-57 Part 1 Rev. 5, Recommendation for Key Management: Part 1 – General [S]. Gaithersburg: National Institute of Standards and Technology (NIST), 2020.

[2] National Institute of Standards and Technology. FIPS 180-4, Secure Hash Standard (SHS) [S]. Gaithersburg: National Institute of Standards and Technology (NIST), 2015.

[3] National Institute of Standards and Technology. FIPS 202, SHA-3 Standard: Permutation-Based Hash and Extendable-Output Functions [S]. Gaithersburg: National Institute of Standards and Technology (NIST), 2015.

[4] 全国信息安全标准化技术委员会 . GB/T 32905-2016 信息安全技术 SM3 密码杂凑算法 [S]. 北京：中国国家标准化管理委员会，2016.

[5] National Institute of Standards and Technology. FIPS 198-1, The Keyed-Hash Message Authentication Code (HMAC) [S]. Gaithersburg: National Institute of Standards and Technology (NIST), 2008.

[6] National Institute of Standards and Technology. FIPS 197, Advanced Encryption Standard (AES) [S]. Gaithersburg: National Institute of Standards and Technology (NIST), 2001.

[7] RFC 8439. ChaCha20 and Poly1305 for IETF Protocols [EB/OL]. Internet Research Task Force (IRTF), (2018-06)[2020-07-13]. https://tools.ietf.org/html/rfc8439.

[8] 全国信息安全标准化技术委员会 . GB/T 32907 信息安全技术 SM4 分组密码算法 [S].

北京：中国国家标准化管理委员会，2016.

[9]　全国信息安全标准化技术委员会 . GB/T 33133.1 信息安全技术 祖冲之序列密码算法 第 1 部分：算法描述 [S]. 北京：中国国家标准化管理委员会，2016.

[10]　Morris Dworkin (NIST). SP 800-38B, Recommendation for Block Cipher Modes of Operation: the CMAC Mode for Authentication [S]. Gaithersburg: National Institute of Standards and Technology (NIST), 2016.

[11]　Morris Dworkin (NIST). SP 800-38C, Recommendation for Block Cipher Modes of Operation: the CCM Mode for Authentication and Confidentiality [S]. Gaithersburg: National Institute of Standards and Technology (NIST), 2007.

[12]　Morris Dworkin (NIST). SP 800-38D, Recommendation for Block Cipher Modes of Operation: Galois/Counter Mode (GCM) and GMAC [S]. Gaithersburg: National Institute of Standards and Technology (NIST), 2007.

[13]　National Institute of Standards and Technology. FIPS 186-4, Digital Signature Standard (DSS) [S]. Gaithersburg: National Institute of Standards and Technology (NIST), 2009.

[14]　全国信息安全标准化技术委员会 . GB/T 32918 信息安全技术 SM2 椭圆曲线公钥密码算法 [S]. 北京：中国国家标准化管理委员会，2016.

[15]　Elaine Barker (NIST), John Kelsey (NIST). SP 800-90A Rev. 1, Recommendation for Random Number Generation Using Deterministic Random Bit Generators [S]. Gaithersburg: National Institute of Standards and Technology (NIST), 2015.

[16]　Lily Chen (NIST). SP 800-108, Recommendation for Key Derivation Using Pseudorandom Functions (Revised) [S]. Gaithersburg: National Institute of Standards and Technology (NIST), 2009.

[17]　Meltem Sönmez Turan (NIST), Elaine Barker (NIST), William Burr (NIST), Lily Chen (NIST). SP 800-132, Recommendation for Password-Based Key Derivation: Part 1: Storage Applications [S]. Gaithersburg: National Institute of Standards and Technology (NIST), 2009.

[18]　Elaine Barker (NIST), Lily Chen (NIST), Allen Roginsky (NIST), Apostol Vassilev (NIST), Richard Davis (NSA). SP 800-56A Rev. 3, Recommendation for Pair-Wise Key-Establishment Schemes Using Discrete Logarithm Cryptography [S]. Gaithersburg: National Institute of Standards and Technology (NIST), 2009.

[19]　Elaine Barker (NIST), Lily Chen (NIST), Allen Roginsky (NIST), Apostol Vassilev (NIST), Richard Davis (NSA), Scott Simon (NSA). SP 800-56B Rev. 2, Recommendation for Pair-Wise Key-Establishment Using Integer Factorization Cryptography [S]. Gaithersburg: National Institute of Standards and Technology (NIST), 2014.

[20]   Morris Dworkin (NIST). SP 800-38F, Recommendation for Block Cipher Modes of Operation: Methods for Key Wrapping [S]. Gaithersburg: National Institute of Standards and Technology (NIST), 2012.

[21]   National Institute of Standards and Technology. FIPS 140-2, Security Requirements for Cryptographic Modules [S]. Gaithersburg: National Institute of Standards and Technology (NIST), 2002.

[22]   IX-ISO. ISO/IEC 19790, Information technology-Security techniques-Security requirements for cryptographic modules [S]. Geneva: International Organization for Standardization (ISO), 2012.

[23]   OpenSSL. Cryptography and SSL/TLS Toolkit [EB/OL]. (2020-06-25)[2020-07-14]. https://www.openssl.org/.

[24]   Stephan Mueller, Marek Vasut. Linux Crypto API. Linux 5.8.0-rc5 [EB/OL]. [2020-07-14]. https://www.kernel.org/doc/html/latest/crypto/index.html.

[25]   Windows Crypto API. CryptoAPI System Architecture [EB/OL]. (2018-05-31) [2020-07-14]. https://docs.microsoft.com/en-us/windows/win32/seccrypto/cryptoapi-system-architecture.

[26]   Cryptography API: Next Generation [EB/OL]. (2018-05-31) [2020-07-14]. https://docs.microsoft.com/en-us/windows/win32/seccng/cng-portal.

第2章 计算机存储单元和操作系统内存管理

在介绍各类密码软件实现方案和密钥安全技术之前，我们有必要对计算机运行期存储单元和操作系统的内存管理基础知识进行简单的介绍，因为计算机硬件组成和操作系统是密码软件实现的两大重要基石，也是本书中各类密钥安全方案的技术支撑。一方面，密码软件实现运行在通用计算平台上，其中最为敏感的密钥数据会在寄存器、内存、Cache 中出现；另一方面，在传统意义上，密码软件实现的安全性依赖于处理器提供的特权等级和内存管理单元等的硬件特性支持，以及操作系统提供的权限控制和进程隔离等机制的软件功能支持。

本章介绍密码软件实现所依赖的计算机存储单元以及操作系统内存管理。本章首先介绍寄存器、内存、Cache 等重要的计算机存储器资源，然后介绍计算机操作系统中重要的内存管理机制，包括用户态与内核态、进程隔离等，这些都是密码软件实现资源隔离的重要基础。

2.1 计算机存储单元

CPU 通过执行特定的机器指令集完成一些具体的算术计算、访存等操作。处理器支持的基本指令和指令的字节码称为它的指令集架构（Instruction-Set Architecture，ISA）。不同处理器族（family）支持不同的 ISA，例如 Intel IA32 和 x86-64。一般而言，不同 ISA 是无法互通的，即一段在特定机器上编译的二进制代码无法在不同 ISA 的机器上正常运行。ISA 相当于编译器和处理器之间的抽象层：编译器按照 ISA 来编码指令，而处理器只执行 ISA 指令。

指令集架构主要分为复杂指令集（Complex Instruction Set Computing，CISC）和精简指令集（Reduced Instruction

Set Computing，RISC）。复杂指令集的特点是指令数目多而复杂，每条指令字长并不相等，处理器必须加以判断，因此其性能上有所损失；精简指令集则对指令数目和寻址方式都做了精简，使其实现更容易，指令的并行执行程度更好，编译器的效率更高。在当前流行的处理器架构中，x86 和 x86-64 属于复杂指令集，是目前 PC 和服务器使用最广泛的指令集；ARM 属于精简指令集，在嵌入式处理器架构中广泛使用。下面分别对 x86、x86-64、ARM 进行简单介绍。

x86 是 Intel 开发的向后兼容（backward compatible）的可变长度的复杂指令集架构，基于 Intel 8086 处理器和 Intel 8088 改进版本。现在 Intel 将其称为 IA-32，全名为"Intel Architecture，32-bit"，一般情形下指代 32 位的架构。x86 架构的处理器一共有 4 种执行模式，分别是实模式（real mode）、保护模式（protected mode）、系统管理模式（system management mode）以及虚拟 V86 模式。

x86-64 是 x86 架构的 64 位扩展（64-bit extended），向后兼容 16 位及 32 位的 x86 架构。AMD 公司于 1999 年首先设计并提出了 x86 扩展得到的 64 位架构"AMD64"。随后 Intel 也采用此架构，以前使用过不同名字"IA-32e"和"EM64T"，现在都统称为"Intel 64"。该架构在不同厂商和环境中有着不同的称呼：苹果公司和 RPM 包管理员以"x86_64"或"x64"称呼它；Oracle 及 Microsoft 称之为"x64"；BSD 家族及其他 Linux 发行版则使用"amd64"，32 位版本则称为"i386"（或 i486/i586/i686）；Arch Linux 用"x64"称呼它。值得一提的是，Intel 为了全面提高 IA-32 的性能，曾经提出过用在安腾（Itanium）系列处理器中的 64 位架构，称为 IA-64。IA-64 完全不兼容 x86 架构指令，Intel 公司在 2017 年停止了安腾处理器的开发。

x86-64 除了扩展 x86 到 64 位寻址外，还进行了大量扩展，包括新增寄存器、地址长度增长、增加 SSE2/SSE3 指令、增加 NX（No-Execute，不可执行）位等。x86-64 处理器支持长模式（long mode），当处于长模式时，64 位应用程序（或者操作系统）可以使用 64 位指令和寄存器，而 32 位和 16 位进程以一种兼容子模式运行。本书在后续章节中以"x86-64"表示该架构。

ARM 是一种 32 位的精简指令集，由于 ARM 架构的处理器具有低成本、高性能、低耗电的特性，被广泛应用于嵌入式系统设计中。ARM 架构的处理器分为用户模式、系统模式、Supervisor 模式、Abort 模式、未定义模式、干预模式、快速干预模式、Hypervisor 模式等。在任何时刻，处理器只可处于某一种模式，但可由于外部事件（中断）或编程方式进行模式切换。ARMv8 指令集新增了 64 位指令集 A64，同时向后兼容 32 位指令集 A32（使用 32 位指令编码的固定长度指令集）和 T32（可变长度指令集，同时使用 16 位和 32 位指令编码）。

目前，x86/x86-64 和 ARM 的主要使用场景有所区别，x86/x86-64 主要用于个人计算机、计算密集型的工作站和服务器，ARM 则在嵌入式设备（例如智能手机、平板、路由器等）

领域占据主导地位。由于本书大部分密钥安全方案针对 Intel x86/x86-64 平台完成，因此本章主要以 Intel x86/x86-64 架构为例介绍相关的基本原理和基础知识。不同处理器架构的工作原理是相近的，有兴趣的读者可以在掌握本节的内容后，自行阅读其他处理器架构的相关知识。

作为基础知识，本章将着重介绍与密钥使用密切相关的部分，即计算机的存储器架构。计算机的存储器架构可分为以下几个层次：寄存器、Cache、内存、硬盘。如图 2-1 所示，典型的存储器层次结构呈金字塔状，从塔尖到塔底分别是寄存器、Cache、内存和硬盘，按顺序具有存储设备读取速度更慢、存储空间更大、单字节成本更低的特性。最高速存储设备是寄存器，CPU 可以在一个时钟周期内完成对它们的访问，单个寄存器可以存储若干字节的数据，它保存着从 Cache 提取出来的字。接下来是 Cache，CPU 可以在几个时钟周期内完成对它们的访问，通常分为大小不等的多层 Cache，在几百 KB 到几 MB 之间。然后是内存，CPU 可以在几十到几百个时钟周期内完成对它们的访问，存储空间通常为若干 GB。最后是慢速但存储容量很大的硬盘。硬盘可以在断电后长期存储数据，而其他存储器的数据在断电后自动清除。

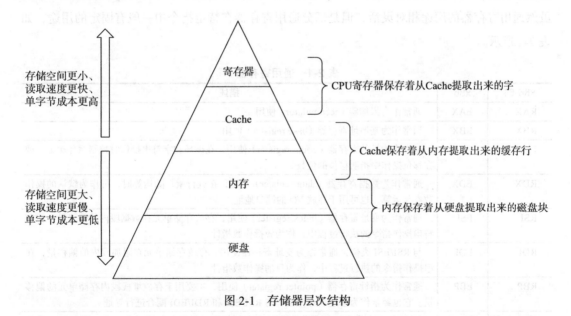

图 2-1 存储器层次结构

在密码软件实现中，密钥计算过程主要涉及寄存器、Cache 和内存，密钥存储过程则主要涉及硬盘。本节将着重从密钥计算过程所涉及的寄存器、内存和 Cache 三个层次对计算机存储单元进行介绍。

2.1.1 寄存器

寄存器是处理器中一套存储容量有限的高速存储部件，可以用来存储指令、数据和地址。寄存器处于存储器层次结构的顶端，也是计算机系统中最快速的存储器件。

处理器上可以被应用程序和操作系统使用的常用寄存器为基本程序执行寄存器（basic program execution register）和用于 SIMD（Single Instruction Multiple Data，单指令多数据）执行的 MM、XMM、YMM、ZMM 等寄存器。基本程序执行寄存器包括通用寄存器（General-Purpose Register，GPR）、段寄存器（segment register）、标志寄存器（FLAGS register）、指令指针（instruction pointer）寄存器。处理器还提供了用于支持操作系统运行的系统级寄存器，包括控制寄存器（control register）、内存管理寄存器、调试寄存器、模块特殊寄存器（Model-Specific Register，MSR）、标志位寄存器等。

1. 常见寄存器

本节主要介绍比较常见且与本书关系较为密切的 8 类寄存器。

（1）通用寄存器

通用寄存器主要用来保存操作数和运算结果等信息，既可以存储数据，又可以存储地址。x86 架构的处理器共有 8 个 32 位通用寄存器，分别为 EAX、EBX、ECX、EDX、ESI、EDI、EBP 和 ESP；x86-64 在 x86 的基础上，不仅将原有的 32 位寄存器扩展为 64 位（记为 RAX、RBX、RCX、RDX、RDI、RSI、RBP、RSP），还增加了 8 个 64 位寄存器 R8~R15。虽然通用寄存器的用途相对灵活，但是部分通用寄存器在特定指令中一般有固定的用途，如表 2-1 所示。

表 2-1　通用寄存器

x86-64	x86	描述
RAX	EAX	通常作为累加器（accumulator）使用
RBX	EBX	通常作为基地址寄存器（base register）使用
RCX	ECX	通常作为计数寄存器（count register）使用，在循环和字符串操作时控制循环次数，或在移位操作中指明移位的位数
RDX	EDX	通常作为数据寄存器（data register）使用，在进行乘、除运算时，可作为默认的操作数参与运算，也可用于存放 I/O 的端口地址
RSI	ESI	通常作为变址寄存器（index register）使用，存放存储单元在数据段内的偏移量；在字符串操作指令的执行过程中，作为源操作数指针
RDI	EDI	与 RSI/ESI 类似，通常作为变址寄存器使用，存放存储单元在附加段内的偏移量；在串操作指令的执行过程中，作为目的操作数指针
RBP	EBP	通常作为指针寄存器（pointer register）使用，主要用于存放堆栈段内存储单元的偏移量。它也经常作为基地址寄存器，与 RSI/ESI 和 RDI/EDI 配合进行寻址
RSP	ESP	与 RBP/EBP 类似，通常作为指针寄存器使用，但需要注意的是，ESP 寄存器一般仅用于存储栈顶指针，而不用作其他用途
R8~R15	N/A	一般无特定用途

通用寄存器是处理器架构不可或缺的部分，它在处理器算术逻辑运算中使用最为直接、最为频繁。

（2）段寄存器

为了减少地址转换时间和降低程序代码复杂度，x86 处理器提供了 6 个段寄存器。在 x86

架构中，段寄存器均为 16 位长，根据内存分段管理机制而设置。x86 处理器内存单元的逻辑寻址由段寄存器的值与一个偏移量组合而成，例如，CS：EIP 指向了代码段的指令，其中 CS 寄存器指向了代码段，EIP 寄存器指向了指令的偏移地址。具体的段寄存器用途见表 2-2。

表 2-2　处理器内部的段寄存器

寄存器	描述
CS	代码段寄存器（code segment register）
DS	数据段寄存器（data segment register）
ES	附加段寄存器（extra segment register）
SS	堆栈段寄存器（stack segment register）
FS	Intel 80386 引入的两个额外段寄存器，无特定用途
GS	

x86 处理器在实模式和保护模式下，段寄存器的作用是不同的。在实模式下，CS、DS、ES 和 SS 与上文介绍的段寄存器的含义完全一致，内存单元的逻辑地址仍为"段寄存器值：偏移量"的形式，经过处理器的段机制处理后得到线性地址。为访问某内存段内的数据，必须使用该段寄存器和存储单元的偏移量。但是在保护模式下，情况要复杂得多，装入段寄存器的不再是段值，而是称为"选择符"（selector）的某个值。这部分内容将在 2.2.2 节进行说明。

x86-64 处理器根据进程是否运行在 64 位模式来使用段寄存器。在兼容模式下，段机制正常。但是在 64 位模式下，进程将 CS、DS、ES、SS 的段基址当零处理，在段描述符寄存器中的字段（基址、界限、属性）都会被忽略，即逻辑地址中段寄存器的值为零，而 FS 和 GS 寄存器不再使用。

（3）标志寄存器

标志寄存器用于存放条件标志、控制标志等，主要用来表征处理器的内部状态和运算结果的某些特征以及控制指令的执行。标志寄存器一般无法直接进行控制。32 位的 EFLAGS 寄存器包括一组状态标志、一个控制标志和一组系统标志。EFLAGS 在 64 位模式下扩展为 64 位的 RFLAGS，但是它的高 32 位全部是保留位。标志寄存器的主要标志位及其用途参见表 2-3。

表 2-3　标志寄存器的主要标志位及其用途

第 N 位	标志位	描述
0	CF	进位标志（Carry Flag，CF），主要用来反映无符号数运算是否产生进位或借位。如果运算结果的最高位产生了一个进位或借位，那么其值为 1，否则其值为 0。CF 位可以被用户态设置
2	PF	奇偶标志（Parity Flag，PF），用于反映运算结果中"1"的个数的奇偶性。如果"1"的个数为偶数，则 PF 的值为 1，否则其值为 0。利用 PF 可进行奇偶校验检查或产生奇偶校验位。在数据传送过程中，为了提供传送的可靠性，如果采用奇偶校验的方法，就可使用该标志位

（续）

第 N 位	标志位	描述
4	AF	辅助进位标志（Auxiliary carry Flag，AF），在发生下列情况时，AF 的值被置为 1，否则其值为 0：在字操作时，发生低字节向高字节进位或借位时；在字节操作时，发生低 4 位向高 4 位进位或借位时
6	ZF	零标志（Zero Flag，ZF），反映运算结果是否为 0。如果运算结果为 0，则其值为 1，否则其值为 0。在判断运算结果是否为 0 时，可使用此标志位
7	SF	符号标志（Sign Flag，SF），反映运算结果的符号位，它与运算结果的最高位相同。有符号数采用补码表示法，所以 SF 也就反映运算结果的正负号。运算结果为正数时，SF 的值为 0，否则其值为 1
8	TF	跟踪标志（Trap Flag，TF），可用于程序调试。TF 标志没有专门的指令来设置或清除。TF 位只能被内核态修改
9	IF	中断允许标志（Interrupt Flag，IF），用来决定处理器是否响应处理器外部的可屏蔽硬件中断发出的中断请求。IF 位只能被内核态修改
10	DF	方向标志（Direction Flag，DF），用来决定在串操作指令执行时有关指针寄存器发生调整的方向。DF 位可以被用户态设置
11	OF	溢出标志（Overflow Flag，OF），用于反映有符号数加减运算所得结果是否溢出
12、13	IOPL	I/O 特权等级（I/O Privilege Level，IOPL），表示当前进程的 I/O 特权等级。进程的当前特权级的值必须小于等于 IOPL（值越小，特权级越高），只有在当前特权级为 0（即最高特权级）时 IOPL 位才允许被修改

（4）指令指针寄存器

指令指针（IP）是存放下次将要执行的指令在代码段的偏移量，x86 为 EIP，x86-64 为 RIP。在具有预取指令功能的系统中，下次要执行的指令通常已被预取到指令队列中，除非发生跳转情况。EIP/RIP 寄存器不能被程序直接访问或修改。

（5）向量寄存器

随着处理器的主频遇到瓶颈，各个处理器厂商试图在一个指令周期内处理更多的数据以达到提升整体吞吐量的目的，因此各类向量指令集纷纷诞生。目前 x86 平台上支持的向量指令集包括 MMX（Matrix Math Extension，矩阵数学扩展）、SSE（Streaming SIMD Extension，单指令多数据流扩展）、AVX（Advanced Vector eXtension，高级向量扩展）和 AVX-512。这些向量指令集使用专门的向量寄存器进行计算，包括 MM$^\ominus$、XMM、YMM、ZMM 等。

❑ MMX 是 Intel 公司开发的 SIMD 多媒体指令集。MMX 定义了 8 个 64 位寄存器，包括 MM0~MM7，每个寄存器可看作 2 个 32 位整数，或者 4 个 16 位整数，或者 8 个 8 位整数。它增加了处理器对多媒体的处理能力，缺点是 64 位 MM 寄存器占用了 80 位字长的浮点寄存器的低 64 位，所以 MMX 指令和浮点数操作无法同时进行。

⊖ Intel 开发者手册中将 MMX 向量指令集扩展使用的寄存器称为 MMX 寄存器。为了不与 MMX 向量指令集扩展和 XMM 寄存器相混淆，且考虑到 MMX 指令所使用的寄存器名称是 MM0~MM7，本书将其称为 MM 寄存器。

- SSE 是 Intel 公司在 Pentium Ⅲ 芯片中引入的指令集，是对 MMX 的扩充。SSE 加入了 8 个 128 位 XMM 寄存器，包括 XMM0~XMM7。而 x86-64 又加入了额外的 8 个 XMM 寄存器。每个 XMM 寄存器可以容纳 4 个 32 位单精度浮点数，或者 2 个 64 位双精度浮点数，或者 4 个 32 位整数，或者 8 个 16 位短整数（short），或者 16 个字符（char）。SSE 后续还被扩充到 SSE2、SSE3、SSSE3（Supplemental Streaming SIMD Extensions 3）和 SSE4。

- AVX 是 x86 指令集 SSE 的延伸架构，把 SSE 支持的 128 位 XMM 寄存器扩展至 256 位 YMM 寄存器，重新命名为 YMM0~YMM7。x86-64 模式增加到 16 个 YMM 寄存器，即 YMM0~YMM15。每个 YMM 寄存器可以存储 8 个 32 位单精度浮点数，或者 4 个 64 位双精度浮点数。AVX 不仅提高了一倍的运算效率，还支持三元运算指令，减少了在编码上需要先赋值才能运算的动作。AVX 后续还被扩充到 AVX2 和 AVX-512。其中 AVX-512 是 AVX 指令集的 512 位扩展，支持 512 位的 ZMM 寄存器，在 x86-64 模式下寄存器的数量多达 32 个，包括 ZMM0~ZMM31。

由于向量寄存器有着比通用寄存器大得多的空间，在本书后续介绍的基于寄存器的密钥安全方案中利用这些寄存器实现了需要较大计算空间的公钥密码算法。

（6）模块特殊寄存器

模块特殊寄存器（Model-Specific Register，MSR）主要用于操作系统的相关配置，例如内存类型范围设定、程序调试、处理器温度监控等。顾名思义，MSR 与处理器的"model"密切相关，因此每一代处理器版本 MSR 也有所不同。

对于 x86 平台，MSR 分别通过特权指令 RDMSR 和 WRMSR 进行读和写操作，在使用前需要将 MSR 的地址写入 ECX 中。常用的 MSR 包括内存类型范围寄存器（Memory Type Range Register，MTRR）、地址范围寄存器（Address-Range Register，ARR）等。其中 MTRR 是 x86 架构下的一组处理器辅助功能控制寄存器，可以设置内存访问 Cache 的方式，这将在本章后续介绍 Cache 时具体介绍。

MSR 是特权寄存器，本书后续介绍的一些密钥安全方案将其作为密钥存储器，来防止密钥被非特权用户非法获取。

（7）控制寄存器

控制寄存器主要涉及处理器的操作模式和当前运行程序的特征。x86 和 x86-64 处理器包含 5 个控制寄存器：CR0~CR4。以下简要介绍这些控制寄存器与本书相关的内容。

CR0 包含控制操作模式的系统控制标志和处理器的状态。CR0 可以控制处理器的执行模式、浮点数/向量计算、分页机制和 Cache 机制等。x86 架构下常用 CR0 位的描述见表 2-4。

表 2-4　常用 CR0 位的用途

第 N 位	标签	描述
0	PE	保护模式使能（Protected mode Enable）
29	NW	非写通（Not Write-through），主要控制 Cache 的写回策略
30	CD	Cache 禁用（Cache Disable），主要控制 Cache 是否启用
31	PG	分页（Paging），主要控制分页机制是否启用

CR1 被保留，处理器访问 CR1 将会抛出异常。

CR2 包含发生缺页异常（page fault）的逻辑地址。例如，操作系统在发生缺页异常时，可以在 CR2 寄存器中获取引起缺页异常的逻辑地址。

CR3 包含分页结构的基地址，对于 Linux 操作系统，这个基地址就是页表操作的起点。CR3 还有两个重要的标志位，用于控制页表级的 Cache 行为，分别是页表级 Cache 禁用（Page-level Cache Disable，PCD）位和页表级写通（Page-level Write-Through，PWT）位。

CR4 包含一组标志来使能几种架构扩展，并指示操作系统或者执行程序支持特定的处理器功能，包括：

1）VME（Virtual-8086 Mode Extension）位控制虚拟 8086 模式下的中断处理和异常处理的扩展。

2）DE（Debugging Extension）位控制调试寄存器 DR4 与 DR5 是否允许访问。

3）PSE（Page Size Extension）位控制是否启动 32 位的 4 MB 大小的页块。

4）PAE（Physical Address Extension）位控制分页产生超过 32 位的物理地址。

5）PGE（Page Global Enable）位控制是否启用全局页特征。

6）SMEP（Supervisor-Mode Execution Prevention）位控制管理模式执行保护是否启用。SMEP 保护内核使其不允许执行用户空间代码，可防止 ret2usr 攻击。ret2usr 攻击是在内核控制执行流，使之跳转到用户可控的用户空间执行代码的攻击方式。SMEP 开启后，用户空间的页表的虚拟地址并没有 supervisor 标志，当跳转到用户态时会触发异常。

7）SMAP（Supervisor-Mode Access Prevention）位控制管理模式访问保护是否启用。SMAP 和 SMEP 类似，只不过 SMAP 负责读写控制。因此内核态不能读写用户态的内存数据。内核在与用户态程序交流时，通过修改标志位，使某位置临时取消 SMAP，来实现精确位置的读写。

本书后续介绍的基于 Cache 的密钥安全方案采用了控制寄存器对 Cache 的写回模式等进行控制。

（8）调试寄存器

调试（debug）寄存器控制着进程的调试操作，共有 8 个调试寄存器（DR0~DR7）。这些寄存器可以通过 MOV 等指令来读写数据。调试寄存器可以是这些指令的源操作数，也可以是目的操作数。但是，调试寄存器的访问是需要一定权限的，如果权限不足，将会在访问调试寄存器的时候产生通用保护（general-protection）异常。

调试寄存器的主要功能是设置和监控 0~3 号断点，以下是调试寄存器的功能。

1）调试寄存器 DR0~DR3：这 4 个寄存器是用来设置断点地址的，每个寄存器存储了断点虚拟地址。由于只有 DR0~DR3 这 4 个保存地址的寄存器，硬件断点同时最多只能有 4 个。

2）调试寄存器 DR4~DR7：DR4 和 DR5 这两个调试寄存器由控制寄存器 CR4 的调试扩展（DE）标志位控制。如果 DE 置位，那么对这两个寄存器的访问会导致无效操作码（invalid-opcode）异常；如果 DE 置 0，那么 DR4 和 DR5 就化名为 DR6 和 DR7，DR6 主要是在调试异常产生后报告产生调试异常的相关信息，DR7 则控制着断点的启用 / 禁用和断点条件的设置。

与 MSR 类似，调试寄存器也是特权寄存器，因此本书后续介绍的一些密钥安全方案将其作为密钥存储器，来防止密钥被非特权用户非法获取。

2. 寄存器访问权限

寄存器根据其访问权限要求可以分为特权寄存器和非特权寄存器。本章讨论的寄存器特权如表 2-5 所示。

表 2-5　寄存器特权分类

寄存器	是否为特权
通用寄存器	否
段寄存器	否
标志寄存器	TF、IF、IOPL 是系统标志位，需要使用特权态指令设置
指令指针寄存器	否
向量寄存器	否
模块特殊寄存器	是
控制寄存器	是
调试寄存器	是

3. 寄存器之间的数据移动

数据可以在同种寄存器或不同种寄存器间移动，而不经过 Cache 或内存，这也是本书一些密钥安全方案的基础。表 2-6 总结了用于在寄存器间进行数据移动的指令。可以看到，通用寄存器和 XMM 寄存器结合在一起使用，能够与其他所有寄存器交换数据，所以它们可以作为数据交换的中枢或用于存储各种指令都可能用到的数据。

表 2-6　寄存器间数据移动的指令

源寄存器	目的寄存器				
	通用寄存器	MM 寄存器	XMM 寄存器	YMM 寄存器	调试寄存器
通用寄存器	MOV	MOV	VMOV PINR VPINR	—	MOV
MM 寄存器	MOV	MOV	MOVQ2DQ	—	—

（续）

源寄存器	目的寄存器				
	通用寄存器	MM 寄存器	XMM 寄存器	YMM 寄存器	调试寄存器
XMM 寄存器	VMOV PEXTR VPEXTR	MOVDQ2Q	MOVDQA VMOVDQA	VINSERTI128	—
YMM 寄存器	—	—	VEXTRACTI128	VMOVDQA	—
调试寄存器	MOV	—	—	—	—

2.1.2 内存

寄存器中存放着最常用的数据，而且处理器可以在一个时钟周期内访问它们。但是寄存器的个数极其有限，数据一般无法全部存放在寄存器中，这时候需要使用临时存储设备，在处理器执行程序期间临时存放程序以及数据，并随时进行快速读写。随机存取存储器（Random Access Memory，RAM）就是典型的临时存储设备。

1. 常规内存芯片

RAM 是一种利用半导体技术制成的存储数据的电子器件。其电子电路中的数据以二进制方式存储，RAM 虽然访问速率较寄存器要低，但是比外部存储设备（如硬盘等）快很多。RAM 是易失性（volatile）的，即失去电源供应后，RAM 将不能保留数据。

RAM 分成两类：静态随机存取存储器（Static RAM，SRAM）和动态随机存取存储器（Dynamic RAM，DRAM）。从表 2-7 中可以发现，SRAM 比 DRAM 更快，但是由于它使用了更多的晶体管，密度低、造价高且功耗大。SRAM 在有电时，会永远保持它的值，而且抗干扰能力强，DRAM 则需要频繁刷新以保持其保存的数据。

表 2-7 SRAM 与 DRAM 的对比

类型	每位晶体管数	相对访问时间	是否保持数据	相对花费	应用
SRAM	6	1×	是	1000×	Cache
DRAM	1	10×	否	1×	内存

由于 DRAM 的性价比高，扩展性很好，内存模块往往采用 DRAM；而 SRAM 具有快速访问的优点，但生产成本较高，常被用作 Cache。需要说明的是，SRAM 和 DRAM 的区分是物理实现的区分，而内存和后文介绍的 Cache 都是 RAM，区别主要在于有无确定的线性地址空间。

在处理器运行时，内存按照使用情况可分为：可利用的物理内存、被使用的物理内存和硬件保留的物理内存。可利用的物理内存是能立即分配给程序使用的内存，包括空闲物理内存、缓存物理内存。缓存物理内存中包括已被修改过的用作缓存用途的内存，可在任意时刻写回硬盘。而被使用的物理内存包含了运行进程的代码和数据，也可能包括被其他进程共享的内存。硬件保留的物理内存被处理器中的集成显卡或者其他外设硬件占用，不被操作系统使用。

　　现实中，物理内存本身没有访问控制机制。如果在物理内存上直接运行多个进程，一方面，一些空闲的进程将持续占据某块物理内存；另一方面，进程使用的物理内存也有可能被其他进程窥探和篡改。为了充分合理地利用计算机的内存并且为进程提供保护，计算机内存管理往往采用了虚拟内存技术。虚拟内存是相对于物理内存提出的逻辑概念。虚拟内存管理为每个进程提供了大块、一致的线性地址空间，并让应用程序认为它拥有连续的可用内存，实际上，它的物理内存通常被分隔成多个物理内存碎片。虚拟内存技术让程序编写更容易，对物理内存的使用更有效率。虚拟内存分为段式内存管理和页式内存管理，这部分内容我们将在 2.2 节介绍操作系统内存管理时详细说明。

　　值得一提的是，虽然内存有着掉电即清零的特点，但是在某些条件下，它保存的信息仍有可能在掉电后短暂存在，这种特殊的数据残留效应将在本书后续介绍冷启动攻击时一并说明。

2. iRAM

　　ARM 处理器在其 SoC 内部还集成了 RAM，被称为内部 RAM（internal RAM，iRAM）。与之对应，SoC 外部的大容量 RAM 称为外部 RAM。iRAM 由 ARM 处理器的片上高速 SRAM 构成，读写速度快但价格昂贵，高端 ARM 处理器的 iRAM 通常都会有几百 KB，如 Cortex-A8 和 Cortex-A9 的 iRAM 大小分别是 128 KB 和 256 KB。iRAM 是一种可编程寻址的 SRAM，在系统上电后外部 RAM 还没有被初始化前，iRAM 就可以用于执行代码，因此 ARM 处理器经常用它来执行系统启动代码。由于 iRAM 处于 SoC 片上，因此一些密钥安全方案中会使用 iRAM 来存储密钥以防范针对普通内存的物理攻击。

2.1.3　Cache

　　处理器的频率远远超过了内存总线的频率，例如 Intel 酷睿 i7-9700k 处理器拥有 8 个 3.6 GHz 的核，而高端 DDR4-3200 内存的总线频率仅仅是 1600 MHz。对于一些访存频繁的应用而言，内存的低速率往往变成整体性能的瓶颈。然而，人们发现，计算机程序常常引用近邻于其他最近引用过的数据项的数据，或者最近引用过的数据项本身。这种倾向性称为局部性（locality）原理。局部性原理使得缓存技术得以广泛应用，处理器在片上一般集成了 Cache，Cache 位于处理器和内存之间，由小容量的 SRAM 构成，其速度也介于处理器和内存之间。Cache 可以用来暂存处理器最近使用的数据块，使得以后的内存访问可以直接发生在高速的 Cache 上，而不需要访问低速的内存。

　　Cache 利用了程序对内存的访问呈现的两类局部性特征：时间局部性（temporal locality），即处理器执行过的同一段代码很可能在不远的将来再被多次执行；空间局部性（spatial locality），即处理器访问的数据也可能在不久的将来访问其附近的内存位置的数据。如果程序实现可以很好地遵循局部性原理，访问内存时经常能够在 Cache 中命中，则能极大地提高访存效率。

随着内存和处理器速度的差距进一步拉大，出现了层次结构的 Cache。更高级别的 Cache 拥有更大的容量，但是速度有所降低。片上 Cache 不是越大越好，原因在于：一方面，Cache 所需的空间较大，在处理器上无法集成太多的 Cache；另一方面，虽然大容量 Cache 有较高的数据命中率，但是会带来较长的访问延迟，这与设计 Cache 的初衷是违背的。因此，许多微处理器采用了多级缓存。多级 Cache 的数据首先检查快速的、小容量的一级（L1）Cache，如果命中，处理器就直接在 L1 Cache 处理，否则，处理器去次快的、大容量的二级（L2）Cache 查找，以此类推，直到从内存中查找。

同时，用来存储数据和指令的 L1 Cache 也被分开。主流的 Intel 或 AMD 处理器在芯片内部 L1 Cache 上集成了大小不等的数据缓存和指令缓存。指令缓存（Instruction Cache，I-Cache）用于加速指令的读取，而数据缓存（Data Cache，D-Cache）用于加速数据的读取和存储。其他层级不区分指令缓存和数据缓存。

1. Cache 的基本结构

当处理器想要读写内存时，首先需要在 Cache 中检查是否缓存了所需要的内存数据。处理器将 Cache 缓存块中存放的地址与通过虚实地址转换得到的物理地址进行比较。如果结果相同而且状态位匹配，则表明 Cache 命中（hit），处理器直接读或写缓存块中的数据；如果处理器未在 Cache 中发现内存地址，则发生 Cache 未命中（miss），处理器需要使用物理地址进一步索引内存获得最终的数据。

一个 Cache 缓存块由标签（tag）、标志位（flag bit）和数据单元（data block）组成。标签字段包含着复制进 Cache 的数据的内存地址。数据单元字段存放的是该缓存块的数据或缓存行（Cache line），大小通常为 64 字节。缓存行是 Cache 的最小缓存单位。指令缓存的状态位字段只需要一个有效位，存放当前缓存块的状态，指示一个缓存块是否载入了有效指令代码。数据缓存的标志位字段需要两位，分别是有效位和脏位（dirty bit），有效位的用途与指令缓存基本一致，而脏位表示数据被复制进缓存行后是否被修改。如果脏位被置位，则意味着处理器已经对此缓存行写入数据，但是新值还没有写回内存中。

2. Cache 地址映射

Cache 只能保存内存的一个子集，且 Cache 与内存的数据交换是以缓存行为单位的。为了把数据放入 Cache 中，内存地址定位到 Cache 中的寻址称为地址映射。

Cache 地址映射方式主要分为直接映射（direct-mapped）、全相联（fully associative）和多路组相联（n-ways set associative）三类。

（1）直接映射

直接映射是指一个内存地址只能被映射到特定的缓存块，这种映射是多对一映射：多个内存块地址须共享一个 Cache 区域。每一个内存块地址都可通过模运算（mod）对应到一个唯一缓存块上。如图 2-2 所示，内存中的 Index0 和 Index4 内存块都映射到了 Cache 中的 Index0 缓存块。

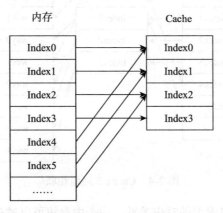

图 2-2　Cache 直接映射

（2）全相联

全相联是指一个内存地址可以被映射到任何一个缓存块中。全相联的缓存利用率极高，块冲突率极低，只要淘汰 Cache 中的某一缓存块，就可调入内存中的数据块。但是电路实现难度大，仅用于 Cache 极小的特殊场合。如图 2-3 所示，每一个内存块都可以被映射到 Cache 中任意的位置。

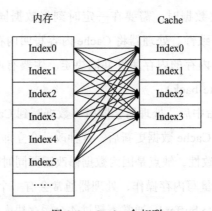

图 2-3　Cache 全相联

（3）多路组相联

多路组相联是直接映射和全相联映射的折中方案，Cache 由多个组（set）组成，每个组里面有多个缓存块，使用缓存标签（Cache tag）进行索引，最终可以得到一个完整的缓存行。如图 2-4 所示是一个 2 路组相联例子，Cache 中有 3 个组，其中每个组有 2 个缓存块，内存中 Index0、Index4 等的地址分别映射到 Cache Index0 分组内，并在 Cache Index0 分组内的 2 路 Cache 中随机映射。

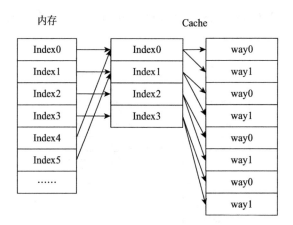

图 2-4　Cache 2 路组相联

通过建立内存数据和组索引的对应关系，一个内存块可以被载入对应组内的任一缓存块上。也就是说，从内存的组到 Cache 的组之间采用直接映射方式；在两个对应的组内部采用全相联映射方式。当使用组相联时，在通过索引定位到对应组之后，必须进一步与所有缓存块的标签值进行匹配，以确定查找是否命中。这在一定程度上增加了电路复杂性，因此会导致查找速度有所降低。常见的 Cache 地址映射为 8 路组相联结构，即每个 Cache 组中包含 8 路缓存块。

3. Cache 写回策略

在向 Cache 写入和修改数据时，需要在一定时刻将数据同步到对应内存地址，以保持内存和 Cache 中数据的一致性。处理器将 Cache 内容写回内存的时机称为写回策略，它由 Cache 的读写策略和对应内存的内存属性共同决定。主要有两种写回策略，分别为写通（write-through）和写回（write-back）。

1）在写通模式下，写命中后，处理器会同时将数据写到 Cache 和内存。这是一种实时同步的 Cache 机制，即每当 Cache 数据更新后，这种改动会立即更新到内存中。此模式的优点是比较容易维持数据的一致性，缺点是因为数据修改需要同时写入内存，数据写入速度较慢。由于这种设计会造成大量写内存操作，处理器通常会有一个缓冲区来减少写内存冲突，这个缓冲称为写缓冲器（write buffer），通常不超过 4 个缓存块大小。

2）在写回模式下，当处理器显式或隐式地写回内存操作时，Cache 中的内容才写回内存；否则，Cache 中修改的数据不会被写到内存中。写回内存的操作仅仅在下列情况下发生：①由于 Cache 空间所限，其他的内存访问需要占用 Cache，导致现有 Cache 内容同步到内存；②使用 Cache 控制指令显式写回。当处理器对 Cache 的写命中时，只修改 Cache 内容而不立即将 Cache 内容同步到内存上，但标记此修改内容为 dirty，只有此缓存行被换出时才写回内存。这种策略可以保证，除了显式或隐式的写回操作，缓存行中的内容不会被同步到内存中。大多数的处理器都支持这种内存访问模式。如果可以保证内存一致性，该模式可以提供最佳的性能，因为它可以保证处理器读取和写回内存数据时 Cache 都发挥作用，对缓存行的读命中和写命中都在 Cache 中快速完成，只有在被替换时才会访问内存，减少了访问内存的次数。

4. Cache 替换策略

在发生 Cache 未命中的情况下，需要将内存中的数据块与 Cache 中的某个缓存行的数据进行替换（或填充）。处理器一般支持不同的替换模式。

1）正常 Cache 模式（normal Cache mode）：在正常 Cache 模式下，发生读未命中和写未命中时都会进行缓存行替换，它提供了最优 Cache 性能。

2）不填充 Cache 模式（no-fill Cache mode）：在不填充 Cache 模式下，如果访问的内存区域是写回模式，Cache 命中仍然会访问 Cache。但是，不命中的读操作不会引发 Cache 替换，而不命中的写操作直接访问内存。简言之，该缓存行被锁定。该模式在基于 Cache 的密钥安全方案中被使用，保证存储密钥的缓存行不被交换回内存中。

5. Cache 的控制机制

Intel 处理器有着多种机制来控制 Cache 的行为，包括：

1）控制寄存器对 Cache 模式的控制机制，例如控制寄存器 CR0 的 CD（Cache 禁用）位和 NW（非写通）位控制了整个系统内存的 Cache；CR3 的 PCD（页表级 Cache 禁用）位和 PWT（页表级写通）位控制了页级别的 Cache。

2）对内存的 Cache 类型的控制机制，例如内存类型范围寄存器（MTRR）控制选择的物理内存的 Cache，页属性表（Page Attribute Table，PAT）控制虚拟内存页的 Cache。

这里我们主要介绍 CR0、CR3、MTRR 和 PAT。

（1）控制寄存器对 Cache 模式的控制

涉及 Cache 控制的控制寄存器主要有 CR0 和 CR3。以下简单介绍这些控制寄存器的 Cache 控制策略。

控制寄存器 CR0 涉及的控制位为 CD 位和 NW 位：

1）CD 位是控制寄存器 CR0 的第 30 位，用于控制是否启用整个系统范围的 Cache。将 CD 位置 0 将会启用整个系统的 Cache 机制，但内存的单个页或者某个区域自己的策略仍然会受到其他 Cache 控制机制（如 MTRR 和 PAT）的限制；将 CD 位置 1 将会关闭整个系统的 Cache 机制，但仍然可以显式地被清除到内存中以保持内存一致性。

2）NW 位是控制寄存器 CR0 的第 29 位，用于控制系统内存的写回策略。

结合 CD 位和 NW 位控制的缓存模式如表 2-8 所示。

控制寄存器 CR3 中的 PCD 和 PWT 标志位可以控制页级别的全局 Cache 和写策略。当置 PCD 位为 0 时，允许 Cache；而置 1 时则禁止 Cache。当置 PWT 位为 0 时，执行写回 Cache 策略，而置 1 时执行写通 Cache 策略。这些标志位只有当所在页被允许 Cache 并且控制寄存器 CR0 中的 CD 标志位被置 0 时才有效。

表 2-8　CD 位和 NW 位控制机制

CD	NW	Cache 写回策略和替换策略
0	0	替换策略：正常 Cache 模式
		写回策略：写回模式
0	1	无效设置，产生通用保护异常
1	0	替换策略：不填充 Cache 模式
		写回策略：写回模式
1	1	不保持内存一致性。Pentium 4 和更新的处理器家族不支持此模式，设置 CD 位和 NW 位为 1 会进入不填充 Cache 模式

（2）对内存的 Cache 类型的控制

控制 Cache 除了控制寄存器的专用寄存器及其控制位外，还需要对 Cache 映射的内存页和页目录条目的属性进行细致的控制。x86 处理器有两类控制方法对内存属性进行控制。

- 基于内存物理地址空间的控制：这类控制主要由 MTRR 完成，MTRR 是基于物理地址空间来决定某块物理地址具有何种 Cache 属性，因此一般由系统 BIOS（Basic Input/Output System，基本输入 / 输出系统）进行设置。
- 基于内存虚拟地址空间的控制：这类控制主要由 PCD、PWT 和 PAT 等共同决定。PCD、PWT、PAT 允许处理器基于虚拟地址来决定某个页（线性地址页）具有何种 Cache 属性。

下面介绍涉及的 MTRR 和 PAT 的基本信息。

1）内存的 Cache 类型及设置。处理器允许任意类型的内存缓存在 L1/L2/L3 Cache 中，内存中的不同区域或者页都需要指定不同的缓存类型或内存类型。具体的类型如下：

- 强不可缓存（Strong Uncacheable，UC）：系统内存不被缓存。这种内存类型适用于内存映射 I/O 设备。如果配合 RAM 使用，系统的性能会降低。
- 不可缓存（Uncacheable，UC–）：和 UC 类型一样，唯一不同的是 UC– 的内存类型可以通过设置 MTRR 被改写为 WC 内存类型。
- 写通（Write-Through，WT）：对内存的读和写都缓存，尤其是所有写入 Cache 的数据，都会写入系统内存。当写回内存时，无效的缓存行不会再次从内存复制数据，保证了 Cache 与内存数据的实时一致性。
- 写回（Write-Back，WB）：对内存的读和写都缓存，只是在写 Cache 的数据时，写数据只会发生在 Cache 中，缓存行中的数据并不会立即写回系统内存，而是在 Cache 中累计，直到缓存行需要被释放或为了维持一致性，它才写回内存。虽然 WB 内存类型提供了最好的性能，但是它需要所有访问系统内存的设备能够监听内存访问情况以保证内存和 Cache 的一致性。

❑ 写结合（Write Combining，WC）：WC 的系统内存不会被缓存，一致性协议不会保证 WC 内存的一致性。对于 WC 内存类型的写操作，可能会被延迟，数据被结合到写结合缓冲区（write combining buffer），这样可以减少总线上的访存操作。

❑ 写保护（Write Protected，WP）：读操作与 WB 内存类型一致，但每次写操作都会使所有处理器的相关缓存行失效。

2）MTRR 控制物理地址的指定区域的 Cache 类型。MTRR 提供了一套机制，在系统内存中将内存类型和物理地址范围关联起来，也就是说，给不同物理地址范围的内存分配不同的内存类型。

MTRR 允许定义最多 96 个物理内存范围，通过 MSR 来指定不同范围的内存具有哪些 Cache 类型。表 2-9 展示了可以指定的内存类型和属性。硬件复位之后，处理器将禁用所有的固定和可变 MTRR，这使得所有的物理内存的类型都成为不可缓存。初始化软件应该依据系统定义的内存映射将 MTRR 设置成特定的类型。

表 2-9 MTRR 中内存类型的编码

MTRR 的编码	00H	01H	02H	03H	04H	05H	06H	07H~FFH
内存类型	UC	WC	保留	保留	WT	WP	WB	保留

在多处理器系统中，操作系统必须保持不同处理器之间的 MTRR 一致性。各个处理器必须保证所有的 MTRR 的值都一样，即各个处理器所看到的内存缓存类型都必须保持一致。

3）PAT 扩展了 Intel x86 的页表格式，允许将 Cache 属性赋值给基于虚拟地址映射的物理地址区域。MTRR 是基于物理地址空间来决定某块物理地址具有何种 Cache 属性，而 PAT 是对 MTRR 的补充，它允许处理器基于虚拟地址来决定某个页（虚拟地址页）具有何种 Cache 属性。PAT 要与页表项或者页目录项里的 PCD 和 PWT 这两个位一起来决定某个页具有的 Cache 属性。

操作系统可以通过 PAT MSR 来设置 PAT。当 Cache 属性已经赋值给 PAT 的表项时，软件可以通过页表项和页目录项的 PAT-index 位与 PCD、PWT 位来设置单独页的 Cache 属性。

PAT MSR 包含 8 个页属性字段：PA0 ~ PA7。每个字段的低 3 位被用来表示内存类型，而高 5 位被设置为 0，每个页属性包含的内存类型编码如表 2-10 所示。

表 2-10 PAT 中内存类型的编码

编码	00H	01H	02H	03H	04H	05H	06H	07H	08H~FFH
内存类型	UC	WC	保留	保留	WT	WP	WB	UC–	保留

通过 WRMSR 指令写入 PAT MSR 可以设置所有 PAT 表项。在 Ring 0 特权级的软件可以分别通过 RDMSR 和 WRMSR 指令读取和修改 PAT MSR。尝试写入未定义的内存类型编码会引发通用保护异常。

（3）Cache 控制优先级

Cache 控制的优先级涉及控制寄存器中的全局控制、MTRR 层级控制和 PAT 页级控制。

☐ 如果 CD 位被置 1，那么全局 Cache 被禁止。

☐ 如果 CD 位被置 0，内存页级别的 Cache 控制标志和 MTRR 会起到控制 Cache 的作用。

☐ 如果页级 Cache 控制和 MTRR 相冲突，那么禁止 Cache 的设置享有高优先级。例如，若 MTRR 设置某一系统内存不可缓存，则此内存区域的单个页级 Cache 设置不起作用，反之亦然。

（4）Cache 控制指令

Intel x86 和 x86-64 架构提供了若干种指令管理 L1/L2/L3 Cache。

☐ INVD 和 WBINVD 会使 L1/L2/L3 Cache 内容失效，而且 INVD 使用时需要格外小心，因为它不会自动将被更改的 Cache 行写回内存，因此 Cache 中的数据可能会丢失。

☐ 无论写回策略是写回还是写通，WBINVD 都会将 Cache 中的内容写回内存，然后无效化 L1/L2/L3 Cache。

☐ PREFETCHh：软件用这条指令来指示处理器把某块内容放入哪块 Cache。PREFETCHh 只能预取数据，不能预取指令。

☐ CLFLUSH 与 CLFLUSHOPT：与 PREFETCHh 相反，CLFLUSH/CLFLUSHOPT 让软件选择 Cache 里哪些缓存行应该被清除到内存中去，同时释放此 Cache。

☐ 非临时（non-temporal）移动指令（MOVNTI、MOVNTQ、MOVNTDQ、MOVNTPS、MOVNTPD）：用于把通用寄存器、MM 寄存器、XMM 寄存器里的内容直接写入内存，而不必经过 L1/L2/L3 Cache，避免了数据写回内存前仍需要修改所造成的 Cache 污染情况。

（5）禁用 Cache

禁用 L1/L2/L3 Cache 的步骤如下：

1）设置 Cache 进入非填充模式，即设置 CR0 寄存器的 CD 位为 1，NW 位为 0。

2）调用 WBINVD 指令清除 Cache 数据到内存。

3）禁用 MTRR，设置默认内存类型为 UC。

上述步骤的意图为：中止新数据替换 Cache 中已存在的数据；确保已在 Cache 中的数据被驱逐到内存；确保后面的内存访问获取到 UC 内存类型。为了保证内存数据的一致性，在禁用 Cache 后必须清除 Cache。如果 Cache 不清除到内存，那么处理器读命中有效，数据仍然会从 Cache 中读取。

2.2 操作系统内存管理

计算机系统提供了多级、多样的存储器，这些硬件资源的访问控制需要得到处理器和操作系统的支持。处理器将资源分成不同的特权级别，通过硬件机制实现隔离；操作系统和虚拟机监控器借助硬件支持，对进程进行更细粒度的隔离和保护。

2.2.1　内核态和用户态的隔离

在计算机体系结构中，处理器特权级别（privilege level）又称为保护环（protection ring），它通过硬件强制进行资源隔离，保护数据和代码，以提升容错能力，避免恶意操作。保护环由两个或更多的特权态组成，从最高特权级别到最低特权级别排列，低特权级别可访问的资源可以被高特权级别访问，但是高特权级别可访问的资源不能被低特权级别获取，否则会引发异常。x86 指令集的特权级别控制当前处理器执行进程能访问的资源，如内存、I/O 端口和特定的指令等。在 x86 保护模式下，特权级别分为 4 级，Ring 0 特权级别最高，Ring 3 特权级别最低。在任何时候，x86 处理器都是在某个特定的特权级别下运行的，处理器使用特殊的寄存器来存储当前执行任务的特权级别，当前执行的进程或任务的特权级别称为当前特权级（Current Privilege Level，CPL）。

处理器也提供了硬件标识符来支持操作系统运行系统级代码，但不支持用户应用程序运行，这称为监控模式（supervisor mode）。在监控模式下，代码可以执行修改寄存器、禁用中断等机器码。监控模式内运行的代码应该是完全受信的，不能出错，运行错误会造成系统崩溃。主流操作系统（如 Linux、macOS、Windows）使用的内核态代码运行在监控模式，称为内核态（kernel mode），普通应用程序运行在用户态（user mode）。

操作系统提供了不同的资源访问级别，但是为了兼容不同的处理器，操作系统并不会使用所有特权级。操作系统经常将安全级别简化成两个："内核态"和"用户态"。例如，主流的操作系统（包括 Windows、macOS、Linux、iOS 和 Android）使用分页机制的 U/S（User/Supervisor）标志位来指定当前资源的特权级别为 Supervisor（Ring 0）或者 User（Ring 3）。因此，操作系统内核运行在具有最高权限的 Ring 0 层，大部分设备驱动程序也都运行在 Ring 0 层，而应用程序运行在权限最低的 Ring 3 层（Ring 1、Ring 2 未使用）。

新近的处理器为虚拟化专门提供了虚拟机监控器模式（hypervisor mode）。虚拟机监控器可通过 Intel 和 AMD 处理器提供的 x86 指令集直接控制 Ring 0 的硬件资源。为了使硬件支持虚拟化，Intel VT-x（Virtualization Technology on x86 platform，x86 平台的虚拟化技术）和 AMD-V 技术在虚拟机 Ring 0 层下面模拟了"Ring –1"特权层，"Ring –1"层的指令仅供虚拟机监控器使用。虚拟机操作系统能够直接在宿主机上执行 Ring 0 层的指令而不影响宿主机操作系统或者其他虚拟机。

1. 内核态

内核态执行的代码可以无限制地访问底层硬件资源，包括执行任意指令（包括特权指令）、访问处理器寄存器、访问任意设备、读写任意内存地址。操作系统特权最高、最受信的功能运行在内核态。因此，一旦内核运行崩溃，整个操作系统都会受影响。内核控制系统的硬件资源为上层应用程序提供运行环境。

一些系统指令（特权指令）控制着系统功能，例如系统寄存器载入指令、Cache 控制指令（如 INVD、WBINV）、模块特殊寄存器读写指令（如 RDMSR、WRMSR）等。这些指令只能在 Ring 0 层执行，不能被 Ring 3 层的应用程序执行。如果指令在其他 Ring 层执行，处理器会引发异常。

2. 用户态

用户态执行的代码无法直接获取硬件资源（包括内存物理地址、处理器特权寄存器、外部设备等），必须通过操作系统 API 来访问。由于将用户态应用程序和硬件资源隔离开，用户态应用程序允许崩溃，而且崩溃后通常可以恢复。正常情况下，用户态的应用程序不允许直接进入内核态执行，从用户态访问内核态的资源有三种方式：

1）系统调用。系统调用是操作系统提供给用户程序的接口，应用程序可以主动调用系统调用来切换到内核态。系统调用完成指定的功能，并将执行结果返回给调用者，这样可以防止用户态应用程序随意访问硬件资源。

2）异常事件。当处理器正在执行运行在用户态的程序时，若突然发生某些预先不可知的异常事件，就会触发从当前用户态的进程转向内核态执行相关的异常处理事件，典型的如缺页异常。

3）外围设备中断。当外围设备完成用户的请求操作后，会向处理器发出中断信号，此时处理器就会暂停执行下一条即将执行的指令，转去执行中断信号对应的处理程序。如果先前执行的指令来自用户态，则自然就发生从用户态到内核态的转换。

2.2.2　用户态进程隔离

操作系统利用处理器的特权级将进程分成内核态和用户态，内核态进程运行着系统级的高特权可信代码，可访问一切物理资源；而用户态进程运行着硬件资源访问受限的低特权代码。除此之外，操作系统还需保证用户态进程访问资源互相不受影响，即实现用户态进程隔离。

进程隔离是为了保护操作系统中的进程互不干扰而设计的一组不同的硬件和软件技术，便于操作系统内核更好地控制程序对资源的申请和使用，控制进程可访问资源的范围并且限定进程异常后影响的范围，防止其他进程非法读取和写入进程资源。进程隔离也是本书其他利用各种硬件特性防护密钥安全的重要基础。对于 OpenSSL 等密码软件实现，除去软件自身的漏洞外，操作系统必须提供足够安全的隔离机制来保证该软件的密钥不被同一设备上运行的其他进程非法获取。

1. 虚拟内存管理

计算机的物理内存被组织成连续字节组成的数组。每个字节都有唯一对应的物理地址。早期的处理器访问内存时直接使用物理地址，例如数字信号处理器、嵌入式微控制器等。这种直接物理寻址的方式虽然简单高效，但不能保证操作系统调度的进程资源的隔离性，甚至系统无法将单个任务崩溃造成的影响控制在此任务之内，所以整个系统的安全性和稳定性都非常低。而且，单个进程能够访问的地址空间只是内存空间的一部分，编译生成的程序需要预先知道运行的物理地址范围，才能够生成执行的代码。这就要求开发人员根据不同的内存硬件配置情况来编译程序。

为此，操作系统引入了进程的**虚拟地址**（virtual address）到内存的**物理地址**（physical address）的地址转换。实际上，虚拟地址更多的时候作为操作系统的术语，对于 Intel 处理器而言，在手册中并没有虚拟地址的概念，而是分别采用了**逻辑地址**（logic address）和**线性地址**（linear address）这两个术语。

1）逻辑地址可以看作源程序在经过编译后生成的目标程序可以访问的地址的限定范围，每个逻辑地址都是由段选择符（segment selector）和段偏移量（offset）组成的，偏移量表示距离段起始位置的距离。

2）逻辑地址通过分段机制可以转换成线性地址，线性地址空间是一大块连续的地址空间，线性地址通过分页机制最终转换为物理地址。

为了不产生混淆，本书仅在描述分段机制和分页机制时，明确地区分逻辑地址和线性地址，其他时候以"虚拟地址"来概括地指代进程所使用的地址空间。

在进程使用的虚拟地址和真实的物理地址间引入地址转换层的好处是：进程的软件代码可以使用大块、连续的内存段，但实际上每个进程使用的内存都被分散在不同的物理内存中，甚至被换出到外部存储设备中。应用程序在用户空间启动后，操作系统为其创建一个进程。进程提供了私有的虚拟地址空间。由于应用程序的虚拟地址空间互不相关，一个应用程序无法更改其他应用程序的数据。在进程隔离运行时，如果进程崩溃了，也只是影响它自己，其他进程和操作系统不会受其影响。同时用户态进程的虚拟地址空间大小受限，无法访问操作系统专属的虚拟地址，这样可以防止应用程序更改或者损坏重要的操作系统数据。

由于引入了虚拟地址，因此需要进行虚拟地址到物理地址的转换。为完成地址转换，操作系统需要处理器的硬件支持，最主要的硬件是内存管理单元（Memory Management Unit，MMU）。MMU 的作用包括内存保护、Cache 的控制以及虚实地址转换。通过 MMU，操作系统可以实现进程间的内存隔离，即进程认为只有它自己运行在机器上，而且进程只能访问自己的内存，无法非法修改或复制其他进程的内存数据。MMU 使用两种单元将虚拟地址转换成物理地址，第一种为分段单元（segment unit），第二种为分页单元（page unit）。在 x86 架构处理器中，两种单元同时存在。

针对 x86 架构的 Intel 处理器，有两种不同的方式执行地址转换，分别称为**实模式**（real mode）和**保护模式**（protected mode）。实模式是为了使微处理器与早期的模型兼容。我们下面讨论的都是保护模式下的内存寻址。

虚拟内存还可以对内存进行访问保护。内存管理启用了分段或分页机制后，虚拟内存可以对段限界或页表项设定进程运行的访问空间，确保进程访问不越界。通过内存虚拟化技术，还可以在进程真正访问虚拟内存地址时分配物理内存，在不访问虚拟内存地址时不分配具体的物理内存，做到按需分配，从而把不经常访问的数据占用的内存临时存放到硬盘上，这样可以腾出更多的空闲空间给经常访问的数据使用。等到处理器访问那部分数据时，再将其从硬盘读入内存中。上述过程称为内存页的换入 / 换出（page swap in/out）。

2. 分段机制

在分页机制出现前，Intel 处理器中首先引入了分段机制以支持虚拟内存和内存保护，于是告别了实模式，迎来了保护模式。这里简单介绍操作系统和处理器如何使用分段机制实现进程隔离。

（1）分段地址转换

x86 中，逻辑地址由段选择符（segment selector）和段偏移量（offset）以 "selector: offset" 形式组成。段选择符是一个 16 位长的字段，而段偏移量是一个 32 位长的字段。段描述符字段数据结构大小为 8 字节，存放在全局描述符表（Global Descriptor Table，GDT）或局部描述符表（Local Descriptor Table，LDT）中。GDT 在内存中的地址和大小存放在 GDTR 控制寄存器中，当前正在使用的 LDT 地址和大小存放在 LDTR 控制寄存器中。段选择符包括 3 个字段，分别是：

1）2 位的请求特权级（Requested Privilege Level，RPL）字段：表示请求的特权级。用 0~3 表示，0 表示最高特权级，即内核态；3 表示最低特权级，即用户态。

2）1 位的表指示符（Table Indicator，TI）字段：表示段描述符在 GDT 还是 LDT 中。

3）13 位的索引（index）字段：表示在 GDT 或者 LDT 中的相应段描述符的入口。

分段机制将基于段的逻辑地址转换为线性地址，除了必要的段基址和段内最大偏移量，还需要一些额外信息，例如段类型和存取权限。所以，每个段还用一个段描述符（segment descriptor）来表示，段描述符共 8 字节，其中比较重要的字段包括：

1）32 位的基地址（base address）字段，表示线性地址中段的起始地址。

2）20 位的段限制（segment limit）字段，表示该段的大小。

3）1 位的粒度（granularity）字段，表示段限制字段是以字节为单位还是以 4KB 为单位。

4）1 位的描述符类型（descriptor type）字段，表示该描述符是系统段还是普通的代码段 / 数据段。

5）4 位的段类型（segment type）字段，表示段的类型、是否可读写以及地址增长方向等。

6）2 位的描述符特权级（Descriptor Privilege Level，DPL）字段，表示为访问这个段所要求的最低特权级，与 RPL 类似，用 0~3 表示。

为了加速逻辑地址到线性地址的转换，x86 处理器提供了 6 个段寄存器，分别为 CS、SS、DS、ES、FS、GS。CS 是代码段寄存器，保存了指向程序代码的段；SS 是栈段寄存器，保存了当前进程栈的段；DS 是数据段寄存器，保存了静态数据或全局数据段的段；其他 3 个段寄存器做一般用途。在分段机制中，这些寄存器存放的不是某个段的段基址，而是某个段的段选择符。此外，CS 寄存器和 SS 寄存器还有一个很重要的用途，即包含一个 2 位的字段，用以指明进程的当前特权级（CPL）。

MMU 将逻辑地址转换成相应的线性地址的流程如下：

1）检查段寄存器中的段选择符的 TI 字段来确定段描述符保存位置。段描述符若保存在 GDT 中，MMU 从 GDTR 寄存器中获取 GDT 的基地址；若保存在 LDT 中，MMU 从 LDTR 寄存器中获取 LDT 的基地址。

2）根据段寄存器中的段选择符的索引字段，计算段描述符的偏移量，从而获取段描述符内容。

3）检查 CPL 和来自段选择符的 RPL 的权限是否高于当前段的 DPL，即 max(CRP, RPL) ≤ DPL（注意数值越小，特权级越高）。若不满足，则处理器引发异常；否则，继续转换。CPL 和 RPL 相分离的原因主要是高特权级的进程（由 CPL 表征）可能会以一个较低特权级（由 RPL 表征）来执行某些操作。

4）把段描述符的基地址字段的值与逻辑地址的偏移量相加就得到了线性地址，如果此地址超过了段的范围，系统就会产生通用保护异常。

（2）Linux 的分段

段机制是 x86 架构微处理器提供的寻址方式，所有的 CPU 访问内存的操作都是 MMU 硬件完成的，操作系统的工作只是设置正确的段描述符结构。分段机制可以保证进程以段的粒度运行的隔离性，但是它需要操作系统为进程分配连续的大块物理内存，进程退出后再释放，以段为单元的连续内存操作的后果是内存中会残留大量内存碎片，这将影响计算机的性能。为此，现在的微处理器架构和操作系统更倾向于使用分页内存管理机制，以更小的内存块进行管理控制。x86-64 架构在长模式（64 位模式）下不再使用分段机制，CS、SS、DS 和 ES 都赋值为 0。段寄存器 FS 和 GS 仍然可以保存非零基址，这可以让操作系统将这些段用于特殊目的。

3. 分页机制

由分段机制将逻辑地址转换为线性地址后，就需要利用页表（Page Table，PT）来实现线性地址到物理地址的转换。页表提供了更细粒度的页级隔离和保护。在分页机制中，用户态进程只能访问和修改分配到自己地址空间的受硬件隔离的物理页。

（1）分页硬件支持

MMU 的分页单元将线性地址转换成物理地址。线性地址由连续的固定大小的页（page）组成，而物理地址由同样固定大小的页框（page frame）组成。每一个页框可以包含一个页。注意：有必要对页和页框的概念进行区分，因为线性地址的页是一个数据块，而内存中的页框是一个存储区域。程序在加载到内存时，操作系统会将进程相关的页放入某个页框中。页框可以不连续，这时候需要处理器的 MMU 辅助，将进程的线性地址映射到物理地址。

把线性地址转换成物理地址的数据结构称为页表。页表其实是一个映射表，保存着内存的物理地址。页表存放在内存中，并在启用分页单元之前必须由内核对页表进行适当的初始化。所有 x86 处理器都支持分页，可以通过控制寄存器 CR0 中的第 31 位 PG 标志位进行设置。当设置 PG 为 1 时，启用分页机制，否则禁用分页，线性地址直接被解释成物理地址。

（2）分页地址转换

x86 处理器的分页单元通常设置为 4 KB。线性地址用一个 32 位无符号整数表示，进程可以寻址的虚拟地址范围为 4 GB。如果用 12 位表示页内偏移量，那么总共有 2^{20} 个页表项，如果每个条目（entry）占用 4 字节存储，保存这么多页表需要的存储空间将高达 4 MB，这对于进程来说是很难接受的。所以，常规分页采取了二级页表，将 32 位的线性地址分成 3 个部分：高 10 位的页目录（page directory）字段、中间 10 位的页表字段、低 12 位的偏移量字段。由于页目录和页表字段都是 10 位长，而存储的条目为 4 字节的物理地址，这样页目录项（Page Directory Entry，PDE）和页表项（Page Table Entry，PTE）都有多达 1024 项，但各自占用的存储空间大小仅为 4 KB，远小于不分级的页表占用空间（4 MB）。分页机制中每个活动进程必须有一个页目录。为提高使用效率，操作系统并不总为进程的所有页表分配物理内存，而只有实际用到时才分配。

如图 2-5 所示，从线性地址到物理地址的二级页表转换过程如下。

1）获取页目录表基址的物理地址：通过 CR3 控制寄存器获取进程正在使用的页目录基地址的物理地址。

2）计算页表地址：通过 PDE 获得页表的物理地址。

3）计算页地址：通过 PTE 获得一个页框的物理地址。

4）计算物理地址：页内偏移量指向页框内的偏移地址，根据偏移量字段在页框中定位对应的物理地址。

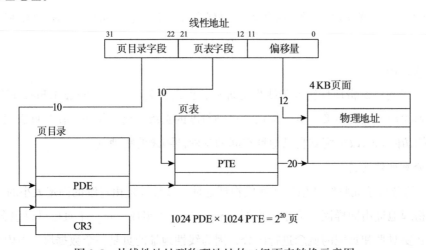

图 2-5　从线性地址到物理地址的二级页表转换示意图

（3）转换旁路缓冲器

为了加速线性地址到物理地址的转换，x86 处理器添加了专门的内存页转换缓存器件，称为转换旁路缓冲器（Translation Lookaside Buffer，TLB），又称为快表。当处理器需要将线性地址转换成物理地址时，首先在 TLB 表中查找是否有相应的表项，如果未找到（TLB miss），处理器通过慢速访问内存中的页表来计算出相应的物理地址，同时将物理地址存放在一个 TLB 表项中，当作地址转换缓存。TLB 查找、失效等处理过程都是通过硬件完成的。

TLB 相对于操作系统来说大部分操作都是透明的，但是操作系统的内核决定着 TLB 的刷新时机。Intel 处理器提供了两种使 TLB 无效的技术：1）向 CR3 寄存器写入值时，处理器自动刷新所有非全局页的 TLB 表项；2）INVLPG 汇编指令可使指定线性地址的单个 TLB 表项无效。当操作系统切换进程时，进程的地址空间需要更改，即对于过期的页表，操作系统内核通过将页全局目录的地址写入寄存器 CR3 完成 TLB 的刷新。此外，当内核为某个用户态进程分配页框并将它的物理地址写入页表项时，内核必须刷新与线性地址对应的本地 TLB 表项。

（4）Linux 分页模型

Linux 的分页模型适用于 32 位和 64 位系统。两级页表对于 32 位系统来说足够了，但是对于 64 位系统来说远远不够。在 2.6.11 版本之后，Linux 采用了四级分页模型。x86-64 提供了 64 位寻址空间，Linux 弃用了 64 位线性地址的高 16 位，只使用低 48 位。低 48 位从高位到低位分为以下几个部分：

1）9 位（39~47 位）的页全局目录（Page Global Directory，PGD）字段。

2）9 位（30~38 位）的页上级目录（Page Upper Directory，PUD）字段。

3）9 位（21~29 位）的页中间目录（Page Middle Directory，PMD）字段。

4）9 位（12~20 位）的页表项（PTE）字段。

5）12 位（0~11 位）的偏移量字段。

其中，PGD 表条目指向 PUD 表的物理地址，PUD 表条目指向 PMD 表的物理地址，而 PMD 表条目指向 PTE 表的物理地址，PTE 指向页框的物理地址，而页内偏移量最终确定了虚拟地址对应的物理地址。之后，结合 Intel x86-64 处理器对五级分页的支持，Linux 从 4.11-rc2 版本开始引入五级页表结构，将虚拟地址的有效范围从 48 位拓展到 57 位，将虚拟内存空间从 256 TB 拓展到 128 PB。

4. 页共享

处理器与操作系统为进程隔离提供了页级软硬结合的双重保障，限制了用户态进程可访问的资源，防止其非法获取其他进程的数据。但是，进程隔离机制只是在虚拟地址空间内控制进程访问资源，不同进程虚拟地址空间的地址仍可能会映射到同一物理内存上。

一种典型的情况是，为减少系统的物理内存占用，操作系统会在用户态运行的进程之间共享相同的内存页面，例如在使用共享代码库时。尽管系统会对共享页的内容进行保护，但是这种共享页对进程隔离的安全性带来了一定隐患。本节主要介绍共享库这种典型的页共享场景及其可能存在的安全问题。

（1）静态库与动态库

在计算机领域，库（library）是一种预先编译好的代码段的集合，可以在程序中反复使用。库提供了可重用的函数、类、数据结构等资源，可以极大地简化开发者的工作。

将源代码转化成可执行程序的步骤包括预编译、编译、汇编和链接。库会在链接阶段被加载进来，而根据链接的时机，库可以分为静态（链接）库（static library）和动态（链接）库（dynamic library），两者都是可复用代码的载体。直观地看，静态库会在程序编译时就打包一份副本进去，成为可执行程序的一部分，因此它的意义在于代码复用，而不是共享，打包了静态库的程序体量会增大。动态库则可以被多个程序共享，因此也被称作共享库，调用动态库的程序不必将它完全链接进来，而是每次都根据动态库的位置和库函数的地址去访问库函数，当然，调用速度会比静态库慢一些。由于系统中只维护一份动态库文件就足以满足所有程序的调用需求，这无疑节约了很多存储空间。静态库与动态库的区别如表 2-11 所示。

表 2-11   静态库与动态库的区别

	静态库	动态库
链接时机	在程序编译时被链接	在每次程序运行时链接
链接方式	由链接器完成	由操作系统完成
程序大小	由于完全包括了库中的代码，使用静态库的程序体量更大	由于每次都动态地去系统目录加载库，使用动态库的程序较小，只需要库函数地址信息即可
库发生变化对程序的影响	可执行文件需要重新编译	不必重新编译可执行文件
加载速度	每次程序执行时都要加载到内存中，较为耗时	动态库一般在系统启动后就已经被加载到内存中，不必重复加载，加载并不耗时

不同操作系统的库文件格式不同，静态库在 Windows 下为 .lib 文件，在 Linux 下为 .a 文件。动态库在 Windows 下为 .dll 文件，称为动态链接库（Dynamic-Link Library，DLL）；在 Linux 下为 .so 文件，称为共享目标库（shared object library）。尽管不同系统或编译环境对库的使用方式有所区别，但原理基本相同。下文以 Linux 系统和 GCC（GNU Complier Collection，GNU 编译器套件）环境为例进行介绍。

前面说过，库文件会在链接阶段与其他目标文件（.o）一同形成可执行程序。需要注意的是，在该阶段，静态库（.a）会被打包到可执行文件中，此后运行可执行文件将不再需要库文件。静态库虽然达到了代码复用的目的，但是仍存在许多不足：

1）将库文件合并到可执行文件会增加程序体量，造成不必要的空间浪费。例如著名的 OpenSSL 库，在 Linux 系统中被许多程序使用，而且体积较大，此时选择在程序中打包 libcrypto.a 而不引用 libcrypto.so 是非常不明智的。

2）静态库无法隐藏全局变量和函数名称，容易与使用它的程序以及其他被使用的库发生命名冲突，而编译器并不会指出这种冲突并中止编译，在调用重名函数时，程序会选择符号表中排在最前面的函数执行,从而产生错误的结果。

3)从产品角度来看,软件更新难以处理。如果程序中使用的第三方静态库发布了版本更新,尤其是旧版本库出现错误或漏洞,应用提供商就不得不重新编译、发布应用,并强制用户下载更新。

相对而言,动态库不会被完全打包进可执行程序,这一点在多个程序共享同一个动态库时意义尤其重大(Linux 系统中很多共享库都是动态库,如 libc.so、libstdc++.so、libgmp.so、libcrypto.so 等)。此外,在编译动态库时,可以使用 –fvisibility=hidden 选项来隐藏内部函数接口,进而极大地降低与其他代码函数命名冲突的概率。而在产业界,使用动态库可以方便应用程序的维护、升级,避免让用户重复下载安装软件。动态库根据控制方式可以分为两类。

1)动态加载:由程序完全控制库的加载和释放时机,通过调用 dlopen()、dlerror()、dlsym()、dlclose()、dlfree() 等函数来完成上述工作。对每个要使用的函数,都要定义函数指针来进行调用。

2)动态链接:程序要在编译后链接动态库,在运行载入阶段加载动态库。在编译程序时使用 "–l" 选项指定需要加载的库,在程序开始执行时,由操作系统完成动态库和所有依赖的加载工作。使用过程不必定义函数指针。

对于动态库(.so),不管是动态链接方式还是动态加载方式,可执行文件都只能得到库文件中函数的位置信息,需要在运行时再加载库并查找库函数,因此程序在运行时仍需要动态库文件的支撑。动态库的编译需要地址无关代码(Position-Independent Code,PIC)的支持,PIC 会使得同一个库中的代码被加载到不同进程的地址空间中。

Linux 使用动态链接器(ld.so)通过内存地址映射的方式将程序从硬盘载入内存的物理页框,包括所有需要的动态库。为了减少物理内存占用,操作系统使用页共享技术将多进程使用的共享库物理页映射到各自的虚拟内存地址。动态库可以被载入进程虚拟地址空间的任意位置。动态链接器还将 PIC 支持的动态库的函数地址写入全局偏移表(Global Offset Table,GOT)和过程链接表(Procedure Linkage Table,PLT)。GOT 用于记录在 ELF(Executable and Linkable Format,可执行和可链接格式)文件中用到的共享库中符号的绝对地址,而 PLT 的作用是将地址无关的符号转移到绝对地址。当一个外部符号被调用时,PLT 转到 GOT 中其符号对应的绝对地址并执行,这样进程就可以在执行时访问有效动态库的函数。

(2)动态库安全问题

为了保障使用共享库内存的进程隔离性,操作系统和处理器会将页设置为只读或写时复制(copy-on-write)属性。写时复制属性的页允许读操作,但是写操作会触发 CPU 陷阱。系统软件收到此 CPU 陷阱后复制共享页的内容到新页,再将此页映射到目标进程的地址空间,之后将控制权交还给进程。尽管处理器确保进程无法更改共享内存页的内容,但有时它无法阻止其他形式的进程间干扰。有一些侧信道攻击利用页共享成功突破进程隔离机制,例如

Flush+Reload 攻击。

此外，由于动态库将具体代码和数据的载入内存时间推迟到运行时，因此动态库存在的一个显著的安全问题是 preloading attack（预加载攻击）$^{\ominus}$或者 DLL injection（DLL 注入）$^{\ominus}$。程序每次执行时，动态加载工具都需要在库路径内查找所需的动态库。如果攻击者控制了某一搜索路径的文件夹，那么它可以用恶意库来替换动态库文件。由于口令、密钥等敏感参数会在调用库函数时传给库，攻击者可以用恶意函数截获这些信息，甚至上传到自己的服务器上。

2.3   本章小结

本章围绕密码软件实现可能涉及的计算机体系结构方面的内容，介绍了计算机运行时存储单元和操作系统内存管理机制的基础知识。

从密码软件实现所需的存储器件的角度来看，计算机在运行时提供了寄存器、Cache 和内存三级存储单元。其中，寄存器是 CPU 片上的高速存储器，用于存储指令、数据和地址，根据特权等级分为非特权的基础程序执行寄存器和特权的系统寄存器；Cache 作为寄存器和内存之间的高速缓存，用于存储内存中最近使用的数据，但是 Cache 不可编址；内存是容量最大的运行时存储器，但访问速度最慢。

从密码软件实现所需的运行环境来看，计算机通过软硬件配合实现了权限控制和内存资源隔离，具体包括：

❑ 大部分指令集架构至少提供了两种执行模式——特权模式和非特权模式。在特权模式下，所有机器指令都可以执行，所有资源都可以访问；在非特权模式下，只有部分指令可以执行。操作系统通过软硬件结合的方式来实现内核态和用户态的隔离，保护内核态资源免受来自用户态恶意进程的破坏。

❑ 虚拟内存管理是操作系统基于软硬件机制实现的内存管理功能，通过将用户态进程使用的虚拟地址映射到内存的物理地址，使得用户态进程拥有连续的虚拟地址空间，同时也便于操作系统内核更好地控制程序对资源的申请和使用，控制进程可访问资源的范围并且限定进程异常后影响的范围，防止其他进程非法读取和写入进程资源，保证用户态进程访问资源互不影响。虚拟内存管理可以以分页和分段两种方式来管理，相比于内存分段控制，操作系统通过页表可达到更细粒度的内存管理。

权限控制和进程隔离是现有的主流密码软件实现所依赖的重要基础，密码软件实现所在进程中的密钥等敏感信息被安全地逻辑隔离，使得其他恶意进程无法随意访问。内核态和用户态的隔离是最基本的基于硬件特权机制的内存地址空间隔离，而且随着技术的发展，出

⊖ Dynamic-Link Library Security [EB/OL]. (2018-05-31). https://docs.microsoft.com/en-us/windows/win32/dlls/dynamic-link-library-security.

⊖ Shewmaker J. Analyzing dll injection[J]. GSM Presentation, 2006.

现了利用 CPU 硬件的虚拟机监控器的内存地址空间隔离、利用 CPU 硬件机制的可信执行环境（例如，ARM TrustZone 的安全区域和非安全区域）等新型隔离机制。但是，随着攻击越来越多，说明逻辑隔离机制并不完全可靠，一旦不同权限的任务之间存在交互，就不可避免地存在漏洞，导致隔离机制被破坏。例如，攻击者可以利用系统调用从用户态获得内核态权限，或者利用虚拟机逸出漏洞非法访问虚拟机监控器。所以，攻击者有可能绕过操作系统和处理器硬件机制的隔离措施，读取内存中的密钥等敏感信息。在接下来的章节中，我们将重点介绍现有的密码软件实现及其面临的各类风险。

参考文献

[1]　Intel Corporation. Intel 64 and IA-32 Architectures Software Developer's Manual, Volumes 1, 2A, 2B, 2C, 2D, 3A, 3B, 3C, 3D, and 4 [Z/OL]. (2018-05)[2020-08-14]. https://software.intel.com/content/www/us/en/develop/download/intel-64-and-ia-32-architectures-sdm-combined-volumes-1-2a-2b-2c-2d-3a-3b-3c-3d-and-4.html.

[2]　Intel Corporation. Intel Architecture Instruction Set Extensions Programming Reference [M/OL]. (2018-05) [2020-08-14]. https://software.intel.com/en-us/intel-isa-extensions.

[3]　Wikipedia. Random-access memory [EB/OL]. (2020-08011)[2020-08-14]. https://en.wikipedia.org/wiki/Random-access_memory.

[4]　IBM100. DRAM- The Invention of On-Demand Data [EB/OL]. (2017-08-09)[2020-08-14]. https://www.ibm.com/ibm/history/ibm100/us/en/icons/dram/transform/.

[5]　Kang, Joonkyu. A Study of the DRAM industry [EB/OL]. Massachusetts Institute of Technology. (2010-06-08)[2020-08-14]. https://dspace.mit.edu/handle/1721.1/59138.

[6]　Intel Vintage. Intel Memory [EB/OL]. (2019-07-06)[2020-08-14]. https://www.intel-vintage.info/intelmemory.htm.

[7]　Wikipedia. Internal RAM [EB/OL]. (2020-08-07)[2020-08-14]. https://en.wikipedia.org/wiki/Internal_RAM.

[8]　OSDev. CPU Caches [EB/OL]. (2016-07-12)[2020-08-14]. https://wiki.osdev.org/CPU_Caches.

[9]　Gabriel Torres. How the Cache Memory Works [EB/OL]. (2017-09-12)[2020-08-14]. http://gec.di.uminho.pt/Discip/MInf/cpd0708/SCD/MemoryCache_HwSecrets.pdf.

[10]　Gene Cooperman. Cache Basics [EB/OL]. (2003)[2020-08-14]. https://course.ccs.neu.edu/com3200/parent/NOTES/cache-basics.html.

[11]　James Bottomley. Understanding Caching [EB/OL]. (2004-01-01)[2020-08-14]. https://www.linuxjournal.com/article/7105.

[12]　OSDev Wiki. TLB [EB/OL]. (2018-09-09)[2020-08-14]. http://wiki.osdev.org/TLB.

[13] Mittal S. A survey of techniques for architecting TLBs[J]. Concurrency and computation: practice and experience, 2017, 29(10): e4061.

[14] Arpaci-Dusseau, Remzi H., and Andrea C. Operating Systems: Three Easy Pieces [M]. Arpaci-Dusseau Books, LLC, 2015.

[15] Wikipedia. Protection ring [EB/OL]. (2020-07-16)[2020-08-14]. https://en.wikipedia.org/wiki/Protection_ring.

[16] OSDev Wiki. Security [EB/OL]. (2014-11-22)[2020-08-14]. https://wiki.osdev.org/Security.

[17] Bhattacharjee A, Lustig D. Architectural and operating system support for virtual memory[J]. Synthesis Lectures on Computer Architecture, 2017, 12(5): 1-175.

[18] Advanced Micro Devices, Inc. AMD-V Nested Paging [M/OL]. (2008-07)[2020-08-15]. http://developer.amd.com/wordpress/media/2012/10/NPT-WP-1%201-final-TM.pdf.

[19] OSDev Wiki. Segmentation [EB/OL]. (2017-02-11)[2020-08-15]. https://wiki.osdev.org/Segmentation.

[20] Wikipedia. x86 memory segmentation [EB/OL]. (2020-07-20)[2020-08-15]. https://en.wikipedia.org/wiki/X86_memory_segmentation.

[21] Wikipedia. Memory management unit [EB/OL]. (2020-05-10)[2020-08-15]. https://en.wikipedia.org/wiki/Memory_management_unit.

[22] Jonathan Corbet. Four-level page tables [EB/OL]. (2004-10-12)[2020-08-15]. https://lwn.net/Articles/106177/.

[23] Jonathan Corbet. Five-level page tables. [EB/OL]. (2017-03-15)[2020-08-15]. https://lwn.net/Articles/717293/.

[24] Intel Corporation. 5-Level Paging and 5-Level EPT [M/OL]. (2017-05)[2020-08-15]. https://software.intel.com/content/dam/develop/public/us/en/documents/5-level-paging-white-paper.pdf.

[25] Bovet D P, Cesati M. Understanding the Linux Kernel: from I/O ports to process management [M]. O'Reilly Media, Inc., 2005.

[26] Advanced Micro Devices, Inc. AMD64 Architecture Programmer's Manual Volume 2: System Programming [M/OL]. (2012-09)[2020-08-15]. http://developer.amd.com/wordpress/media/2012/10/24593_APM_v2.pdf.

[27] Advanced Micro Devices, Inc. AMD64 Architecture Programmer's Manual: Volumes 1-5 [M/OL]. (2020-04)[2020-08-15]. https://www.amd.com/system/files/TechDocs/40332.pdf.

[28] OSDev Wiki. Paging [EB/OL]. (2020-05-16)[2020-08-15]. https://wiki.osdev.org/Paging.

第3章 典型的密码软件实现方案

密码算法的实现包括软件、硬件、固件等多种形式。从实现难度来看，密码软件实现是技术门槛和成本最低的实现方式，参考密码算法标准，借助编程语言，开发者就可以在通用计算平台上实现密码算法逻辑。事实上，大多数密码算法在设计时，也利用了软件方式进行编写和调试。但是密码软件本身不具备物理隔离的执行环境，它的运行载体是通用计算平台上的操作系统，需要与其他软件共享系统资源，因此，其安全性很大程度上取决于操作系统的安全机制是否完善可靠，即上一章所讲的权限控制和进程隔离。这种对外部环境的严重依赖性，要求我们在实现密码软件时，必须格外注意密钥等敏感数据的安全问题。

本章主要介绍现有的密码算法软件实现，分别选取用户态、内核态以及虚拟机监控器中的典型密码软件实现进行介绍，并着重阐述其密钥保护机制，以便读者对这些密码软件实现及其密钥保护技术的思想有直观的理解。

3.1 用户态密码软件实现

用户态密码软件实现主要包括库和独立进程两种形态。库形态的密码软件实现（如 OpenSSL 等）实际上是驻留在调用者进程空间内的，完全由调用者进程控制，其内部所有密钥和密码计算过程完全暴露给调用者进程，这就需要调用者有足够的能力保护密钥。独立进程形态的密码软件实现与调用者进程是相隔离的，调用者需要通过进程间通信等方式对其进行调用，以保证密钥不在调用者进程内出现。相比于库形态，独立进程形态的密码软件实现的安全性更好。当然，库形态的密码软件实现更容易整合到应用中，在实际应用中，密码库仍是密码软件实现的主流实现方式（可以是静态链接库或者动态链接库），因此，本节主要关注库形态的用户态密码软件实现（以下简称用户态密码库）。

3.1.1　常见的用户态密码库

现有的开源密码库基本可以满足产业界的日常使用需求，也是目前密码软件实现的主要形式。下面我们将简要介绍 OpenSSL、Crypto++、Cryptlib、Nettle 和 Libgcrypt 这五款流行的软件密码库。

1. OpenSSL

OpenSSL 是 SSLeay 的一个分支和继承项目，设立于 1998 年，旨在为互联网上使用的代码提供免费的密码工具。作为 SSL/TLS 协议的开源实现，OpenSSL 被广泛部署在 Web 服务器上，最典型的应用就是搭建 HTTPS 服务，为网站实现安全传输功能。随着功能的不断完善，目前 OpenSSL 从最初的 0.9.1 版本迭代到了 1.1.1 版本，读者可以访问 OpenSSL 的提交记录[⊖]来查看历次更新内容。

OpenSSL 由三个主要部分组成。

- ❑ 密码算法库（libcrypto）：提供常用密码算法及协议、随机数、大整数、ASN1 编 / 解码等功能的实现，可以独立使用。
- ❑ SSL 协议库（libssl）：提供 SSL、TLS、DTLS（Datagram Transport Layer Security，数据报传输层安全）等协议的实现，需要依赖 libcrypto 才能运行。
- ❑ 命令行程序：提供终端命令行形式的密码服务，用户可以通过命令来搭建证书认证中心（Certification Authority，CA）、管理密钥和证书、调用密码算法、加 / 解密文件等。该模块依赖 libcrypto 和 libssl。

OpenSSL 还提供了引擎（engine）机制来支持 OpenSSL 透明地使用第三方提供的软硬件密码实现进行密码运算和密钥管理，这样用户可以沿用 OpenSSL 原有的 API，通过告知 OpenSSL 要使用的密码实现来调用该实现，而不必使用 OpenSSL 本身提供的密码实现。这使得 OpenSSL 不仅是一个密码库，还提供了一个通用的密码计算框架和接口，它作为一个中间件对接密码实现和上层应用，提供接口兼容的密码服务。

下面简要介绍 OpenSSL 的密钥保护机制以及经历的重要安全漏洞。

（1）密钥保护

在复杂的软件运行环境中，内存数据会因进程调度、资源共享、内存释放等原因发生泄露，普通用户往往会忽视内存数据的安全问题。OpenSSL 定义了自己的安全堆（secure heap），它在进程空间中维护一块连续的存储区，用于敏感数据（如 RSA 私钥）的存储，实现了对内存中敏感数据的集中管理，降低了敏感数据泄露、扩散的风险。

⊖　https://git.openssl.org。

相比普通的堆内存，安全堆具有以下特性：

- 使用 mmap 动态申请内存，并在堆的首尾各自维护一个 PROT_NONE 属性的空白守卫页（guard page），一旦出现悬垂指针对安全堆的越界访问，程序将因段错误而强行终止。
- 使用 mlock 将安全堆内存锁定在物理内存中，禁止交换到硬盘或输出到核心转储（core dump），避免敏感数据扩散。
- 提供了专门的内存申请、释放、清除等接口，当被程序清除或释放安全堆内存时，会自动执行额外的安全清除和释放函数。

除此之外，OpenSSL 对密钥采取了较为完整的保护措施：

- **密钥生成** 针对不同系统，采集多种可用随机源，如收集外部熵源的系统随机数接口、时间戳、CPU 随机数指令和熵源生成设备等。
- **密钥导入和导出** OpenSSL 支持 PKCS#8 格式的 PEM（Privacy-Enhanced Mail，隐私增强邮件）格式编码的私钥导入和导出，私钥通过口令派生的对称密钥进行加密。
- **密钥使用** 作为软件密码库，OpenSSL 无法避免密钥在内存中以明文形式出现，但是 OpenSSL 自定义了安全堆，用来为敏感参数分配内存，如上文所述，数据会有额外的安全保护。
- **密钥销毁** 在版本迭代过程中，OpenSSL 使用过不同的敏感数据清除方法。OpenSSL 曾使用极易被编译器优化的 memset 来清除敏感数据。为了解决以上问题，OpenSSL 1.0.1 系列版本使用了一个全局变量来参与清除内存块的迭代过程，将迭代结果再写回该全局变量，编译器无法确定这个变量是否还会使用，所以也就不会优化掉该部分代码。但是出于性能考虑，从 1.1.0 版本开始，OpenSSL 放弃了这种可靠但耗时的方法，而是将 memset 函数赋给一个 volatile 函数指针来调用，这样可以在一定程度上保证 memset 的执行，销毁内存中的密钥数据。

（2）经历的重要安全漏洞

虽然精心设计了各类密钥防护措施，但是作为使用最为广泛的开源密码库，OpenSSL 也出现过很多安全漏洞，有些漏洞是 SSL/TLS 协议本身的设计问题造成的，例如 Lucky13 漏洞、BEAST 漏洞、RC4 统计缺陷等；另一些漏洞则是 OpenSSL 实现的错误所造成的，例如著名的 Heartbleed 漏洞。OpenSSL 的版本演进也是漏洞曝光和补丁发布的反复迭代过程。

以下主要介绍 OpenSSL 中由于自身实现问题所导致的漏洞。

1）Heartbleed。Heartbleed 漏洞之所以得名，是因为实现 TLS/DTLS 的心跳（Heartbeat）扩展代码存在漏洞。Heartbeat 扩展为 TLS/DTLS 提供了一种简便的连接保持方式，但是由于 OpenSSL 1.0.1 到 1.0.1f 版本在实现 TLS 心跳扩展时，没有检查心跳请求包中的长度参数是否与包的实际大小匹配，因此通信一方可以构造一个恶意请求包来获取一些对方本不该返回的内存信息。

心跳请求包的长度参数占 2 字节（即 16 位），代表心跳请求包和响应包中的载荷数据段（payload）长度，响应时会将该参数指定字节长度的数据复制到响应包中。恶意攻击者可以将该长度设置得很长，例如 65 535（即 $2^{16}-1$），由于没有进行长度检查，这样服务端每次响应都可能返回最多 64 KB 的额外内存数据，其中可能含有敏感数据，例如服务器的私钥。该漏洞还可能暴露其他的用户敏感数据，包括会话 Cookie 和口令，使得攻击者能够劫持其他用户的身份。

OpenSSL 在 2014 年 4 月 7 日发布了 Heartbleed 漏洞的修复补丁，而截至 2019 年 11 月 7 日 Shodan 发布的数据⊖显示，仍有超过 9 万台设备受到该漏洞影响。

2）RSA 密钥的计时侧信道攻击。2003 年，有学者针对 OpenSSL 0.9.7a 和 0.9.6i 版本中的 RSA 解密运算提出了一种计时攻击方法，可以通过约 35 万个密文样本恢复出 RSA-1024 算法的私钥。虽然 OpenSSL 提供了 RSA blinding 机制来抵御计时攻击，但很多使用 OpenSSL 的应用并没有开启这一配置。

3）OCSP Stapling 的脆弱性。OpenSSL 0.9.8h-0.9.8q 以及 1.0.0-1.0.0c 版本中，由于解析 SSL/TLS 握手消息的代码缺少相关的参数检查，因此攻击者可以构造一条不正确的 ClientHello 消息，致使服务端解析 OCSP（Online Certificate Status Protocol，在线证书状态协议）扩展消息时发生内存越界访问，将内存中位于 OCSP 扩展消息之后的数据也纳入解析范围，进而导致程序崩溃或者敏感数据泄露。

4）Debian 版本可预测私钥。OpenSSL 采用了 NIST 800-90A 标准推荐的 DRBG（Deterministic Random Bit Generator，确定性随机比特生成器）进行随机数生成，其产生的随机数的质量完全取决于输入的熵源（如时间戳、光标轨迹、键盘敲击、系统中断、到达的网络包等）。

2006 年，Debian 发行版本在编译 OpenSSL 时，为了解决 Valgrind（一款用于自动查找内存漏洞的工具）的警告问题，删除了使用未初始化变量的语句，导致随机数发生器的初始熵源严重不足。该漏洞于 2008 年 5 月被发现并公布，虽然很快就发布了补丁，但受影响版本的 OpenSSL 所产生的密钥以及用这些密钥保护的历史数据可能都已经泄露了。

2. Crypto++

Crypto++ 是一款开源的 C++ 密码库，最初由开发者 Wei Dai 编写并于 1995 年发布。Crypto++ 目前已被广泛应用于学术界、开源项目以及商业领域。

Crypto++ 的一大特色就是密码算法和协议实现非常齐全，它先于 OpenSSL 实现了对 AES 和 ECC 算法的支持；Crypto++ 也支持一些不太流行、不太常用的密码方案，例如对称密码算法 Camellia 和密码杂凑算法 Whirlpool 等。此外，Crypto++ 库有时会提供一些草案算法和冷门算法的实现以供研究，对这些算法的支持使得 Crypto++ 在密码学教育领域也颇

⊖ https://www.shodan.io/report/0Wew7Zq7。

受欢迎。

Crypto++ 对密钥也采取了较为完整的保护措施：

- **密钥生成**　Crypto++ 调用系统接口来生成密钥所需的随机数种子，鉴于真随机数接口可能因缺少熵源而阻塞，Crypto++ 也允许使用系统伪随机数接口。
- **密钥导入和导出**　Crypto++ 提供 PEM 格式的密钥存储和导入 / 导出功能，但没有像 OpenSSL 那样直接提供加密导入 / 导出私钥的接口。但是，用户可以调用库中的密码原语自行实现使用口令加密的私钥导入 / 导出，也可以在编译库时导入第三方包来弥补这一功能。
- **密钥使用**　Crypto++ 实现了自定义的安全内存块结构（SecBlock、SecByteBlock、SecWordBlock），可以作为包括密钥、初始向量等敏感参数的存储空间，并且能够在其使用结束后进行可靠清除。
- **密钥销毁**　Crypto++ 使用内联汇编和 memory 参数编写了一条不会被编译器优化掉的内存写入语句，制造内存屏障（memory barrier），强行对指定内存区域进行覆盖写入，达到密钥销毁的目的。汇编指令中的 memory 关键字表示除了输入 / 输出参数之外，该指令还可能会读写某些未知的内存数据，所以编译器不会轻易将其优化、确保内存中的密钥数据销毁。

3. Cryptlib

Cryptlib 是由学者 Peter Gutmann 开发的一款跨平台的开源安全工具软件库，允许开发者将密码服务和身份验证服务合并到软件中，目前已迭代到了 3.4.5 版本。它提供了一套高层接口，使得开发者不用了解许多底层算法细节，就能向应用程序添加强大的安全功能。

Cryptlib 在顶层提供了完整的安全服务实现，如 S/MIME 和 PGP/OpenPGP 安全封装、SSL/TLS 和 SSH 安全会话、CA 服务以及其他安全操作（如可信时间戳）。由于 Cryptlib 使用行业标准 X.509、S/MIME、PGP/OpenPGP 和 SSH/SSL/TLS 等数据格式，因此可以很容易地将加密或签名的数据传输到其他系统并进行处理。

相比前文介绍的几种库，Cryptlib 更注重对密码服务接口的定义，因此在对外部密码设备的适配方面具有很大优势。它可以使用各种外部密码设备提供的密码功能，如硬件密码加速器、PKCS #11 设备、HSM（Hardware Security Module，硬件安全模块）和智能卡。Cryptlib 设备接口还提供了一种通用插件功能，用于添加 Cryptlib 可以使用的新功能。

Cryptlib 对密钥也采取了较为完整的保护措施：

- **密钥生成**　Cryptlib 收集了大量硬件、系统和进程信息作为熵源，例如，在 UNIX 下，它收集了 CPU 时钟、进程资源占用情况、系统启动时间、硬件和驱动的架构及版本型号、时间戳、主机 UUID 等一系列信息，进而产生密钥所需的随机比特。
- **密钥导入和导出**　Cryptlib 的公 / 私钥对在创建完成后就已经分别写入了两个外部文件中（PGP 称之为 keyring），并且私钥经过了口令加密。

- ❑ **密钥使用**　与很多密码库类似，Cryptlib 对密钥等敏感数据的内存进行集中管理，将敏感数据所在内存页锁死，禁止交换到硬盘中，即使调用者忘记了在最后进行内存清零操作，Cryptlib 也会在使用结束时自动擦除并释放安全内存。
- ❑ **密钥销毁**　Cryptlib 优先使用操作系统和 C 语言标准提供的内存清理接口，包括 Windows 的 SecureZeroMemory、C11 的 memset_s（Linux）和 Linux 的 explicit_bzero，如果上述接口都不可用，则改用普通的 memset 函数（可能会被编译器优化、导致内存中的密钥数据没有被清除）。

4. Nettle

Nettle 始于 2001 年一个免费 SSHv2 协议实现中的底层密码函数。从 2009 年 6 月发布的 2.0 版本开始，Nettle 成为 GNU 包；在 3.0 版本中，Nettle 实现了 AES（含 x86 和 SPARC 下的汇编优化实现）、RC2、RC4、Blowfish 等密码算法；从 3.1 版本开始支持 Curve25519 椭圆曲线和 ECDSA 算法。

Nettle 旨在提供一个核心的密码库，在此基础上可以构建许多应用程序和上下文特定的接口，而这些接口的代码、测试用例、基准测试、文档等可以直接分享，不必连同 Nettle 代码一起复制。但是，由于使用 GMP（GNU Multiple Precision，GNU 多精度）库来完成公钥算法中的大整数运算，Nettle 并没有特别设计和实现对密钥数据的保护。

- ❑ **密钥生成**　密钥生成所用的随机数发生器需要由外部传入，但随机数种子则需要调用者赋值，因而无法确保能够产生足熵的随机比特。
- ❑ **密钥导入和导出**　Nettle 借助 tools/pkcs1-conv.c 中的函数来完成 PEM 格式密钥的导入、导出和存储，支持 PKCS#1 格式的 RSA 密钥和兼容 OpenSSL 格式的 DSA 密钥。
- ❑ **密钥使用**　Nettle 并未对密钥予以特殊保护，例如，在结构体 rsa_private_key 中，私钥 d 只是一个普通的 GMP 大整数（mpz_t 变量），与普通变量一样。
- ❑ **密钥销毁**　Nettle 依赖 GMP 库或其简化版（mini-gmp）来完成大整数运算和内存管理，而 GMP 作为一款数学库，并没有自带安全擦除功能。以 Nettle 库中的 RSA 私钥擦除为例，调用顺序为 rsa_private_key_clear、nettle_rsa_private_key_clear，然后开始依次调用 GMP 库的函数 mpz_clear、gmp_free、gmp_free_func、gmp_default_free、free。虽然 GMP 提供了用户自行定义 gmp_free_func 的选项，但是很少有用户会重视，因此按照默认设置，Nettle 最终还是会调用 free 函数，没有彻底清除数据，有私钥泄露的隐患，使用 Nettle 的 GnuTLS 可能也会受到影响。

5. Libgcrypt

Libgcrypt 是著名的加密软件 GnuPG 的底层加密算法库，也可以作为密码库单独使用。Libgcrypt 对密钥采取了如下保护措施：

- ❑ **密钥生成**　与 Crypto++ 类似，Libgcrypt 根据实际需求，通过调用系统真随机数服务或伪随机数服务（真随机数接口阻塞时调用）来完成熵源积累，进而产生密钥所需的随机比特。当用户从命令行调用 GnuPG 来产生密钥时，在生成密钥前一步，GnuPG 会建议用户移动鼠标或敲击键盘来产生更多熵源。

❑ **密钥导入和导出**　作为 GnuPG 的一个模块，Libgcrypt 本身不关注密钥的存储和导入、导出，这些工作由 GnuPG 下其他模块或工具（例如 agent/protect-tool）帮助完成。

❑ **密钥使用**　Libgcrypt 除了定义安全内存区域外，内部并没有特别注重密钥的运行安全。在私钥操作（如 rsa_sign）中，需要把密钥从字符串形式的密钥参数解析到大整数结构中，虽然操作结束时自动擦除了使用完毕的密钥，但外部传入的字符串密钥参数需要由调用者自行擦除。

❑ **密钥销毁**　Libgcrypt 优先使用 explicit_memset 方法，如果该方法不可用，则转而使用 volatile 数据指针来擦除内存数据。

3.1.2　现有用户态密码库的安全防护

相比于密码硬件实现，密码软件实现虽然门槛比较低，但是安全实现是一项对专业性要求很高的工作，需要考虑很多常规用途软件并不关注的细节。例如，比较两个数组是否相等，常规做法是直接调用 memcmp 函数，但是比较关键的敏感数据时，密码安全实现的常识性做法如代码清单 3-1 所示。

代码清单 3-1　常量时间的数组比较代码示例

```
1.  /* 数组相等返回 0，否则返回 1*/
2.  int verify(const unsigned char *a, const unsigned char *b, size_t len)
3.  {
4.      uint64_t r;
5.      size_t i;
6.      r = 0;
7.      for (i = 0; i < len; i++)
8.          r |= a[i] ^ b[i];
9.      r = (0-r) >> 63;
10.     return r;
11. }
```

上述代码的目的是在常量时间内判断两个数组是否相等，因为 memcmp 函数在遍历到不相等的数组元素时会立刻返回，执行时间会暴露两个数组共同前缀的长度，可能导致侧信道攻击。此外，编程语言提供的内存清除和释放、随机数生成等接口大都无法满足密码学要求。因此非专业程序员根据自己的理解去实现密码功能可能会造成严重的后果。基于以上原因，一般并不建议普通开发者自己实现密码库——即便是目前使用最广泛的开源库，也曾出现过数以百计的安全漏洞，更不用说不合规的自主实现了。

对于密钥保护，现有密码库主要围绕密钥的生成、使用、导入 / 导出（存储）和销毁等方面进行安全防护。

1. 密钥生成

密码库拥有至少一种随机数发生器，并尽可能搜集系统中的噪声源（系统随机数、CPU 硬件随机数、CPU Jitter、键盘敲击、光标位置、硬盘读写、网络包到达等），从而产生高熵序列，提升密钥的复杂性。为了保证随机数强度，密码库会对各种计算平台和操作系统上的可用熵源都做出考虑。然而，在一些外设有限的嵌入式设备中，还需要预先存储累积长时间熵值的随机数文件，以供随机数发生器读取；同样也需要确保该文件的安全性。

2. 密钥的存储保护

即使密钥数据文件经过复杂的加密，最终也需要一个来自外部的凭证参与加密，因此密码库多使用口令来加密存储密钥数据。但是，口令通常复杂度有限、容易被猜解，密钥文件的存储安全还需要进一步依靠系统的访问控制机制来保障。

3. 密钥的导入和导出

公 / 私钥对与数字证书一同由 CA 发放给申请者，通常使用标准化的数据格式，密码库需要从 PKCS #7 数字信封或者 PKCS #12 报文中解密得到证书和私钥，对称密钥的导出格式主要依靠口令保护。

4. 密钥的使用保护

一般来说，在常规的密码软件实现中，密钥在参与密码计算时，不可避免地以明文状态出现在内存中，需要格外注意保护。软件进程在运行时，内存数据会发生扩散、隐式复制、交换等，如果进程崩溃，内存状态也会被记录在日志文件中，密钥也不例外。为此，很多密码库都会定义自己的安全内存区以及相应的内存管理方法，将密钥等敏感数据控制在该区域中，避免外泄、复制、扩散和交换，并及时销毁。Crypto++ 的 SecBlock 和 OpenSSL 的安全堆内存都属于这类机制。以 OpenSSL 为例，导入的外部 RSA 私钥必须经过 ASN1_item_ex_d2i 函数进行解码，而在该函数的开始，OpenSSL 就调用了安全内存申请接口，在安全堆中为解码后的私钥分配内存，所有私钥明文数据都会转入安全内存进行处理。

由密码库自行实现安全内存管理、保护密钥等敏感数据，对于编程人员有着很高的要求。Java、C#、Rust 等高级编程语言提供了内存安全（memory-safe）特性来保障软件免受缓冲区溢出、悬垂指针等内存安全漏洞的影响。开发人员可以基于这些内存安全的语言来编写密码软件库，利用其内生的内存安全机制来保障密钥的使用安全，比如百度安全实验室开发的开源软件 MesaLink（https://mesalink.io/）。MesaLink 基于 Rust 语言开发，实现了兼容 OpenSSL 的 TLS 协议栈。得益于 Rust 语言独特的所有权、生命周期和零开销抽象等机制以及高执行效率，MesaLink 能够在提供与 OpenSSL 相当性能的前提下，为复杂的 TLS 协议栈提供内存安全的保障。同时，MesaLink 还提供了与 OpenSSL 兼容的 API，能够很方便地实现已有项目从 OpenSSL 到 MesaLink 的迁移。

5. 密钥的安全擦除

在内存使用完毕后，擦除其中的敏感数据并不是一项简单的工作。简单调用 memset、bzero 等函数很容易被编译器优化掉，导致敏感数据随着被释放的内存归还到空闲内存区，可能被其他进程在不触发系统访问控制异常的情况下读取到。在上一节介绍常见用户态密码库的过程中，描述了一些清除密钥的方法，但是并不能保证某个方案完全可靠，所以密码库通常会按照优先级综合使用不同的擦除方法。常用的内存清除方法可以归为以下四类：

1）**平台方法**。为了确保擦除敏感数据，一些操作系统和编译平台为其上的程序提供了安全的数据擦除接口，主要代表有 Windows 的 SecureZeroMemory、OpenBSD 的 explicit_bzero，以及 C11 标准中的 memset_s。然而，SecureZeroMemory 在 Windows XP 以上的桌面版系统和 Windows Server 2003 以上的服务器版系统才开始得到支持，类似地，explicit_bzero 则在 OpenBSD 5.5 以上和 FreeBSD 11.0 以上系统版本才得到支持。相比之下，memset_s 的支持情况不理想——在 C11 标准中，以 "_s" 为后缀的安全字符串函数仅作为可选项，目前还有很多编译器没有实现。

2）**隐藏语义**。该类方法的思想是弱化编译器对 memset 的无效判定。例如，将 memset 包装在其他编译单元的某个函数中，使用 __attribute__((weak))、volatile 等关键字来修饰数据擦除函数的指针，或者将数据擦除操作以汇编代码的形式实现。不过，上述方法中，除了 volatile 函数指针外，其他方法在启用链接时优化或汇编层链接时优化的情况下会受到一定影响；即使是实践中表现稳定的 volatile 函数指针，也无法保证在未来更智能的编译器下能够不被优化。

3）**强制写内存**。该类方法的代表有运算复杂化（例如 OpenSSL 1.0.1）、volatile 数据指针（例如 Libgcrypt）、制造内存屏障（例如 Crypto++）等。目前，OpenSSL 已经放弃了较为耗时但可靠的运算复杂化方法，转而通过 volatile 数据指针来写入覆盖敏感数据。

4）**关闭优化**。最极端的方法是，在编译时关闭优化选项，这样固然可以避免看似无用的内存清理代码被编译器移除，但是会造成严重的性能下降，因此不建议采用。

3.2　内核态密码软件实现

我们日常使用的密码库（例如 OpenSSL）大都工作在用户空间，而为了满足内核态进程和驱动程序的需要，操作系统也提供了内核态的密码服务。相比上一节介绍的用户态密码库，内核态密码模块的功能和性能方面有所不足，版本更新也不方便，但是有更强的系统隔离保护，在安全性上有着天然优势。除了软件库形态外，内核密码模块还可以实现为一个独立的服务进程，将敏感数据都保存在自己的进程空间中，减少泄露风险。这样的内核进程先于所有用户程序启动，在关机时才结束，执行周期足够长，所以也能为用户态进程提供稳定的密码服务，调用者通过进程间通信来请求密码计算服务。

本节将分别介绍 Windows 和 Linux 系统下的内核态密码服务框架。

3.2.1　Windows CryptoAPI 和 Windows CNG

自 Windows NT 4.0 起，Windows 操作系统引入了 Windows 平台专用的密码服务框架 Windows CryptoAPI（Cryptographic Application Programming Interface，密码应用编程接口），为密码服务提供者（Cryptographic Service Provider，CSP）和应用程序提供了一套统一的接口，将开发人员与密码服务代码实现分隔开，使应用程序的开发更加安全。该服务框架定义了一个抽象层，底层通过一系列的操作系统库文件提供密码服务的具体实现。CryptoAPI 提供了密码杂凑算法、对称密码算法和公钥密码算法的支撑，以及私钥的永久存储功能。CryptoAPI 与 CSP 相关联，由 CSP 实现具体的密码算法和密钥存储。

微软在 Windows Server 2008 和 Windows Vista 中升级了 CryptoAPI，称为 Cryptography API: Next Generation（CNG）。虽然 CNG 依然扮演着中间件的角色，密码计算功能还是由底层的库（用户空间的动态链接库，或内核空间的驱动链接库）承担，但是 CNG 也在很多方面有所改进，包括更灵活的密码系统配置方法、更细粒度的密钥存储、对使用长期密钥的进程进行隔离、支持切换自定义的随机数发生器、全栈线程安全、内核态 API 等。

Windows CNG 定义了一个抽象层，底层通过一系列运行在用户态和内核态的库文件（动态链接库或者驱动链接库）提供密码服务的具体实现。在应用程序使用密码服务的过程中，Windows 密码服务框架起着中间件（middleware）的作用，将开发人员与密码服务代码实现分隔开来，有利于开发安全的应用程序。

Windows CNG 既包含用户态服务，也可以提供内核态服务，用户态和内核态使用相同的接口，这在以往的软件库中是很少见的。本节主要介绍 Windows CNG 的情况。

1. 基本框架

Windows CNG 密码服务框架中，Windows 应用通过调用统一的 API 来使用密码算法。通过 CNG 访问密码服务的应用包括数字证书、IE 浏览器、Edge 浏览器和 IIS 服务器等。微软已经实现了一些符合 CNG 接口的密码算法模块，Windows 系统也允许第三方按照 CNG 接口要求实现自己的密码库。

Windows CNG 将密码计算和密钥存储进行了分离，分别称为密码原语（cryptographic primitive）和密钥存储（key storage）。密码原语主要使用短期密钥进行密码计算，不具备长期密钥存储的功能；密钥存储主要使用长期密钥进行密码计算，同时提供密钥存储功能和密码计算功能。它们对应的功能实现称为密码算法提供者（Cryptographic Algorithm Provider，CAP）和密钥存储提供者（Key Storage Provider，KSP）。

值得一提的是，在 CryptoAPI 架构下，虽然可以从用户空间调用 CSP，但是所有密码运算都在内核态执行，调用路径较长，对于对称密码算法的计算会造成明显的性能损失，对称密码算法的调用次数和数据规模相对较大，频繁的用户态 / 内核态转换会造成大量性能损失。但在 CNG 中，短期使用的对称密钥可以通过 CAP 使用，直接放在库内存空间，虽然牺牲了一定的安全性，但是性能有了非常大的提高。CNG 长期使用的私钥仍可以通过独立内核态进程中的 KSP 进行使用，密钥仍然可以保证很好的安全性。

2. 密码原语和 CAP

密码原语模块可以工作在用户态或内核态，主要提供生成密钥、密码计算、导入 / 导出密钥等，支持对称密码算法、公钥密码算法、密码杂凑算法、随机数算法、密钥协商算法等功能，不具备密钥存储的功能，所使用的密钥都是临时密钥。在 Windows CNG 之前，各种内核态密码服务都有一个特点——从用户空间调用需要一套接口，从内核空间调用另需一套不同的接口。CNG 密码原语则实现了统一的调用接口，它运行在调用者所在的空间，不同调用者之间的密钥天然隔离，并且多为临时密钥，一旦使用完毕立即销毁。

Windows 应用和协议通过算法原语路由（router）调用密码算法实现。算法原语路由是 Windows 操作系统内置的组件，其二进制文件为 bcrypt.dll（用户态）和 cng.sys（内核态，Vista 和 Server 2008 中则为 Ksecdd.sys）。使用 CNG 的应用程序会首先链接密码原语路由，密码原语路由会根据算法名称和 CAP 名称找到对应的密码算法实现；外部应用程序调用 CNG 接口时，都会经过密码原语路由。Windows 操作系统默认的 CAP 在 bcryptprimitive.dll 中实现。

图 3-1 展示了 CNG 密码原语的功能架构。

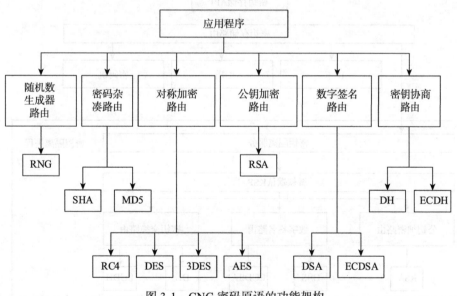

图 3-1　CNG 密码原语的功能架构

3. 密钥存储和 KSP

顾名思义，CNG 的密钥存储模块主要提供密码的长期存储功能以及长期密钥的密码计算功能。密钥存储模块仅提供私钥的存储和相关公钥密码算法的计算（数字签名、公钥加密和密钥协商）。密钥存储路由作为密钥存储的核心部分，以路由库的形式（ncrypt.dll）实现，应用程序通过密钥存储路由访问密钥存储实现（即 KSP）。

　　Windows 上默认使用 LSA（Local Security Authority，本地安全权威）进程作为密钥隔离进程，其中加载了微软默认使用的 KSP。但是微软不允许第三方实现的密钥存储模块放置在 LSA 进程中。因此第三方 KSP 和 CAP 一样，位于调用者进程的空间，一旦调用者的内存空间被攻破，密钥就会泄露。图 3-2 展示了 CNG 密钥隔离体系的功能架构。

　　LSA 与上文中介绍过的用户态密码库和 CNG 密码原语有本质区别——它是独立运行的进程，可以在自己的进程空间内维护密钥并完成密码计算，而密钥的拥有者只需通过句柄来索引密钥，不能访问密钥内容。使用密钥存储模块中的密钥，均要经过密钥存储路由来进行，并由 CNG 审计，密钥存储路由再通过本地远程过程调用（Local Remote Process Call，LRPC）来调用密钥隔离服务。Windows 选择 LSA 来实现密钥隔离有两点优势：

　　1）它从系统启动时开始运行，直至关机时结束，运行时间覆盖了大多数应用程序的执行周期，天然具有服务进程的特点。

　　2）LSA 作为系统安全认证子系统的进程，负责用户登录认证，本身就可以获得用户登录凭据，并且具有一定的密码运算能力，可以为密钥提供加密保护。

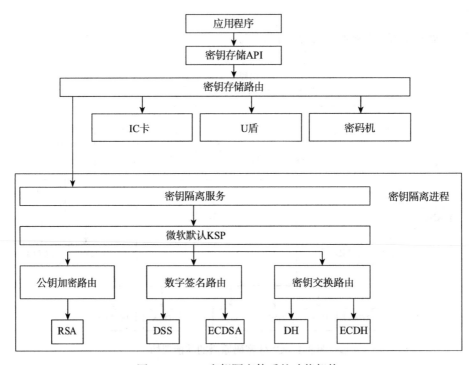

图 3-2　CNG 密钥隔离体系的功能架构

　　CNG 密钥经过 LSA 加密后存储在系统目录下，一些常见密钥的存储目录如表 3-1 所示。

表 3-1 CNG 密钥存储目录

密钥类型	存储路径
用户密钥	%APPDATA%\Microsoft\Crypto\Keys
本地系统密钥	%ALLUSERSPROFILE%\Application Data\Microsoft\Crypto\SystemKeys
本地服务密钥	%WINDIR%\ServiceProfiles\LocalService
网络服务密钥	%WINDIR%\ServiceProfiles\NetworkService
共享密钥	%ALLUSERSPROFILE%\Application Data\Microsoft\Crypto\Keys

对需要长期保存的 CNG 密钥，LSA 进程通过以下步骤进行保护⊖：

1）定期（通常硬编码为 3 个月）产生一个主密钥 MK，使用用户登录凭据（最常见的是口令，也可以是 IC 卡等介质）派生出的密钥对 MK 进行加密存储，派生方式采用 PKCS#5 和 SP 800-132 标准中的 PBKDF2。

2）每次用户提供凭据登录系统后，LSA 就会解密出 MK，并用 MK 为每个程序派生出会话密钥。为了防止属于同一用户的不同程序互相读取密钥，LSA 还允许弹出窗口，让用户为当前应用输入二次认证口令，并将该口令作为派生会话密钥的参数之一。

3）使用上一步产生的会话密钥加密存储 CNG 的长期密钥。

除了存储密钥外，密钥存储模块也具备一定的密码运算功能，目前支持的公钥密码算法包括 RSA、DH、DSA、ECDSA 和 ECDH，支持的密码杂凑算法包括 MD2、MD4、MD5、SHA-1、SHA-256、SHA-384 和 SHA-512，暂不支持对称密钥的存储和运算。

4. 密钥安全机制

从形态上来讲，密码原语模块与用户态密码库类似，都是在调用时才被链接到调用者的进程空间，密钥安全基本靠用户的安全意识和系统的进程隔离来保障，缺少必要的密钥导出控制和使用访问控制；而密码存储模块则是独立运行的进程，拥有自己的进程空间，调用者通过进程间通信来调用密码存储模块的密码服务，只需要维护密钥句柄即可，不必访问密钥数据。

从功能上来讲，密码原语提供较为完整的密码运算，但是不提供高强度的密钥保护机制，因此多用于临时密钥的运算；相比之下，密钥存储注重私钥的长期存储和保护，虽然也具备密码运算功能，但是没有密码原语功能全面。密码原语和密钥存储的功能对比如表 3-2 所示。

表 3-2 密码原语和密钥存储的功能对比

		密码原语	密钥存储
计算功能	密钥生成	√	√
	密钥计算	√	√
	密钥导入 / 导出	√	√
安全控制	密钥导出控制		√
	密钥使用访问控制		√

⊖ https://www.passcape.com/index.php?section=docsys&cmd=details&id=28#15。

表 3-3 总结了密码原语模块和密钥存储模块的安全性。对于密码原语模块，密钥在调用者进程空间中，攻击者若想非法使用密码原语中的密钥，只需越权访问调用进程的数据区，或者篡改调用进程的代码直接导出密钥；而对于密钥存储模块，密钥由操作系统提供的 Windows 访问控制机制保护，并且在使用时只能通过 CNG 的控制接口进行访问，因此敌手要获得密钥的控制权，必须先突破 CNG 和 Windows 访问控制机制的控制，访问 LSA 进程数据区或者突破 CNG 导出控制，难度相当于攻击操作系统的访问控制机制。

表 3-3   密码原语和密钥存储安全分析对比

	密码原语	密钥存储
非法使用密钥	篡改调用进程代码	突破 CNG 使用控制和 Windows 访问控制机制
窃取密钥	访问调用进程数据区或篡改调用进程代码、直接导出	访问 LSA 进程数据区或突破 CNG 导出控制

3.2.2　Linux Kernel Crypto API

Linux 系统由于其出色的性能和稳定性，开源特性带来的灵活性和可扩展性，以及较低廉的成本，受到计算机工业界的广泛关注和应用。Linux Kernel Crypto API 是 Linux 内核中的密码框架，用于在内核中处理密码计算请求，供 IPSec 和 dm-crypt 等内核态应用使用，从 2.5.45 版本开始引入 Linux 内核中，之后逐渐加入很多流行的分组密码算法和密码杂凑算法，而公钥密码需要复杂的有限域运算和多精度整数功能支持，对内核而言较为臃肿复杂，所以直到内核 3.7 版本才开始得到一部分支持。一开始仅限于 RSA 签名和验签，后来加入了 RSA 加 / 解密功能，但是直至目前也不支持非对称密钥的生成，因此 Linux 用户态程序通常会使用 OpenSSL 之类的密码库来进行密码运算，只有内核模块和驱动才会调用内核公钥密码运算接口。

Linux Kernel Crypto API 提供了丰富的密码套件以及调用它们所需的数据转换机制。Linux Kernel Crypto API 将所有密码算法称为"转换"（transformation），因此，密码句柄变量通常以 tfm_* 的形式命名。除了密码计算之外，Linux Kernel Crypto API 还提供了压缩功能，使用方法与密码操作相同。

以下简要介绍 Linux Kernel Crypto API 的主要工作原理。

1. 转换与密码句柄

"转换"以软件代码或者硬件接口的形式实现，它的实例被称作转换对象（transformation object，TFM），一个转换可以被实例化出多个 TFM，每个 TFM 都由 Linux Kernel Crypto API 的调用者或者另外一个转换所持有。当调用者发出转换请求时，会被分配一个含有 TFM 的结构体，即密码句柄。

用户首先通过 crypto_alloc_* 格式的句柄初始化接口申请到需要的句柄，才能进行密码操作，每个句柄都关联一个私有的转换上下文，应在使用完毕后及时销毁。密钥句柄的使用有以下三个阶段：初始化密码句柄、执行该句柄对应的密码操作和销毁密码句柄。

2. 算法类型和模板

Linux Kernel Crypto API 目前提供了以下功能：对称密码算法、密码杂凑算法、随机数生成。为了满足用户对多种工作模式和功能（例如 HMAC、CCM 和 GCM 等）的需求，Linux Kernel Crypto API 提供了大量的算法模板，以提高算法代码的复用度，让用户选择各种分组密码和密码杂凑算法，产生自己需要的功能。

算法模板是 Linux Kernel Crypto API 的一个重要概念，它可以对密码算法和工作模式进行动态、灵活地组合，从而让内核以较少的代码量实现丰富的密码功能。算法模板的核心作用是，调用者构造一个完整、合法的算法名称，如 HMAC（MD5），触发模板的 alloc 动作，为该名称分配一个算法实例（类似于为类实例化一个对象，最终的目的还是使用算法本身）。算法模板使用结构 crypto_template 来描述，该结构体主要用来对内核中的算法进行管理操作，在内核中构造某个算法时会触发算法模板分配算法实例。crypto_template 结构给出了算法模板的组织形式以及触发后对应的算法实例的组织模式。

3. 同步与异步模式

为了性能考虑，Linux Kernel Crypto API 提供了同步和异步两类接口。在同步模式下，调用进程需要等待内核完成密码计算后才能执行下一步操作；在异步模式下，调用者需要设置一个回调函数，从而可以在调用 Linux Kernel Crypto API 后立即投入下一步工作，内核完成密码计算后会调用回调函数，通知调用进程进行处理。

同步调用密码服务时，程序执行步骤清晰，适合调用小规模的密码计算。但是当密码服务运行时间较长时，主程序会因阻塞等待而暂停响应，造成时间浪费。相比之下，异步调用时，主程序可以继续执行，直至回调函数被触发时再处理密码服务返回的结果。异步调用可充分利用计算资源，但是需要开发者处理好主程序与密码服务的协同工作，避免程序步骤出现紊乱。

4. 用户态接口

Linux Kernel Crypto API 还提供了用户态接口。通过用户态接口调用内核态中的密码实现时，用户态程序通过 send/write/read/recv 等系统调用传输参与密码算法计算的数据，并通过 setsockopt 系统调用传递明文密钥。这种模式下，密钥将会以明文形式出现在用户态内存中，因此用户态的程序只是利用操作系统访问控制和进程隔离机制来进行计算期的密钥保护。虽然内核态的密码服务功能并不完善，而且运算速度也比用户态的密码库要慢，但是出于以下一些原因，用户态程序还是有必要使用内核态密码服务。

1）用户态进程可以将敏感数据（例如密钥）传递到内核空间去运算，然后将自己进程空间中的敏感数据清除，降低密钥泄露的风险。

2）将密码运算交给内核完成，避免用户态密码库占用过多内存空间，对于资源受限的设备尤其有意义。

5. 密钥安全机制

从形态上来讲，Linux Kernel Crypto API 与 Windows CNG 内核态的密码原语类似，作为被调用者，它们没有专门设计的进程空间，没有专门设计的安全防护，密钥以明文形式导入 / 导出，使用完毕后需要调用接口销毁，也不支持密钥的长期存储。调用它的用户态程序至多是用口令将密钥加密保存在文件系统中，密钥安全主要依赖于操作系统的访问控制和口令的健壮性。

3.3 虚拟机监控器密码软件实现

云计算的迅速发展使得租户们可以将计算任务外包给云服务提供商。通常，云服务提供商管理大量的计算、网络和存储资源，并向外提供更灵活、扩展和可靠的服务，如基础设施即服务（Infrastructure as a Service，IaaS）、平台即服务（Platform as a Service，PaaS）、软件即服务（Software as a Service，SaaS）等。通过将计算任务交给云，租户可以减轻资源管理的负担，从而更多地关注核心业务。

虚拟化技术是云计算服务中的代表性技术，可以在同一硬件平台上部署多个不同的操作系统，并对虚拟机资源进行按需分配和可靠维护。虚拟机是一种严密隔离且内含操作系统和应用的软件容器，每个虚拟机都完全独立，多台虚拟机可同时在一台主机上运行。虚拟机监控器（Virtual Machine Manager 或者 hypervisor，以下简称 VMM）是在硬件和虚拟机之间实现的中间软件层。一方面，VMM 掌握着虚拟机运行依赖的物理硬件，并为上层的虚拟机虚拟出与硬件近似的运行环境；另一方面，上层虚拟机的硬件资源访问需要通过 VMM 确保虚拟机之间的隔离，并根据需要为每台虚拟机动态地分配计算资源，可在硬件级别进行故障处理和安全隔离。每个虚拟机拥有独立运行的操作系统和应用程序。相比于直接安装在物理机上的计算机系统，虚拟机的管理、创建、迁移、备份等操作更方便快捷。

受到虚拟化技术中设备模拟的启发，研究人员将目光投向了虚拟化的密码设备。在虚拟化环境中，VMM 可以向虚拟机提供虚拟密码设备或者虚拟密码加速计算器件，密钥的存储和访问控制就可以从虚拟机迁移到 VMM 中。在 VMM 有效的监控机制下，保证针对虚拟机主存的攻击无法获取明文的密钥数据。VMM 可以为虚拟机提供虚拟的硬件资源并管理、控制这些资源，利用虚拟机内存地址空间与 VMM 地址空间的隔离为密钥存储和密码计算提供隔离环境。

基于 VMM 的密码软件实现方案的基本思路非常直接，也就是：虚拟机中的应用以虚拟密码设备的形式使用密码软件实现，并利用虚拟机和 VMM 之间的隔离特性把密钥存放在 VMM 内存空间进行保护。表面上，虚拟机中的应用程序在使用一个外置的密码设备，所有的密码计算和密钥管理都在这个"密码设备"中，密钥从不出现在虚拟机内存中，位于虚拟机中的攻击者也无法突破虚拟机和 VMM 之间的隔离机制，进而非法获取 VMM 中的密钥，从而保证密钥的安全性。本节将介绍基础的虚拟密码设备方案及其在虚拟化环境下的管理方案。

3.3.1　虚拟密码设备方案

本节主要介绍两个虚拟密码设备方案：virtio-ct 和 virtio-GPU。它们都基于虚拟设备接口 virtio 实现，只不过在具体实现机制方面存在差异。

1. 虚拟密码设备 virtio-ct

virtio-ct 方案是管乐等研究人员提出的一种虚拟密码设备实现方案，它为虚拟机进程提供了虚拟密码设备 virtio-ct，而虚拟密码设备内的主密钥仅对 VMM 可见，对虚拟机进程不可见，能够抵御虚拟机内特权级的恶意进程窃取密钥。这样，对于虚拟机进程而言，就和调用一台物理的密码设备的体验类似，在一定程度上缓解虚拟机密码计算的密钥安全问题。virtio-ct 方案信任 VMM，要求 VMM 提供的隔离机制能够防止虚拟机获取宿主机的内存数据：即使虚拟机操作系统被攻破，入侵者也不能逃逸出虚拟机，更不能在 VMM 甚至宿主机上执行任意代码。

在 virtio-ct 方案中，virtio-ct 设备在 virtio 的基础上实现。virtio 是一个半虚拟化 I/O 设备的标准，它主要用于提高虚拟机访问虚拟设备的性能。virtio 抽象了一套常见的虚拟设备，这些虚拟设备由 VMM 通过正常的 PCI 设备接口提供给虚拟机使用。虚拟机操作系统中的前端设备驱动和 VMM 中的后端服务相互通信，通过对通信数据的地址转换来加速虚拟设备的访问性能。

每个 virtio-ct 虚拟设备都是一个虚拟 PCI 设备，可以附带多个密钥令牌（token），每个密钥 token 可以访问唯一对应的密钥。virtio 为每个 virtio-ct 设备分配一个默认管理通道，该管理通道通过添加密钥令牌的方式来初始化虚拟设备，这样就可以将密钥和虚拟密码设备绑定。

在 virtio 的支持下，如图 3-3 所示，virtio-ct 架构由位于虚拟机内的前端驱动和位于 KVM-QEMU（Kernel-based Virtual Machine/Quick EMUlator，基于内核的虚拟机 / 快速模拟器）中的后端驱动组成。在发现虚拟设备时，前端驱动程序实例化必要的数据结构，并与 VMM 进行通信以初始化设备；后端驱动程序则发送虚拟机所需的信息以添加令牌，包括算法（RSA 或 AES）、令牌的用户友好字符串及其公钥（仅用于 RSA 令牌）等。

虚拟机中的进程在调用 virtio-ct 服务时，会先通过前端驱动利用专门的通道向后端驱动传输请求和数据；后端驱动接到请求后再将请求和密钥 token 做相应密码计算；计算的结果会和状态码一起返回给前端驱动。

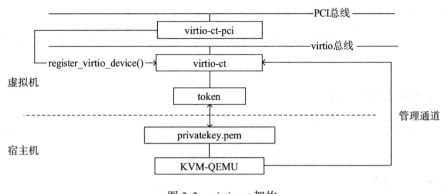

图 3-3   virtio-ct 架构

virtio-ct 方案中密钥的安全性主要依赖于 VMM 提供的隔离机制。因为密码计算实际上是在 VMM 中完成的，VMM 中使用的密钥只对 VMM 可见，对虚拟机进程不可见，所以攻击者无法从虚拟机内存中获取任何密钥数据。

2. 支持 GPU 的虚拟密码设备方案 virtio-GPU

为了应对日益增长的数据量，信息系统需要提高数据处理能力，例如 Apache 服务器需要应对 HTTPS 服务的高并发访问。在此场景下，CPU 提供的高性能计算能力已经捉襟见肘，更多的方案将目光转向了 GPU 等加速器件。考虑到 GPU 作为高性能计算器件被广泛应用到密码计算领域，王子阳等研究人员通过在 VMM 中虚拟化通用计算 GPU，实现了提供密钥隔离的密码高速实现方案，称为 virtio-GPU。virtio-GPU 方案在虚拟机中对外提供基于 GPU 加速的密码服务，利用 API-Remoting（应用程序接口远程化）的 GPU 半虚拟化技术将主密钥隔离在 VMM。与 virtio-ct 方案不同，virtio-GPU 方案支持用户自己实现的 GPU 代码的运行并在 VMM 层检查 GPU 代码的完整性，保证密码计算过程的安全性和灵活性。此方案不依赖于 GPU 的硬件特性，适用于众多 GPU 产品。

virtio-GPU 系统的整体设计如图 3-4 所示。与 virtio-ct 方案类似，该方案传输信道同样采用 virtio。虚拟机操作系统中不需要提供专门的 GPU 驱动，取而代之的是 virtio 传输需要的前端驱动。与 virtio-ct 不同的是，virtio-GPU 方案框架利用 API-Remoting 技术在 VMM 中实现了 GPU 虚拟化，基于 GPU 的密码算法软件实现仍然能够按照典型的 GPU API 调用来编程，使得租户可以直接使用已有的 GPU 二进制代码。

virtio-GPU 方案工作流程如下：

1）在 GPU 密码计算应用运行过程中，虚拟机中的 GPU 运行时封装库（wrapper library）拦截了调用请求并将请求和参数通过 ioctl 系统调用传送到 virtio 前端驱动。

2）virtio 半虚拟化设备负责将来自虚拟机 virtio 前端驱动收集的 GPU API 请求和相关的请求参数传送到 VMM 的 virtio 后端驱动。

3）VMM 负责处理 API 请求并执行真正的 API 函数。如果是首次运行此程序，VMM 会通过 HMAC 比较来验证要执行的 GPU 代码，即编译生成的 FatBinary（扩展二进制）文件。只有通过了检查，API 请求才会在宿主机上得到响应，否则 VMM 会拒绝执行。

4）验证 GPU 代码的完整性和真实性后，VMM 利用主密钥解密传输的密钥密文获得密钥明文，然后 FatBinary 利用密钥明文在 GPU 执行密码计算操作，并向虚拟机传回计算结果。

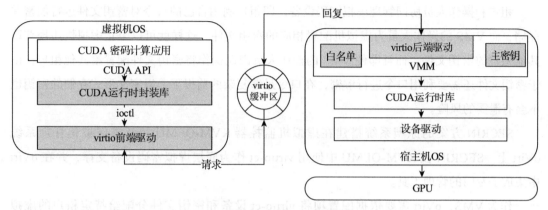

图 3-4　virtio-GPU 架构

virtio-GPU 对于密钥安全的保护机制主要体现在两方面：

一方面，和 virtio-ct 类似，基于 GPU 虚拟化的密钥安全方案为虚拟机提供了虚拟化的 GPU 加速器件，虚拟机密码服务进程可调用 GPU 进行运算加速。密钥保护机制是 virtio-GPU 方案的重要工作，它将主密钥存储在 VMM 中。虚拟 GPU 内的主密钥只对 VMM 可见，对虚拟机进程不可见；所有出现在虚拟机内存中的密钥都被主密钥加密后以密文呈现。只有在密码计算调用到密钥时，VMM 才用主密钥解密密钥并将解密后的密钥传入 GPU 全局内存中以供 GPU 代码访问。因此，敌手无法从虚拟机内存中获取明文形式的密钥数据，他们获得的仅仅是加密后的密钥。

另一方面，virtio-GPU 方案支持租户自定义 GPU 代码，以半虚拟化方式完成对 GPU 设备的调用。尽管密钥保护机制能够将密钥传入 GPU 的全局内存中，但是如果 GPU 上运行的代码被恶意程序更改，就可能导致密钥泄露（例如，恶意代码直接将密钥复制到输出参数）。因此，virtio-GPU 会在虚拟机中载入密码计算程序后，由 VMM 验证其 GPU 代码的完整性和真实性，确认来自于合法用户；GPU 代码通过验证后，VMM 才允许其继续执行；否则访问 GPU 的操作被驳回，并且记录到异常日志中。

3.3.2　虚拟化环境的虚拟密码设备管理方案

虚拟化平台一般使用虚拟化管理系统（Virtualization Management System，VMS）对虚拟机、计算资源、存储资源和网络资源进行集中管理。褚大伟和祝凯捷等研究人员基于 virtio-ct 提出了虚拟密码设备管理方案——SECRIN 方案。

SECRIN 的目的是为虚拟机提供安全、易于使用、方便管理的密码基础设施。SECRIN

加强了对密钥的安全防护，甚至在虚拟机被敌手攻破后密钥仍能被保护。按照云服务模式，SECRIN 将密码基础设施整合到虚拟化平台中。VMS 如同管理其他设备一样管理虚拟密码设备。对于租户而言，SECRIN 就是挂载在虚拟机上的外设，而且虚拟密码设备同样支持热迁移。

租户和操作人员协同管理虚拟密码设备，即租户利用自己的口令对密钥文件进行加密并存储，而 VMS 的操作人员为虚拟机配置相应的密钥文件。这样就可以阻止虚拟机违规获取其他租户的密钥文件，而且即便 VMS 的操作人员因误操作将密钥文件配置给其他租户，由于密钥文件还需要利用口令进行解密，在口令足够复杂的前提下，以密文形式存储的密钥也不会有泄露的风险。

SECRIN 方案的原型系统搭建在虚拟机监控器 KVM-QEMU 和开源虚拟化管理系统 oVirt 上。SECRIN 在 KVM-QEMU 中使用 virtio-ct 作为底层虚拟密码设备支撑，并在 oVirt 中集成了专门的管理工具。

作为 VMS，oVirt 需要依据配置项将 virtio-ct 设备和密钥文件分配给特定租户的虚拟机。在 oVirt 引擎中为虚拟机专门定义了 virtio-ct-key 属性，并为虚拟机配置 virtio-ct。当 virtio-ct 设备配置给虚拟机后，操作人员将虚拟机的 virtio-ct-key 属性赋值为密钥文件路径，文件路径和口令由操作员和租户分别输入。virtio-ct 的参数通过 TLS 通道在 oVirt 用户界面和 oVirt 引擎间传输。当租户请求启动虚拟机时，oVirt 读取虚拟机的配置信息并在检查启用了 virtio-ct 后，会提示租户输入虚拟机口令，口令被 oVirt 引擎当作临时数据，不会存储在 oVirt 配置数据库中。

SECRIN 架构如图 3-5 所示。

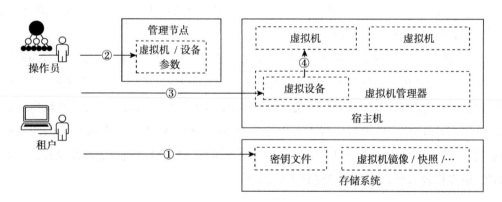

图 3-5 SECRIN 架构

SECRIN 运行的整体流程如下：

①租户生成自己的密钥文件，并使用口令加密后将其发送到云平台，密钥被租户的口令加密后以文件形式存储。

② VMS 的操作人员将此密钥文件分配给该租户使用的虚拟机。

③当租户启动虚拟机时，VMS 提示用户输入口令。VMM 收到口令后解密密钥文件并初始化虚拟密码设备。当 VMM 初始化虚拟密码设备时，读取此密钥文件并通过用户口令解密。VMS 会将文件路径、口令和一些配置信息传给 VMM。

④虚拟密码设备为租户提供密码服务，虚拟密码设备在 VMM 内存空间中进行真实的密码计算。多个虚拟密码设备之间的隔离由半虚拟化 I/O 设备方案来保证。

VMM 中虚拟密码设备的后端驱动的运行状态可以在不同宿主机上进行热迁移，包括密码计算的密钥和中间状态。因此，密码服务不会被热迁移影响。

3.4 本章小结

本章主要介绍了 3 类常规密码软件实现，它们分别运行在操作系统的不同层级：用户态、内核态和 VMM，其中：

1）用户态密码软件实现部分主要介绍了库形态的 OpenSSL、Crypto++、Libgcrypt、Nettle 和 Cryptlib 等用户态密码软件库。

2）内核态密码软件实现部分主要介绍了两个主流操作系统的内核态实现：Windows 平台下，主要介绍了 CryptoAPI 及 CNG；Linux 平台下，介绍了 Linux Kernel Crypto API。

3）VMM 密码软件实现部分主要介绍了 virtio-ct 方案（以及基于 virtio-ct 的 SECRIN）和 virtio-GPU 方案，它们都利用半虚拟化方式在 VMM 层模拟了硬件设备，同时将密钥存储于 VMM，且密码计算在 VMM 内存空间中完成，保证密钥不以明文形式出现在虚拟机地址空间内，可以为虚拟机提供安全的密码计算服务。

从密码软件实现的运行方式来看，常规密码软件实现可以分为密码库和独立密码进程两类。密码库在被上层应用程序调用时才装入内存，密钥等敏感信息都被控制在调用者的进程空间中，而库本身不具备很强的防护能力，例如 OpenSSL、Windows CNG 密码原语模块和 Linux Kernel Crypto API。独立密码进程则作为服务进程一直在系统中运行，其他进程通过一定的通信协议和接口来访问它的密码服务。在进行密码运算时，敏感参数由独立密码进程维护，受到进程隔离机制的保护，不容易泄露，Windows CNG 默认 KSP 使用的 LSA 就属于这种进程。

无论是用户态实现、内核态实现还是 VMM 中的实现，无论是被动调用的密码库还是独立运行的密码服务进程，密码软件实现的安全性很大程度上依赖于操作系统的保护机制，例如进程隔离、访问控制和虚拟化隔离机制等。正是这一系列软硬件技术实现的安全隔离，才使得密码软件实现在运行时不被其他进程非法获取到其密钥数据。但是，即使有操作系统隔离机制的保护，依然有很多攻击方法可以跨越这些机制，访问到密码软件实现的进程资源。密码软件实现没有自己专享的计算和存储空间，因此重要的密钥数据不会得到编译器和操作系统的特殊照顾——它同样面临着软件攻击、物理攻击、侧信道分析等威胁，这些内容将在下一章进行详细介绍。

参考文献

[1]   OpenSSL. Cryptography and SSL/TLS Toolkit [EB/OL]. (2020-06-25). https://www. openssl.org/.

[2]   Crypto++ Library 8.2 | Free C++ Class Library of Cryptographic Schemes [EB/OL]. (2020-05-05)[2020-08-04]. https://www.cryptopp.com/.

[3]   Cryptlib-Encryption Security Software Development Toolkit [EB/OL]. (2020-08-03) [2020-08-04]. https://www.Cryptlib.com/.

[4]   Nettle-a low-level crypto library [EB/OL]. (2019-10-05). http://www.lysator.liu.se/~nisse/ nettle/.

[5]   Libgcrypt-cryptographic library [EB/OL].(2020-07-27). https://gnupg.org/software/ libgcrypt/index.html.

[6]   Windows Crypto API. CryptoAPI System Architecture [EB/OL]. (2018-05-31). https:// docs.microsoft.com/en-us/windows/win32/seccrypto/cryptoapi-system-architecture.

[7]   Cryptography API: Next Generation [EB/OL]. (2018-05-31). https://docs.microsoft.com/ en-us/windows/win32/seccng/cng-portal.

[8]   Stephan Mueller, Marek Vasut. Linux Crypto API. Linux 5.8.0-rc5 [EB/OL]. https://www. kernel.org/doc/html/latest/crypto/index.html.

[9]   Le Guan, Fengjun Li, Jiwu Jing, Jing Wang, Ziqiang Ma. virtio-ct: A secure cryptographic token service in hypervisors[C].International Conference on Security and Privacy in Communication Networks. Springer, Cham, 2014: 285-300.

[10]   Ziyang Wang, Fangyu Zheng, Jingqiang Lin, Guan Fan, Jiankuo Dong. Utilizing GPU Virtualization to Protect the Private Keys of GPU Cryptographic Computation[C]. International Conference on Information and Communications Security. Springer, Cham, 2018: 142-157.

[11]   Dawei Chu, Kaijie Zhu, Quanwei Cai, Jingqiang Lin, Fengjun Li, Le Guan, Lingchen Zhang. Secure Cryptography Infrastructures in the Cloud[C]. 2019 IEEE Global Communications Conference (GLOBECOM). IEEE, 2019: 1-7.

第4章 密码软件实现面临的攻击

密码软件实现需要依赖运行环境（通用的操作系统和硬件环境）的安全性。相比于硬件实现，它所在的运行环境更为开放，因此更容易遭受各种不同来源、不同技术手段的攻击。

由于密码软件实现的密钥在内存中以明文形式出现，攻击者可以利用操作系统漏洞、器件物理特性尝试直接获取内存中的密钥，这种攻击方式称为直接攻击，直接攻击包括软件攻击和物理攻击两大类。其中，软件攻击绕过操作系统和密码软件实现在各层的保护机制，未授权地读取敏感数据；物理攻击则是指攻击者通过直接物理接触目标主机，获取内存芯片的数据。与直接攻击相对，攻击中还可以发起间接攻击，最具代表性的就是侧信道攻击，它是通过获取密码计算中泄露的密钥相关信息对密钥进行推测。本章将分别从软件攻击、物理攻击、间接攻击三个方面阐述密码软件实现面临的威胁。

4.1 软件攻击

针对密码软件实现的软件攻击，是指攻击者通过执行特定的恶意软件，从密码软件实现中获取密钥等敏感数据的攻击方式。软件攻击不要求攻击者与攻击目标计算机发生物理接触，可以远程完成攻击。操作系统不完善的机制、软件自身实现的缺陷、编程人员的疏忽大意都有可能造成软件漏洞。按照攻击的成因进行划分，大致分为操作系统隔离机制漏洞、内存数据残余以及密码软件实现自身漏洞三大类。

4.1.1 针对操作系统隔离机制漏洞的攻击

在通用的计算机系统中，密码软件实现通常是作为独立的用户态或内核态的密码运算进程存在，密钥是密码运算进程的数据变量；由于操作系统的进程隔离机制，其他进程只能访问密码运算进程的明文或密文，不能读取密钥。

操作系统管理和控制着计算机系统中各种硬件和软件资源、合理地组织计算机工作流程，是用户与计算机之间的接口。在计算机系统中，密码运算功能是运行在独立的用户态或内核态进程之中，密钥是密码运算进程的数据变量。在安全的计算机系统中，进程之间不可以未授权地相互访问数据，因此攻击进程不能访问到密码运算进程的密钥等敏感数据。

除了进程隔离外，计算机系统还有明确的权限控制。从硬件层面来说，大部分的指令集架构至少提供了特权模式和非特权模式两种执行模式。在特权模式下，所有的机器指令都可以执行；在非特权模式下，只有部分指令可以执行。从软件层面来说，操作系统内核也会通过软件功能实现与用户空间的隔离，保护内核的资源。通过虚拟内存机制，操作内核会严格限制用户态进程可以访问的内存地址。用户态进程只能访问用户态内存、不能访问内核态的内存；内核态进程可以访问系统中任何有效的内存地址。通过上述基于软件和硬件的隔离，可以确保内核免受来自用户态的恶意进程的破坏、篡改代码和数据等。

然而，由于操作系统代码的高度复杂性，难以做到完全没有安全漏洞，而这些漏洞可能导致攻击者绕过进程隔离机制，非法访问其他用户进程内存空间或内核空间的数据，这样密钥就面临着被非授权获取的风险。例如，德克萨斯大学圣安东尼奥分校团队⊖利用 Linux 的两个内核漏洞成功地攻击了 OpenSSH 和 Apache HTTP 服务器，获取到 RSA 私钥。他们通过不断地创建连接，可以在 1 分钟之内获得 OpenSSH 服务器的私钥，在 5 分钟之内获得 Apache HTTP 服务器的私钥。这两个漏洞分别是：1）通过在 ext2 文件系统创建目录，可以导致最多 4072 字节的内核内存信息泄露，2）通过对 signed 数据类型的误用，导致缓冲区溢出和 Linux 内核部分内存信息泄露。需要注意的是，上述案例使用了多年以前的 Linux 系统内核漏洞，随着各种新的内核漏洞不断出现，操作系统的安全风险日益严峻。

隔离机制甚至会在虚拟化环境中失效，SPICE（Simple Protocol for Independent Computing Environment，独立计算环境简单协议）显示协议实现的 CVE-2010-0430⊖漏洞导致在红帽企业虚拟化平台中，客户虚拟机可以访问 QEMU（Quick EMUlator，快速模拟器）进程的内存。类似地，利用 CVE-2014-0983⊜漏洞，VirtualBox 的虚拟机可以访问宿主机的内存空间。

4.1.2   针对内存数据残余的攻击

密码软件实现，尤其是公钥密码算法实现，需要向操作系统动态申请大量内存来存放

⊖ Harrison K, Xu S. Protecting cryptographic keys from memory disclosure attacks[C]. 37th Annual IEEE/IFIP International Conference on Dependable Systems and Networks (DSN'07). IEEE, 2007: 137-143.

⊖ National Vulnerability Database. CVE-2010-0430[M/OL]. (2013-12). http://web.nvd.nist.gov/view/vuln/detail?vulnId=CVE-2010-0430.

⊜ National Vulnerability Database. CVE-2014-0983[M/OL]. (2018-10). http://web.nvd.nist.gov/view/vuln/detail?vulnId=CVE-2014-0983.

密钥以及密码计算，密码计算完毕后再释放这些内存。然而，密钥数据会随着该部分内存被归还给系统而被分配给其他进程，直到被覆盖或者系统掉电才彻底消失。为了保证密钥的安全性，应当对该内存空间彻底清零后再释放，但是对操作系统和驱动程序而言，这种操作会影响性能，操作系统一般不会自动进行这样的清零操作。因此，在包含密钥数据的内存空间被释放之后，如果攻击者能够取得其访问权限（通常还需要利用操作系统的安全漏洞），就有可能获得残留的密钥数据。更糟糕的是，即便程序员有良好的编程习惯，在密钥使用完毕后及时清零内存，编译器也可能把这段清零的安全代码优化掉，导致密钥没有按照预期被清零。

　　另一方面，计算机系统会在特定情况下将内存数据复制或扩散到外部（如硬盘、网络等），导致内存数据"合法"地扩散到其他位置、失去原有的保护，或者导致新的攻击机会，例如：

　　1）虚拟机监控器会将虚拟机的全部运行状态信息（包括当前的全部内存数据）作为快照文件存储在硬盘上，其中就可能包含大量的密钥数据。

　　2）在虚拟内存系统中，对于不经常使用的页，系统会将其交换到磁盘中，如果该页保存了密钥，攻击者就可以直接从磁盘中获取密钥。

　　3）核心转储（core dump），原本被用于软件崩溃后的内存镜像保存，以供开发者调试使用。然而，攻击者可以利用该功能，故意触发异常导致软件崩溃，接着从磁盘中读取进程中包含的敏感数据。

　　进一步，攻击者还需要从 GB 量级的内存数据找到其中的一小段密钥数据。现代密码学中的密钥主要由随机序列组成，因而拥有明显高于其他内存数据的熵值。早在 1997 年，RSA 算法的发明者 Shamir[1]就提出了通过熵分析来定位内存中的 RSA 密钥。在实际应用中，标准化的编码和填充也会赋予密钥数据特殊的格式，Klein[2]和 Ptacek[3]等学者针对这一特征提出了相应的搜索方法。除了上述特征外，代码中的结构体也有助于攻击者从内存数据中查找密钥。2007 年，Pettersson[4]等成功地展示了如何从 Linux Memory Dump 中找到带有密钥的数据结构。当然，随着内存被反复分配、使用和回收，从镜像中得到的密钥往往是碎片化的，需要一定技巧才能复原，Halderman[5]等在其攻击过程中，利用密钥扩展痕迹（每轮的子密钥片段）来纠错 AES 和 DES 密钥，还利用私钥因子的关系（例如 p、q 和由 d 产生的一系列预计算数据）来恢复 RSA 密钥。

[1]　Shamir A, Van Someren N. Playing "hide and seek" with stored keys[C]. International conference on financial cryptography. Springer, Berlin, Heidelberg, 1999: 118-124.

[2]　Klein T. All your private keys are belong to us[R]. Tech. Rep, 2006.

[3]　Ptacek T. Recover a private key from process memory[J]. 2008.

[4]　Pettersson T. Cryptographic key recovery from linux memory dumps[J]. Chaos Communication Camp, 2007.

[5]　Halderman J A, Schoen S D, Heninger N, et al. Lest we remember: cold-boot attacks on encryption keys[J]. Communications of the ACM, 2009, 52(5): 91-98.

4.1.3 针对密码软件实现自身漏洞的攻击

密码软件实现自身存在的漏洞也使得攻击者能够直接从中获得密钥数据。各种应用程序难免会有不足之处，在设计过程中出现逻辑错误是非常常见的，而且编程人员很难考虑到各种情况，有些错误和漏洞就是由于疏忽而引起的。如果编程人员对程序内部操作不了解，或者是没有足够的重视，一旦编程人员假定的安全条件得不到满足，程序内部的相互作用和安全策略产生冲突时，便形成了安全漏洞。软件漏洞与具体的系统环境密切相关，相同版本软件在不同的软硬件设备中也可能产生不同的问题。

其中最为常见的就是缓冲区溢出漏洞。在计算机安全和程序设计中，缓冲区溢出（buffer overflow）是一种异常现象，程序在向缓冲区写入数据时，可能会从缓冲区的边界溢出并覆盖相邻的内存位置。缓冲区溢出通常可以由格式错误的输入触发，例如在缓冲区内写入了比缓冲区更大的数据块，导致相邻的数据或可执行代码被覆盖。攻击者可以精心设计写入的数据以修改关键变量、改变程序的行为（例如修改跳转条件），或者直接写入 shellcode 来达到提升权限的目的。通常与缓冲区溢出相关联的编程语言包括 C 和 C++，这些编程语言不提供内置的保护来防止访问或覆盖内存的数据，并且不会自动检查写入数组的数据是否在数组的边界内。边界检查可以防止缓冲区溢出，但是需要额外的代码和处理时间。现代操作系统使用各种技术来对抗恶意的缓冲区溢出，例如随机化内存布局等。

密码软件实现的自身漏洞中，最为著名的就是 Heartbleed。造成 Heartbleed 的原因就是没有在 memcpy() 调用之前进行边界检查，攻击者可以读取 OpenSSL 随机的 64 KB 内存数据，并将超出必要范围的信息发送给攻击者。

4.2 物理攻击

在物理攻击中，攻击者与目标计算机存在物理接触，攻击者通过物理方法窃取计算机系统中的密钥数据。当前的物理攻击手段主要有：冷启动（cold boot）攻击和直接内存存取（Direct Memory Access，DMA）攻击。

4.2.1 冷启动攻击

冷启动攻击利用 DRAM 芯片的延迟消失效应：内存芯片断电之后，其中存储的数据并不会立即消失，而是会持续一段时间后逐渐衰减消失。更为严重的是，在低温环境下，内存芯片中的数据衰减速度会大幅下降，可持续达数小时。如果攻击者可以物理接触到正在运行密码计算的计算机，就可以将恶意启动外设插入目标机器，并重启计算机，或者将目标机器的内存条取出后插入攻击者的机器中，从而直接读取计算机中原有的内存数据。冷启动攻击能够绕过计算机系统软硬件层面的多种安全机制，还原出内存中的敏感数据。

虽然冷启动攻击的概念早就被提出，但直至 2008 年的 USENIX 安全研讨会上，才由普林斯顿大学等机构⊖真正实现。该文章指出，在 DRAM 内存芯片断电后，由于 DRAM 单元的延迟消失效应，内存中的数据仍然可以保持数分钟。更糟糕的是，如果给 DRAM 芯片降温，数据保持的时间会显著上升。在实验中，当温度控制在 –50℃时，10 分钟后仅有 1% 的数据失效；而温度控制到 –196℃时，60 分钟后，仅有 0.17% 的数据失效。这就给可以物理接触目标计算机的攻击者提供了直接读取内存的机会。在论文中，作者设计了一套攻击方案和工具，成功攻破了 BitLocker、TrueCrypt 和 FileVault 等全盘加密系统，此外还窃取了 Apple Mac 上存储在内存中的用户口令和 Apache 网页服务进程使用的 RSA 私钥。2012 年，埃朗根 – 纽伦堡大学团队⊜对安装 Android 4.0 的 Samsung Galaxy Nexus 设备进行了冷启动攻击，利用精心创建的恢复镜像，获取了智能机中的内存数据，并取出了全盘加密系统的密钥，读取到了各种内存敏感信息。

冷启动攻击的大致步骤如下：首先攻击者需要一个内存读取工具，该工具在系统启动时接管系统，并读取整个内存映像，然后写入磁盘。该工具仅占用很小的内存，这样可以尽可能地减小攻击代码对原有内存映像的覆盖。内存读取工具可以从预启动执行环境⊜（Preboot eXecute Environment，PXE）网络、USB、可扩展固件接口（Extensible Firmware Interface，EFI）等接口启动。接着，启动内存读取工具来获取运行中系统的整个内存映像，攻击者可以选择以下两种方法启动内存读取工具：

1）将内存读取工具配置好，重启目标计算机，并配置 BIOS 使其从内存读取工具引导。恶意的内存读取工具不做额外的操作，立即读取内存数据并转存到硬盘等外设。

2）方法 1 可能不能成功，因为目标主机可能禁止修改 BIOS，或者在启动时强制重写整个内存芯片。这时，攻击者还需要额外准备一台攻击主机，该主机可以正常地启动内存读取工具。然后把内存芯片从目标主机拔出，并用液氮降温，最后插入攻击主机上，此时，启动攻击主机就可以成功激活内存读取工具并获取内存映像。

4.2.2　DMA 攻击

在现代操作系统中，用户态程序无法在未经操作系统内存管理单元（Memory Management Unit，MMU）授权的情况下访问内存物理地址，但是内核驱动、硬件设备仍然可以直接访问物理内存空间。DMA 是一种提高外设访存速度的技术，它无须 CPU 的参与，外设就可以直接与内存芯片交换数据，这样不仅可以减轻 CPU 的负担，同时由于数据不通过 CPU，I/O 速度得到显著提高。

DMA 攻击就是利用了 DMA 无须 CPU 参与的特性，通过编写恶意的固件，外设可以直

⊖　Halderman J A, Schoen S D, Heninger N, et al. Lest we remember: cold-boot attacks on encryption keys[J]. Communications of the ACM, 2009, 52(5): 91-98.

⊜　Tilo M, Michael S, Freiling F C. Frost: forensic recovery of scrambled telephones[C]. Proceedings of the International Conference on Applied Cryptography and Network Security. 2014: 373-388.

⊜　Intel 公司推出的一款通过网络来引导操作系统的协议。

接对内存芯片发起 DMA 请求，从而获取内存数据。攻击者利用恶意外设（可以是攻击者精心构造的恶意外设，或者是在计算机上已有的、带有安全漏洞的外设上植入恶意代码），对目标内存地址请求 DMA 数据传输，从而绕过操作系统的内存管理安全机制，直接窃取内存中的敏感数据。不仅如此，攻击者甚至能利用 DMA 特性向指定内存地址写入可执行恶意代码，该恶意代码可以进一步读取内存和寄存器中的敏感数据。

DMA 攻击可以利用各种不同的总线，例如火线（firewire）、USB 总线，也可以利用计算机系统自带的部件，例如 Intel 的管理引擎（management engine）。DMA 攻击通过外设发起 DMA 请求，就可以在不受 CPU 控制的情况下，直接访问任意地址的内存数据。攻击者只要在受害计算机上插入恶意外设发起 DMA 请求，就可以访问内存、获得密钥数据。

2012 年，美国西北大学团队⊖完成了更强大的高级 DMA 攻击：TRESOR-HUNT。TRESOR-HUNT 利用 DMA 特性，向指定内核内存地址写入特权级恶意代码，该恶意代码就会读取目标主机的内存和寄存器上的敏感数据，再通过正常的 DMA 方式传输获取的磁盘加密密钥。TRESOR-HUNT 不依赖于特定的操作系统软件漏洞，只要设备支持 DMA 的外设总线即可达成，如火线、雷电接口（Thunderbolt）或者 ExpressCard。

DMA 攻击甚至还可以由软件攻击发起。恶意软件可以利用外设上的安全漏洞入侵外设、植入恶意代码，然后利用该外设发起 DMA 攻击。2010 年，佐治亚理工学院的研究人员⊜逆向了 Apple 的键盘固件升级代码，通过嵌入固件恶意代码来破坏 Apple 键盘，并且允许恶意软件在主机系统重新安装后存活下来，然后就可以进一步利用该外设发起 DMA 攻击。当然，完成上述复合攻击的前提是受害计算机上存在可被利用的外设。同一年，法国国家网络安全局团队⊜介绍了一种攻击者远程控制网络控制器的方法，他们针对启用和配置支持报警标准格式（alert standard format）的特定型号的网络控制器（Broadcom NetXtreme），将一些精心构造的数据包发送给受害者的机器，即可对受害者的网络连接执行攻击：利用网卡的 DMA 特性，访问存储在内存中的密钥和敏感信息，或者将恶意代码注入受害者的计算机内存中。

4.3 间接攻击

除了直接获取密钥外，由于密码算法在执行的过程中会与自身所处的环境相互作用，因此攻击者可能通过分析泄露的与密钥相关的信息来推测密钥，这种攻击方式称为间接攻击，通常也称为侧信道（side-channel）攻击。针对通用计算机平台密码软件实现的侧信道攻击主要是时间侧信道攻击和 Cache 侧信道攻击。

⊖ Blass E O, Robertson W. TRESOR-HUNT: attacking CPU-bound encryption[C]. Proceedings of the 28th Annual Computer Security Applications Conference. 2012: 71-78.

⊜ Chen K. Reversing and exploiting an Apple firmware update[J]. Black Hat, 2009, 69.

⊜ Duflot L, Perez Y A, Valadon G, et al. Can you still trust your network card[J]. CanSecWest/core10, 2010: 24-26.

1）时间侧信道攻击基于密码算法和密码协议对不同输入（明文和密钥）需要的处理时间存在细微差异分析窃取密钥信息。这方面最为经典的是对 RSA 的攻击。RSA 的核心计算是模幂（modular exponentiation），最基础的计算算法是平方乘算法（square-and-multiply），这种算法在当前扫描的幂指数（即私钥）为 1 时需要进行一次乘法运算，在幂指数为 0 时不进行乘法计算，因此很容易利用算法的执行时间猜测密钥。

2）Cache 侧信道则是观察 Cache 的访问模式（即是否命中 Cache）来推测密钥。同样以 RSA 计算为例，RSA 在计算模幂时，会使用预计算表进行加速：首先将一小部分预计算结果存储在内存中，之后根据幂指数读取特定位置的预计算表的数据参与运算。由于 Cache 的存在，最近读取的预计算表的表项将会缓存在 Cache 中，如果接下来还是读取这个表项，将会命中 Cache，如果攻击者可以观测 Cache 的访问模式，那么他就可以推测出私钥的分布规律，进而推测出私钥。

与算法相关的侧信道攻击相对来说容易修复，可以通过盲化（blinding）、掩码（masking）、常量时间化等技术在算法层面降低或杜绝信息的泄露或引入额外的噪声来缓解侧信道攻击的风险。然而，近年来一些与操作系统特性、硬件设计缺陷相关的漏洞的侧信道攻击则对密码软件实现的安全性带来极大冲击。例如，Flush+Reload 基于页共享（page sharing）技术搭建隐蔽信道，使得攻击进程可以极大概率获取其他进程的密钥信息；又例如，Meltdown 和 Spectre 基于 CPU 的乱序执行（out-of-order execution）机制构建隐蔽信道，越权访问内存。这类攻击与软硬件设计缺陷相关，较难修复。而且这些攻击直接破坏了密码软件实现所依赖的访问控制、进程隔离等运行环境安全要求，可以在众多 CPU 上实施，危害面极大，严重威胁密码软件实现的安全性。本节简要介绍这类侧信道攻击。

4.3.1　基于页共享的 Flush+Reload 攻击

进程间的共享内存不仅可以用于进程间通信，还可以避免相同内容的内存复制来减少内存占用。操作系统中的页共享技术可用于进程之间和共享库之间共享二进制片段。不仅 Linux、Windows 等操作系统，如今的主流虚拟机监控器也采用这套方案，例如云计算技术中普遍采用的、基于内容的页共享技术 de-duplication 中，虚拟机监控器会扫描各活动虚拟机的内存页，识别和合并具有相同内容的不相关的内存页。

由于内存页可以在非协作进程之间共享，因此系统必须保护内存页内容以防止恶意进程修改共享内容。为实现这一目标，系统将共享页映射为写时复制（copy-on-write）。在写时复制的内存页上可以正常执行读操作，而写操作会引发 CPU 陷阱（trap）。在陷阱期间获得 CPU 控制的系统软件复制共享页的内容，将复制的新内存页映射到写入过程的地址空间并重新开始该过程。

当进程访问内存中的共享页时，Cache 将会缓存所访问内存位置的内容。通过共享页的一种侧信道攻击就是源于处理器 Cache 的共享使用。现代处理器都采用多层级 Cache 方案，而末级 Cache（Last Level Cache，LLC）包含存储在较低缓存级别中的所有数据的副本。因此，从 LLC 刷新或移除数据，所有其他 Cache 级别的数据也会被移除。基于此，阿德莱德大学的研究人员在 USENIX Security 2014 上提出了基于 L3 Cache 的侧信道攻击方案 Flush + Reload，在跨多个处理器核心和跨虚拟机的场景下都成功提取了密钥。Flush+Reload 技术基于恶意进程和受害进程的共享内存页。使用共享页，恶意进程可以使用 CLFLUSH 指令从整个 Cache 层次结构中逐出特定的内存地址，再监视此内存地址的访问。

以下简要阐述 Flush+Reload 的攻击原理。假设操作系统上有一恶意进程，为了与目标进程实现页共享，恶意进程将目标进程的可执行文件使用 mmap 映射到其虚拟地址空间，完成文件的内存页共享。Flush + Reload 的一轮攻击有三个步骤：

1）恶意进程将正在使用共享库受害进程的目标代码或数据载入 L3 Cache 中，再将其从 Cache 擦除（flush）。

2）恶意进程等待一段时间，让目标进程有时间在第 3 步前访问特定的内存块。

3）恶意进程重新加载（reload）监控的内存块，并测定载入时间。

如果载入时间比较长，说明内存数据应该是从内存而不是 Cache 载入，也间接说明在等待过程中目标进程并没有尝试载入该内存数据块；如果恶意进程载入内存数据的时间很短，就说明目标进程已经访问过该内存地址。

Flush + Reload 攻击方法可以从 GnuPG 的 RSA 实现中获取私钥，在同一操作系统场景中能恢复密钥 98.7% 的位。由于虚拟机监控器也会使用 de-duplication 页共享技术，因此，Flush+Reload 攻击也可以在两个不同虚拟机的不同进程间完成，平均可以提取 96.7% 的位。与 Flush+Reload 类似的攻击还包括 Prime+Probe 方法[一]、Flush+Reload 方法的扩展 Flush+Flush 方法[二]、Invalidate+Transfer 方法[三]等。

4.3.2　CPU 硬件漏洞攻击

随着信息技术的高速发展，计算机性能不断提升，但是由于物理因素的限制，CPU 的单核性能无法线性地提升。因此，很多供应商通过增加 CPU 的核心数量以及改进 CPU 指令的流水线（pipeline）来提高 CPU 性能。现代 CPU 的流水线并行度很高，CPU 内部支持很多高性能特性，例如后续指令的预测执行（speculative execution）和乱序执行等。但是，这些提升性能的措施在另一层面也为攻击者窃取数据提供了有利条件。以下简单介绍预测执行和乱序执行的基本概念。

⊖　Ristenpart T, Tromer E, Shacham H, et al. Hey, You, Get Off of My Cloud: Exploring Information Leakage in Third-Party Compute Clouds[C]. Acm Conference on Computer & Communications Security. 2009.

⊜　Gruss D , Clémentine Maurice, Wagner K , et al. Flush+Flush: A Fast and Stealthy Cache Attack[C]. International Conference on Detection of Intrusions and Malware, and Vulnerability Assessment. Springer, Cham, 2016.

⊜　Irazoqui G, Eisenbarth T, Sunar B. Cross Processor Cache Attacks[C]. Proceedings of the 11th ACM Asia Conference on Computer and Communications Security. 2016: 353-364.

1）**预测执行**：软件执行大多是非线性的，并且含有条件分支和指令间的数据依赖。一般地，当某些微操作对之前（还未执行）的指令出现数据依赖或控制依赖的时候，CPU 内部流水线会阻塞，而阻塞会极大地降低 CPU 的性能。因此，为了使得流水线处于满载状态，有必要预测分支结果、数据依赖关系以及控制流依赖等。在验证预测执行是正确的或者数据依赖被解决之前，CPU 会持续执行预测路径，并在重排序缓冲区中缓存结果。如果预测正确，CPU 就提交重排序缓冲区中的结果，提升总体性能。但是，预测并不一定都是正确的，当预测失误的时候，就必须把流水线清空，或者执行回滚操作，使得预执行的指令失效。当指令遇到错误（例如缺页异常等）的时候也需要清空流水线或者回滚，取消重排序缓冲区中的所有预计算瞬态指令的执行结果。

2）**乱序执行**：在 CPU 中，指令集的每一条指令在后续执行时会进一步转化为多个更简单的微操作。乱序执行是 CPU 提升性能的手段之一，其主要原理是：CPU 不仅按照指令流的顺序执行微操作，还尽可能地充分利用自己的执行单元，快速并行地处理微操作，以达到提升总体性能的目的。一旦可以获得一个微操作的运算数，并且对应的执行单元也是空闲的，那么即使微操作之前的指令流还没执行完，CPU 也会开始执行这个微操作。CPU 通常利用重排序缓冲区跟踪微操作的状态，当所有之前的微操作全部完成时，结果才能在架构层面可见。CPU 也要保证微操作的有序回退，要么取消它们的结果，要么把它们的结果提交到架构层。例如，当发生异常情况或者外部终端请求时，CPU 会在微操作回退过程中清空重排序缓冲区中所有未提交的结果。因此，CPU 可能会执行所谓的瞬态指令（指令执行的结果未被提交到架构层就被清空回退）。

乱序执行和预测执行产生的错误，包括其他情况下产生的 CPU 执行清空和回滚操作，会使预执行的指令失效，以保证程序在功能上的正确性。这些预执行的指令所处的状态叫作瞬态，我们把预执行过程称作瞬态执行。瞬态指令体现了程序的预期代码和数据路径中未经授权的计算。在瞬态执行过程中，就有可能出现敏感秘密信息泄露。虽然瞬态执行过程中产生的中间结果未被提交，信息在体系结构上是不可见的（例如，对开发者不可见），但是在微架构上是可见的（例如，这些信息会残留在 Cache/ 缓冲区等微架构中）。攻击者利用这种微架构下的信息泄露特性，通过特殊的渠道（例如，通过类似 Flush+Reload 攻击的方式由侧信道将敏感数据传输出去）获取 / 恢复这些泄露的信息的方式，称为瞬态执行攻击。泄露的信息可能包括密钥、口令、个人照片、电子邮件、即时消息甚至是关键业务文档。除了个人计算机，这些攻击还可以在移动设备和云服务器上进行。这些漏洞危害严重且影响范围广，因此引起了广泛关注。本节分别介绍 Meltdown、Spectre、Foreshadow、ZombieLoad 这 4 种攻击方式。

1. Meltdown

CPU 的乱序执行虽然提升了性能，但是从安全的角度来看存在以下问题：在乱序执行下，被攻击的 CPU 可以运行**未授权的**代码，从一个需要特权访问的地址上读出数据并加载到一个临时的寄存器中。CPU 甚至可以基于该临时寄存器的值执行进一步的计算，例如，将该寄存器存储的值作为索引来访问数组。虽然 CPU 最终会检测出异常访问，并回滚到指令执行之前的状态，但是乱序执行对 Cache 的影响不会被消除，观察这些 Cache 提供的侧信道信息便可以完成攻击。

Meltdown（熔断）就是借助微架构下的信息泄露特性进行攻击，它影响了几乎所有的 Intel CPU（从 1995 年起）以及部分 ARM CPU。通过 Meltdown，任何用户进程都可以攻破操作系统对内存地址空间的隔离，通过一种简单的方法读取内核空间的数据，这里就包括映射到内核地址空间的所有物理内存。Meltdown 并不利用任何软件漏洞，也就是说，它对所有操作系统版本都是有效的。

下面以简化版的 Meltdown 的攻击代码（如代码清单 4-1 所示）为例进行讲解。

代码清单 4-1　Meltdown 的简化攻击伪代码

```
1. void meltdown (uint8_t *oracle, uint8_t *secret_ptr){
2.     uint64_t secret = *(secret_ptr);// secret_ptr 是秘密信息的地址，非法操作
3.     secret = secret * 4096;
4.     uint64_t o = oracle[secret]; // oracle 为用户空间的数组，合法操作
5. }
```

理论上，由于当前用户无权限获取 secret_ptr，因此代码清单 4-1 的第 3 行代码和第 4 行代码应当无法正常执行。然而在实际的 CPU 运行中，为了达到更好的性能，第 3 行代码和第 4 行代码在异常处理生效之前会被部分执行，直到异常处理时 secret 和 oracle 数组被清零。虽然寄存器中没有留下关于 secret 的任何信息，但是会在微架构中留存 secret 相关的信息。我们来看第 4 行代码：如果 oracle[secret] 不在 Cache 中，CPU 会自动将对应的地址载入 Cache 中，以便之后访问时获得更好的性能，然而异常处理并不会将这个 Cache 清除掉。由于这条 Cache 的地址是和 secret 直接相关的，就相当于在 CPU 硬件中留下了和 secret 相关的信息。

接下来，由于 oracle 这个数组在用户地址空间内，就可以利用 Cache 的访问延时，采用 Flush+Reload 的攻击方式来还原 oracle[secret] 的地址：首先，确保 oracle 这个数组整体都没有被缓存；然后，按照代码清单 4-1 执行，这时 oracle[secret] 的对应地址就已经被缓存了；最后，遍历整个 oracle 数组来测量访问时间，通过判断哪个页访问时间最短就可以确定 oracle[secret] 所在的地址，进而确定 secret。这样 Meltdown 就攻破了进程间隔离机制，访问到了内核空间的数据。

Meltdown 目的是获取内核态的内存数据，在实际进行读取前，CPU 还需要将该秘密值对应的地址从虚拟地址转换为物理地址。由于攻击者使用的是自己用户空间的虚拟地址，即便不进行权限检查，也会在地址转换阶段出现问题。但是出于对硬件隔离机制的信任，Linux 等操作系统总是将整个内核地址空间以直接物理映射（direct physical map）的方式映射到每个用户进程的虚拟地址空间内。这样，虽然权限不足，用户态的攻击者仍然可以通过

自己的虚拟地址瞬时访问内核态秘密值对应的物理地址，从而发起 Meltdown 攻击。

2. Spectre

Spectre（幽灵）和 Meltdown 有相似之处，都利用了 Cache 侧信道来获取信息。Spectre 打破了不同应用程序之间的隔离，它允许攻击者欺骗没有软件漏洞的程序，获取其内存中的秘密信息。用户浏览器访问了含有 Spectre 恶意应用程序的网站，可能导致用户的账号、口令泄露。在公有云服务器上，Spectre 则可能打破界限，从一台虚拟机获取另一个虚拟机的数据。

相比于 Meltdown，Spectre 攻击更加复杂和难以操作，它不涉及 Meltdown 攻击中的特权提升，需要根据目标进程的软件环境定制。Spectre 影响了更多的 CPU，包括所有 Intel CPU 和 AMD CPU，以及主流的 ARM CPU。Spectre 也更加难以防御。

Spectre 攻击诱导受害者推测性地执行在正确的程序执行过程中不会发生的操作，并通过侧信道将受害者的机密信息泄露给攻击者。更具体地说，攻击者为了发起攻击，首先在进程地址空间内定位一段指令序列，当这个指令序列执行时，它就是一个隐蔽信道发送器，会泄露受害者的内存或寄存器内容。然后，攻击者诱导 CPU 推测性地（错误地）执行这段指令序列，从而通过隐蔽信道泄露受害者的信息。最后，攻击者利用与 Meltdown 类似的方法通过侧信道来还原受害者的秘密信息。

Spectre 攻击有两种变体，分别利用了条件分支和间接分支。第一种变体中，攻击者需要分支预测器错误地预测分支的方向，然后处理器推测性地执行正常情况下不会执行的代码，从而泄露攻击者所寻求的信息。代码清单 4-2 所示为 Spectre 的简化攻击代码。

代码清单 4-2　Spectre 的简化攻击代码

```
1. if (x < array1_size)
2.     secret = arr1[x];
3. y = arry2[secret];
```

1）在准备阶段，攻击者首先令 x<array1_size，使代码运行多次，分支预测器会期待下次的 x 也小于 array1_size，接着使用 flush 指令清空处理器的 Cache，以延迟分支判断。

2）攻击者设定 x 的值大于 array1_size 并运行程序。处理器在开始会"推测" x 小于 array1_size，执行其余代码。在内存地址 x 处含有攻击者想要的秘密数据，根据代码，程序将这一数据写入变量 secret；然后程序以变量 secret 的值作为内存地址，读取该地址的数据，并将读到的数据从主内存放入 Cache。

3）处理器意识到它不应执行这一分支，会清空寄存器中 secret 和 y 的值。但是攻击者通过访问每个 Cache 的地址，比较访问时间的差异，即可获取 secret 值对应的地址，secret 由此泄露。

攻击者利用这种方法可以通过可移植的 JavaScript 代码破坏浏览器沙箱。Spectre 的另一种变体针对间接分支跳转指令，这种指令可以跳转到更多的地方。该变体主要借鉴返回导向编程（Return-Oriented Programming，ROP）的思想，攻击者从受害者的地址空间中选择一个代码片段（gadget），并诱导受害者推测性地执行该 gadget。代码片段可能来自于受害者程序的二进制文件和操作系统的共享库。与 ROP 的不同之处在于，攻击者不会依赖代码中的漏洞，而是训练分支目标缓存器（Branch Target Buffer，BTB）错误地预测间接分支指令到 gadget 地址的分支，导致 gadget 的推测执行。当推测性执行的指令被丢弃时，它们对 Cache 的影响不会被恢复。攻击者可以利用和前述攻击中类似的 Cache 侧信道来提取信息。这种变体危害性更大，因为它能从不同的程序发起攻击。

3. Foreshadow

Foreshadow（预兆）又名 L1 Cache 终端故障（Level 1 Cache Terminal Fault，L1TF），是针对 Intel CPU 的预测执行攻击，可从 L1 Cache 中抽取信息。Foreshadow 本质上是利用 Intel 处理器中的预测执行错误，从 CPU Cache 中获取明文形式的秘密数据。由于 CPU 访问控制逻辑中的竞态状态，允许攻击者在回滚前以临时的瞬态指令的形式使用未经授权的内存访问结果。

Foreshadow 的基础版本针对 Intel SGX（Software Guard Extension，软件防护扩展）。相比于一般的内存，Intel SGX 对 enclave 内存的访问有更严格的权限控制。通常来说，如果从 enclave 外部对 enclave 内存发起读请求，处理器会立即检查出该次执行涉及受 enclave 保护的内存从而禁止本次预测，使得 Meltdown 攻击无法发挥作用。但是，如果敏感数据在 L1 Cache 中，预测执行将可以在权限检查之前使用这个数据，这就是 Foreshadow 发挥作用的原因所在。

Foreshadow 的基础版本不需要特殊权限便可从 L1 Cache 中提取目标数据。Foreshadow 的执行分为以下 3 步：

1）攻击者执行受害者的 enclave，以使明文形态的秘密值载入 L1 Cache。

2）解引用（dereference）秘密数据所在地址并执行瞬态指令序列，该指令序列将载入一个与秘密值相关的 oracle 数组条目（与代码清单 4-1 类似）。

3）攻击者重新载入 oracle 数组，采用类似 Meltdown 的方法，根据重载所需的时间来提取秘密值。

在第 2 步中，需要克服一个问题，即 SGX 在传统的基于页表的虚拟内存保护机制的基础上，实现了额外的硬件强制隔离层，解引用一个未经授权的 enclave 内存不会直接导致缺页错误，而是会导致 SGX 的终止页语义（abort page semantics），最终读取的数据会被 –1 代替，之后执行的瞬态指令只能看见数值 –1，而不是真正的 enclave 中的秘密数据。为了绕过终止页语义，Foreshadow 通过 mprotect 系统调用把对应的页表条目的"present"位置 0，这导致任何到该页的访问都会引起缺页错误，从而能够继续进行瞬态执行攻击。

另外一个问题是，任何 enclave entry/exit 事件将会刷新该处理器上的整个 TLB，这意味着在瞬态执行中访问 oracle 数组（见代码清单 4-1 的第 4 步）的操作将导致耗时的页表遍历。由于这需要相当长的时间，会超过攻击窗口的大小，最终导致无法传递任何秘密。为了克服这个限制，Foreshadow 显式地为 oracle 数组的每个地址都分别构造了 TLB 条目。

除了针对 SGX 的 Foreshadow-SGX 版本，Foreshadow 还有一种针对虚拟机的 Foreshadow-VMM 版本，可使虚拟机内运行的客户操作系统读取其他客户操作系统或虚拟机监控器的敏感内存。

4. ZombieLoad

ZombieLoad（僵尸加载）是典型的微架构数据采样（Microarchitectural Data Sampling，MDS）攻击。在 ZombieLoad 攻击中，错误地加载指令，也就是僵尸加载（zombie load），可能会瞬态地在解引用之前被放入行填充缓冲区（Line Fill Buffer，LFB）中的非授权条目，从而发起类似于 Meltdown 的恶意攻击。

LFB 主要用于跟踪未完成的载入，当 CPU 在执行过程中遇到内存加载时，如果这次内存加载没有命中 L1 Cache，则需要使用一个 LFB 条目从内存中读取数据；当请求数据已经被载入，内存子系统将释放对应的 LFB。类似地，如果存储操作没有命中 L1 Cache 或者被从 L1 Cache 中逐出了，它们也将被临时存放在 LFB 条目中。然而，在复杂的微架构条件（例如出现故障）下，载入指令可能需要微码的协助，它可能在最后被发射前先读取一个 LFB 中的旧值，这就给 Meltdown 类攻击打开了一个瞬态执行的窗口，可以利用这个旧值发起类似 Meltdown 的攻击。

与 Meltdown 攻击不同的是，ZombieLoad 攻击并不能选定具体的攻击地址，只能泄露当前物理 CPU 核上之前读取或载入的数据。在 Intel CPU 上，由于 LFB 可以被物理核心的所有逻辑核心访问，因而 ZombieLoad 甚至可以获取其他逻辑核上之前读取或载入的值，从内核、虚拟机监控器中非授权地获取数据。ZombieLoad 攻击还可以在可防御 Foreshadow 攻击的处理器上获取 SGX enclave 的数据。

4.4　本章小结

本章主要介绍了三类密码软件实现可能面临的密钥安全威胁，分别是软件攻击、物理攻击和间接攻击。

首先，软件攻击指攻击者通过执行特定的恶意软件，从密码软件实现中获取密钥等敏感数据的攻击方式。按照攻击的成因进行划分，软件攻击可以分为三大类：操作系统的不完善会导致原本预想的进程隔离和内核隔离机制被破坏，攻击者可以跨越这些被破坏的隔离机制未授权地访问、篡改密钥数据；操作系统中存在着内存残余数据，包括未清零的动态内存获取机密数据以及交换分区、快照、休眠、核心转储、软件崩溃报告等功能产生的内存数据扩散，攻击者有可能从这些内存残余数据获得密钥等敏感信息；密码软件实现自身的漏洞可能导致密钥被非预期地泄露，从而危害密钥的安全。但是，这方面的软件攻击主要与软件实现技术相关，并不是本书重点考虑的问题。**本书重点关注前两种情况，即由于隔离机制被破坏或内存残余所导致的内存密钥数据泄露。**

其次，物理攻击是指攻击者与目标主机有物理接触，以实施更加有破坏性、更加普遍适用的攻击。这类攻击完全绕过了操作系统层面的保护，即使攻击者没有任何系统权限，也可以获取完整的内存映像。物理攻击利用 DRAM 芯片的延迟消失效应、计算机元器件和系统自身的特性来获取敏感数据。攻击者可以通过接触目标设备，通过冷启动、DMA 攻击的手段，非授权地直接获取内存芯片存储的敏感数据。

最后，介绍了间接攻击。间接攻击并不直接获取密钥本身，而是通过采集和分析密码算法在执行的过程中泄露的与密钥相关的信息（如功耗、电磁甚至声音）来推测密钥。此外，为了提升性能，CPU 会使用预测执行和乱序执行等技术，但是错误的推测执行或者乱序执行会在微架构层面（Cache、缓冲区等）留下"痕迹"，因此攻击者可以利用侧信道攻击等方法读取这些残存在微架构层面的秘密数据，Meltdown、Spectre、Foreshadow 和 Zombieload 是典型的基于 CPU 硬件漏洞的攻击。以上攻击虽然不是本书主要解决的安全威胁，但是从实际效果上来看，本书后续描述的部分密钥安全方案（如基于寄存器的密钥安全方案）可以保证密钥不在内存中出现，可以防范基于访问内存时间差异所导致的间接攻击。

这些潜在的软件攻击、物理攻击、间接攻击使得传统意义上依赖运行环境安全机制的密码软件实现面临着极大的密钥安全问题。为此，研究人员开始借助计算机体系结构的特点、新的指令扩展等来设计新型的密钥安全方案，以尽量防范这些潜在的攻击。本书接下来的章节将根据不同的技术路线来详细介绍这些方案。

参考文献

[1] 祝凯捷，蔡权伟，林璟锵，荆继武 . 密钥安全及其在虚拟化技术下的新发展 [J]. 密码学报，2016，3（1）：12-21.

[2] Yarom Y, Falkner K. FLUSH+ RELOAD: a high resolution, low noise, L3 cache side-channel attack[C]. 23rd USENIX Security Symposium. 2014: 719-732.

[3] Lipp M, Schwarz M, Gruss D, et al. Meltdown[J]. arXiv preprint arXiv:1801.01207, 2018.

[4] Kocher P, Horn J, Fogh A, et al. Spectre attacks: Exploiting speculative execution[C]. 2019 IEEE Symposium on Security and Privacy (SP). IEEE, 2019: 1-19.

[5] Van Bulck J, Minkin M, Weisse O, et al. Foreshadow: Extracting the keys to the Intel SGX kingdom with transient out-of-order execution[C]. 27th USENIX Security Symposium. 2018: 991–1008.

[6] Schwarz M, Lipp M, Moghimi D, et al. ZombieLoad: Cross-privilege-boundary data sampling[C]. ACM SIGSAC Conference on Computer and Communications Security (CCS). 2019: 753-768.

第 5 章 基于寄存器的密钥安全方案

在传统的密码软件实现中，密钥的安全性依赖于计算机操作系统提供的进程隔离和访问控制机制。然而，在计算机系统中，许多软件攻击和物理攻击可以绕过操作系统的安全机制，进而窃取内存中的密钥数据。例如，冷启动攻击是最为典型的物理攻击，它可以利用内存芯片的数据延迟消失效应直接读取密钥。

因此，研究人员开始考虑如何不使用内存（memory-less），仅在处理器内部（CPU-bound）实现密码算法。基于这种思路，研究人员最先想到的是使用寄存器来存储密码计算过程中的密钥，因为寄存器位于处理器内部，而且是读写最快且直接参与处理器计算的存储器，这样一方面可以保证密钥等敏感数据只出现在寄存器中，而不会出现在内存上，从而有效抵抗冷启动攻击，在一定程度上还可以缓解软件攻击。另一方面，它的实现方式直接有效，对性能的影响也较小。

本章介绍两类基于寄存器实现的密钥安全方案，分别用于实现对称密码算法和公钥密码算法，以抵抗冷启动攻击。基于寄存器的对称密码算法实现方案的原理是选择并占用合适的特权寄存器用于存储对称密钥（例如，128 位的 AES 密钥），并且仅使用寄存器完成对称密码计算。公钥密码算法（例如，RSA-2048 算法）的密钥长度往往非常大，基于寄存器的公钥密码算法实现方案重点需要解决较长的密钥在存储期和计算期的安全问题：在存储期，一般采用"主密钥–工作密钥"两层密钥体系，其中主密钥是对称密钥，在特权寄存器中安全存储，用于加密工作密钥，而非对称密码算法的工作密钥存储由主密钥保护，在需要进行密码计算时再解密到寄存器中；在计算期，则要尽最大可能利用空间极其有限的寄存器资源来完成所有的密码计算工作。

5.1　方案的原理

冷启动攻击利用内存芯片的数据延迟消失效应，绕过操作系统的保护措施，从而直接读取内存芯片上未消失的密钥等敏感数据。解决冷启动攻击的思路之一是保证密钥数据始终只以明文形态存储在 CPU 寄存器上。由于明文形态的密钥数据只在 CPU 内部的寄存器上使用，不会在内存芯片上出现，因此冷启动攻击自然也不可能获得密钥数据。

基于寄存器的密钥安全方案使用汇编语言来实现密码算法，确保在密码计算期间，明文形态的密钥数据始终在寄存器上，不会作为内存空间上的数据变量参加密码计算。由于冷启动攻击不能窃取寄存器上的数据，因此这种方案可以有效抵抗冷启动攻击。在基于寄存器的密钥安全方案中，还需要考虑如下两方面的挑战：密钥的输入 / 初始化，以及密码计算任务挂起时的密钥数据存储。

基于寄存器的密钥安全方案可以直接用于实现对称密码算法。在计算机系统启动时，从用户输入的口令派生出密钥，并存储到指定的寄存器中，然后清除密钥初始化过程中残留在内存空间中的敏感信息。在密码计算任务挂起时，计算机系统中仅有上述的特定寄存器存储了密钥数据，其他任何位置（包括其他寄存器和内存空间）都不会出现明文形态的密钥或者密钥相关的敏感数据。同时，在每一次密码计算过程中，使用汇编语言专门实现的密码算法，确保计算期间密钥数据始终只在寄存器上。

基于寄存器的密钥安全方案也可以用来实现公钥密码算法。相比于对称密码算法中的对称密钥（例如，AES 算法的密钥是 128 位、192 位或 256 位），公钥密码算法中的私钥需要占用更大的存储空间，例如，RSA-2048 算法如果利用中国剩余定理加速，则私钥需要占用约 896 字节，所以应该采取密钥加密密钥（Key Encryption Key，KEK）的方式，先实现基于寄存器实现的对称密码算法来保护 KEK，私钥则使用 KEK 加密后存储在内存中。在每一次公钥密码计算过程中，先利用 KEK 解密得到私钥，然后使用私钥完成公钥密码计算。上述的对称密码算法和公钥密码算法都应该使用汇编语言专门实现，确保密码计算期间密钥数据始终在寄存器上。

5.2　安全假设和安全目标

基于寄存器的密钥安全方案对于攻击者有如下的假设：

❑ 攻击者可以对运行密码算法的计算机系统发起冷启动攻击，获得内存芯片上的全部数据。

❑ 进一步，假设攻击者在该计算机上具有普通用户权限，但是没有操作系统的 root 管理员权限，也就是说，在计算机系统上有恶意的用户态进程。

❑ 同时，假设操作系统按照预定设计运行，攻击者不能利用操作系统漏洞来非授权地访问内核地址空间的数据。也就是说，需要假设攻击者不能恶意地篡改操作系统内核代码。

❑ 在密钥初始化的过程中不存在攻击。由于密钥初始化只在系统启动过程中执行一次，因此这一假设是合理可行的。

基于寄存器的密钥安全方案的主要目标是在 CPU 的寄存器上实现对称密码算法（例如，AES 算法）或者公钥密码算法（例如，RSA 算法），使得 AES 算法的密钥 / 轮密钥、RSA 算法的私钥以及各种敏感中间状态数据都不会以明文形态出现在内存芯片上，从而抵抗冷启动攻击。仅仅使用寄存器完成密码计算，存在以下技术挑战：

1）密码计算的相关变量不允许存放在堆栈以及其他内存数据段中，这给密码计算的实现带来了困难。在实现过程中，需要仔细确认，以避免敏感信息泄露到内存中。

2）寄存器资源是计算机系统中访问速度最快的存储资源，数量非常有限，而且系统中的进程任务都依赖寄存器资源完成高速的数据计算和处理。因此，如何在有限的寄存器资源中长期保存密钥而不影响系统整体性能，是基于寄存器的密钥安全方案需要考虑的重要问题。

3）基于寄存器的密钥安全方案需要精准地操作各个寄存器，而高级语言并不能显式地调用某个寄存器，因此必须利用汇编语言实现，这也给密码算法的实现带来了一定难度。

针对这些技术挑战，研究人员利用各种 CPU 寄存器和指令集实现了多种基于寄存器的密钥安全方案，完成了不同的原型系统。接下来，我们将详细介绍这些方案。

5.3　基于寄存器的对称密码算法实现方案

2011 年，TRESOR 和 Amnesia 分别在 Linux 操作系统上实现了基于寄存器的密钥安全方案，以解决传统密码软件实现中存在的冷启动攻击等密钥安全问题。这两个方案的技术思路类似，都是不使用内存仅利用寄存器实现对称密码算法，但是它们在具体方法上有一些区别：TRESOR 使用 Intel CPU 的 AES-NI（AES New Instruction, AES 新指令）进行 AES 计算，密钥长期存储在调试寄存器（DR）中；Amnesia 则自行编写 AES 汇编代码实现，使用通用寄存器完成 AES 算法，密钥长期存储在模块特殊寄存器（Model-Specific Register, MSR）中。

5.3.1　方案设计

基于寄存器的对称密码算法实现方案有以下考虑：

1）它不能运行在用户态，否则，当用户态进程被调度挂起后，进程任务的上下文（包括各种寄存器的内容）都会被交换到内存中，然后攻击者就可以利用冷启动攻击获得密钥。

2）存储密钥的寄存器不能被非特权的用户态进程读取、修改或访问，否则，攻击者就可以通过恶意的用户态进程获得密钥。

3）在密钥初始化之后，存储对称密码算法密钥的特权寄存器在计算机系统运行期间内容不能再变化，也不能用于其他用途。为了尽量减少对计算机系统正常功能的影响，通常只在特权寄存器中存储主密钥（按照当前的安全强度要求，至少 128 位），但不存储轮密钥等其他数据。

综合以上考虑，基于寄存器的对称密码算法实现方案设计如下：

1）密码算法实现运行在内核态，一方面可以使用特权寄存器来存储密钥，另一方面可以在密码运算时禁用调度和中断，避免进程任务上下文被交换到内存中。

2）在操作系统启动阶段，读取用户输入的口令，派生出密钥，并存储到指定的特权寄存器中。然后，清除残留在内存空间中的敏感数据。密钥初始化是从外部向计算机系统输入密钥的过程，该过程只执行一次，必须假设该过程中没有攻击发生。

3）密钥初始化之后，存储主密钥的特权寄存器内容不再变化。同时，修改操作系统内核，禁止用户态进程读取、修改或访问存储密钥的特权寄存器，也禁止其他内核态进程修改密钥。

4）每一次对称密码算法的加密或解密计算都先禁用调度和中断以保证计算的原子性，然后进行密钥编排（key schedule）扩展生成轮密钥，再进行加密或解密计算。输出计算结果后，清除轮密钥等敏感中间状态数据，然后才启用调度和中断。在以上步骤中，密钥 / 轮密钥、密钥编排和加 / 解密计算过程中出现的密钥相关敏感信息只能出现在寄存器上，不能出现在内存空间中。而且，由于以上步骤计算过程处于不可调度、不可中断的状态，使用非特权的通用寄存器完成密码计算也是安全的。

图 5-1 给出了基于寄存器的对称密码算法实现方案的系统架构。需要说明的是，口令派生密钥的方式主要是出于用户便利性考虑，也可以利用外部硬件存储介质直接导入密钥。

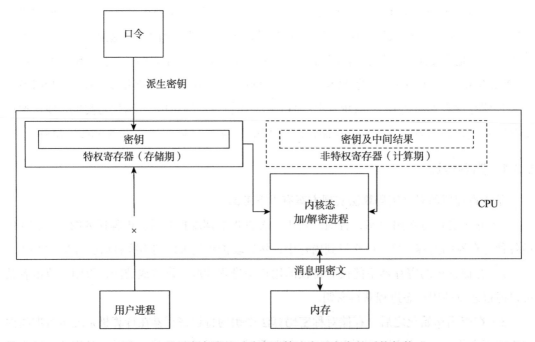

图 5-1 基于寄存器的对称密码算法实现方案的系统架构

1. 密钥长期存储寄存器

密钥长期存储寄存器的选择是方案的重点。相比于计算期临时使用的寄存器，密钥长期存储寄存器面临的攻击面更广，因此需要更为细致的考虑。

1）从系统兼容性角度考虑，所占用的寄存器不能严重影响计算机系统整体运行。一方面，只能占用较少的寄存器资源，为其他进程留有足够的使用空间；另一方面，占用的寄存器资源不会破坏系统的兼容性，例如，如果经常使用的通用寄存器被占用，其他任务肯定会受到影响，甚至造成系统无法正常运行。

2）从密钥安全性角度考虑，所占用的寄存器应该是特权资源，不能被用户态进程访问。调试寄存器和模块特殊寄存器是典型的特权资源，运行在 Ring 3 层的用户态进程无法直接访问，只能通过系统调用间接访问。

3）从寄存器的可用空间角度考虑，寄存器需要有足够的空间存放 AES 密钥，例如 AES-128/192/256 分别需要至少 128/192/256 位的空间。

基于以上考虑，TRESOR 方案和 Amnesia 方案分别使用了调试寄存器和模块特殊寄存器（MSR），用来存储 AES 密钥（128/192/256 位）。

调试寄存器用于控制进程的调试操作。调试寄存器由以下寄存器构成：4 个调试地址寄存器 DR0~DR3、调试状态寄存器 DR6、调试控制寄存器 DR7，以及 DR4 和 DR5（被保留或分别作为 DR6 和 DR7 的别名寄存器）。其中，可供自由配置的寄存器只有调试地址寄存器 DR0~DR3。DR0~DR3 这 4 个寄存器足够存储 AES 密钥：在 32 位系统中，4 个调试寄存器的存储空间为 $4 \times 32 = 128$ 位，可以存储 AES-128 密钥；在 64 位系统中，存储空间为 $4 \times 64 = 256$ 位，足以存放 AES-256 密钥。

MSR 主要用于设置或者读取系统的工作状态，例如温度、频率、性能监控等，它包括多个寄存器，每一个 MSR 寄存器都有相应的 MSR 寄存器地址。Amnesia 方案占用了 x86-64 MSR 的性能计数（performance counter）寄存器来存储 AES-128 密钥。性能计数寄存器的用途是为系统的性能分析提供底层硬件支撑。

调试寄存器和 MSR 都是特权寄存器，非特权的用户态进程不能读取、修改和访问。调试寄存器是 Ring 0 层的特权资源，运行在 Ring 3 层的用户态进程无法直接访问调试寄存器，只能通过系统调用，例如 ptrace。只要对 ptrace 进行处理、安装操作系统补丁，就可以保证用户态进程无法通过系统调用访问调试寄存器。同时，也需要保证其他内核代码不使用调试寄存器。类似地，对于 MSR 中的性能计数寄存器，需要在操作系统内核中禁用相应的硬件性能监控，以及避免其他用户态代码和特权代码使用 MSR 性能计数寄存器。

2. 密钥初始化

密码软件实现本身无法长期存储密钥，因此需要在计算机系统外长期存储密钥，并在系统启动时将密钥初始化至密钥长期存储寄存器中。考虑到兼容性和易用性，一种可行的方法是利用口令派生密钥：在系统启动时，直接由用户输入口令，利用 PBKDF（基于口令的密钥派生函数）等算法派生出密钥，然后存储在密钥长期存储寄存器中。

这种情况下，在系统启动阶段，用户口令和密钥会不可避免地出现在内存中，因此，一旦密钥复制到密钥长期存储寄存器之后，就要把所有曾用到的内存数据全部清零和覆盖。上述的密钥初始化操作需要在启动用户态进程之前完成，以保证恶意用户态进程没有机会窃取内存中的口令和密钥数据。在密钥复制到密钥长期存储寄存器之后，操作系统再启动各种用户态进程。对于多核 CPU，需要在初始化阶段将密钥分别复制到每个 CPU 核的密钥长期存储寄存器上。

在系统睡眠状态（ACPI S3 状态[一]），CPU 停止供电，CPU 中包括寄存器信息在内的所有运行状态都要保存到内存中，因此还需要通过内核补丁等方式禁止将存储在密钥长期存储寄存器的密钥复制到内存。因为 CPU 寄存器中的密钥被清零，所以在系统睡眠恢复后，应该再次执行密钥初始化、重新输入密钥。与启动过程中的密钥初始化类似，睡眠恢复过程的密钥初始化也需要在用户态进程还未恢复时直接在内核态完成。

3. 加 / 解密计算过程

基于寄存器的密钥安全方案旨在抵御冷启动攻击等针对内存数据的攻击，因此各种变量（尤其是 AES 密钥和轮密钥）不能存放在栈、堆以及其他数据段中，而只能使用寄存器。因此，除了存储 AES 密钥的调试寄存器或者 MSR 等特权寄存器，还需要非特权寄存器临时存储轮密钥和其他中间变量。由于高级语言不支持对寄存器的直接使用，因此需要使用汇编语言来实现加 / 解密计算。

在计算过程中，存储在非特权寄存器（例如通用寄存器和 XMM 寄存器）中的 AES 轮密钥和中间变量等敏感数据，有可能因为任务切换而泄露到内存上。操作系统在进行任务调度和状态切换时，需要保持任务的上下文，这样各种非特权寄存器中的数据就被作为上下文数据自动保存到内存中。所以，应该保证加 / 解密操作的原子性。考虑到 AES 加密以分组为单位，原子操作也以一个 AES 加密分组为单位。在该原子操作中，禁用任务调度和中断；在结束原子操作前，清除各个存储 AES 轮密钥和中间变量的寄存器内容，防止上下文切换时敏感数据泄露到内存。

在常规的 AES 算法实现中，出于效率考虑，会预先生成轮密钥并保存，在每一轮加 / 解密计算时不再重新计算轮密钥。但是，由于特权寄存器不足以长期保存全部轮密钥，只能在每一轮加 / 解密时生成轮密钥。

5.3.2　系统实现

在系统方案实现中，需要考虑如下内容：密钥长期存储寄存器的保护、仅使用寄存器实现 AES 算法、加 / 解密操作的原子性以及支持多密钥的密钥体系。

[一] ACPI（Advanced Configuration and Power Management Interface，高级配置和电源管理接口）的 S3 状态即挂起到内存（Suspend to RAM）。

1. 密钥长期存储寄存器的保护

TRESOR 和 Amnesia 分别选择使用调试寄存器和 MSR 寄存器作为密钥长期存储寄存器，接下来的一项重要工作就是保证除了加 / 解密计算任务之外的其他进程都不会访问密钥长期存储寄存器。

首先，需要保证用户态进程不能直接访问特权寄存器。考虑到用户态进程需要通过操作系统的系统调用来访问特权寄存器，因此可以通过修改系统调用对其进行屏蔽。例如，对于调试寄存器，用户态进程只能通过 ptrace 系统调用的函数 ptrace_set_debugreg 和 ptrace_get_debugreg 间接访问调试寄存器，那么就可以通过修改这些系统调用以限制用户态进程对调试寄存器的访问；又例如，对于 MSR 的性能计数寄存器，需要禁用性能计数功能。当然，以上的保护措施需要安装操作系统补丁或者是启用内核权限的功能禁用配置。

其次，需要保证正常的内核态进程（例如 ACPI S3 状态和性能监控）也不能直接访问特权寄存器。对于调试寄存器，应修改内核函数 native_set_debugreg 和 native_get_debugreg 禁用内核态进程的访问；对于 MSR 性能计数寄存器，也需要禁用相应的功能，修改相应的内核代码。

2. AES 算法实现

TRESOR 和 Amnesia 采用不同的方式完成仅使用寄存器的 AES 算法实现：TRESOR 利用 Intel AES-NI 指令集，轮密钥和中间结果保存在 XMM 寄存器中；Amnesia 利用通用寄存器，使用基本的汇编指令实现了 AES 算法。

（1）利用 AES-NI 实现

Intel 处理器提供了专门的 AES-NI 指令集，实现了 AES 算法的硬件加速。具体指令如表 5-1 所示，这些指令的操作数都是寄存器。

表 5-1　AES-NI 指令集

指令	作用
aesenc	执行一轮 AES 加密
aesenclast	执行最后一轮 AES 加密
aesdec	执行一轮 AES 解密
aesdeclast	执行最后一轮 AES 解密
aeskeygenassist	生成 AES 轮密钥

aesenc、aesenclast、aesdec、aesdeclast 指令需要 AES 状态和 AES 轮密钥两个 128 位的寄存器作为操作数，操作数存放在 XMM 寄存器中。64 位 Intel 处理器共有 16 个 128 位的 XMM 寄存器，分别是 XMM0~XMM15，AES 状态和 AES 轮密钥可以存放在 XMM 寄存器中。例如，使用 XMM1~XMM10 分别存储 AES-128 的 10 轮 AES 轮密钥，XMM15 存储 AES 状态；每次执行加 / 解密指令之后，状态自动更新在 XMM15 中。AES-192 和 AES-256 的加 / 解密轮数分别是 12 轮和 14 轮，可以使用 XMM1~XMM14 存储轮密钥。

AES 计算的另一个部分是进行密钥的编排，可以直接使用 aeskeygenassist 指令完成只需要寄存器的 AES 密钥编排：每一次执行 aeskeygenassist 指令需要至少 2 个 128 位的寄存器分别存储上一轮的轮密钥和本轮的轮密钥。这样，TRESOR 的密钥编排在使用了 XMM1~XMM10 分别存储 AES-128 的 10 轮 AES 轮密钥之外，只需要额外使用 XMM14 来存储临时变量。

（2）利用基本汇编指令实现

Amnesia 利用 x86-64 汇编语言在通用寄存器上实现了 AES 算法。首先，Amnesia 逐轮计算生成轮密钥，轮密钥存储在两个 64 位寄存器 R9 和 R12 中。考虑到 AES 算法的 128 位分组按照 4×4 排列，分为 4 组可以较好地并行，以充分发挥超标量处理器的并行优势，因此在加 / 解密过程中，使用 4 个 32 位寄存器存储明文和密文，每一轮计算，128 位的明 / 密文在工作寄存器组 1（EAX、ECX、R10D、R11D，分别是 RAX、RCX、R10 和 R11 的低 32 位）和工作寄存器组 2（EBX、EDX、R14D、R15D，分别是 RBX、RDX、R14 和 R15 的低 32 位）中计算。R8、R13、RDI、RSI 作为临时变量寄存器。具体的寄存器使用情况参见表 5-2。

表 5-2　Amnesia 第 1~2 轮的寄存器使用情况[⊖]

	工作寄存器组 1				工作寄存器组 2				轮密钥寄存器		临时寄存器			
	RAX	RCX	R10	R11	RBX	RDX	R14	R15	R9	R12	RDI	RSI	R8	R13
生成第 1 轮轮密钥	C0	C0	C0	C0	K0/K1	K0/K1	K0/K1	K0/K1	—	—	T	T	—	—
备份密钥	C0	C0	C0	C0	K1	K1	K1	K1	K1	K1	—	—	—	—
执行第 1 轮加密	C0/J	C0/J	C0/J	C0/J	K1/C1	K1/C1	K1/C1	K1/C1	K1	K1	T	T	T	T
恢复密钥	K1	K1	K1	K1	C1	C1	C1	C1	—	—	—	—	—	—
生成第 2 轮轮密钥	K1/K2	K1/K2	K1/K2	K1/K2	C1	C1	C1	C1	T	T	—	—	—	—
备份密钥	K2	K2	K2	K2	C1	C1	C1	C1	—	—	—	—	—	—
执行第 2 轮加密	K2/C2	K2/C2	K2/C2	K2/C2	C1/J	C1/J	C1/J	C1/J	K2	K2	T	T	T	T
恢复密钥	C2	C2	C2	C2	K2	K2	K2	K2	—	—	—	—	—	—

3. 原子性

当进行上下文切换时，CPU 会将当前运行进程的上下文（包括各种寄存器内容）保存到内存中，再将新进程的上下文载入 CPU。为了防止密钥等敏感信息被交换到内存中，就需要保证加 / 解密计算过程不被抢占和中断。Linux 内核提供了 preempt_enable() 和 preempt_disable() 分别用于启用和禁止内核抢占。

同时，原子操作开始之前，还必须关闭中断，避免中断服务程序将寄存器中的密钥数据存储到内存上；在原子操作结束时，再开启中断。在 Linux 系统中，可以通过 local_irq_

⊖　A/B：A 为计算过程的输入，而 B 为计算过程的输出；C#：第 # 轮的密文；K#：第 # 轮的密钥；T：临时变量；J：无用数据。

save() 和 local_irq_restore() 完成中断禁用和启用。进一步,对于不可屏蔽中断,就只能通过修改中断服务程序来避免寄存器中的密钥数据被扩散到内存上。

4. 多密钥支持

上文所述的密钥长期存储寄存器只能存储 128/256 位的 AES 密钥。但在特定应用场景中,需要考虑多密钥支持,例如,Amnesia 用于全磁盘加密系统时,不同卷需要使用不同的 AES 密钥。对于这个需求,常用的方法是采用"主密钥 – 子密钥"的方式构建密钥体系(如图 5-2 所示),主密钥存放在特权寄存器中,作为密钥加密密钥(KEK),子密钥经主密钥加密后可存放在内存或者硬盘上。使用时,在寄存器中解密得到子密钥后再用于数据加 / 解密。

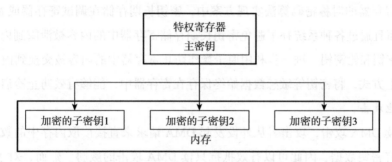

图 5-2 利用"密钥加密密钥"实现的多密钥支持方案

此外,还可以通过密钥派生的方式实现多密钥支持,即从特权寄存器中的主密钥派生出各个子密钥。它的优点是子密钥在计算过程中实时派生,不需要额外存储。但是,子密钥由主密钥控制生成,不适用于 RSA 等算法使用的具有特定数学结构的密钥。

5.3.3 结合虚拟机监控器的实现

基于寄存器的密钥安全方案,需要使用和操作特权寄存器,适用于开源操作系统。对于 Windows 等闭源操作系统,它的实现就存在障碍了。为此,TRESOR 的研究团队提出了 TreVisor,结合 TRESOR 和轻量级虚拟机监控器 BitVisor,在虚拟机监控器中实现了基于寄存器的 AES 加 / 解密计算,从而能够在闭源操作系统中使用基于寄存器的密码软件实现。

在虚拟机监控器中实现基于寄存器的对称密码算法时,应该选择仅在 Ring –1 模式(虚拟机监控器)可以访问的寄存器中存储 AES 密钥,来保证即使在虚拟机操作系统的 Ring 0 模式下也无法访问该密钥。但是,现有 Intel 处理器并没有这样的寄存器。所以,TreVisor 仍然选择使用调试寄存器,同时利用虚拟机监控器的虚拟机执行控制(VM execution control)机制,使得虚拟机操作系统无法使用和访问调试寄存器。

❑ 截获 CPUID 指令,向虚拟机返回结果表示不支持硬件调试功能。

❑ 截获 CR4 寄存器的控制,不允许启用硬件调试功能。

❑ 利用 MOV-DR exiting 事件控制,每次 MOV 指令访问调试寄存器,都导致虚拟机退出到 Ring −1 状态。

通过以上控制，调试寄存器事实上成为虚拟机监控器专用的 Ring −1 特权寄存器。由于虚拟机操作系统无法访问调试寄存器，即使攻击者获得虚拟机操作系统的内核权限，也不能访问密钥长期存储寄存器，所以 TreVisor 进一步提高了 TRESOR 方案的安全性。

5.3.4　实现评估

本节从安全性和性能方面对基于寄存器的对称密码算法实现方案进行评估。

1. 安全性分析

（1）冷启动攻击

在基于寄存器的对称密码算法实现方案中，密钥长期存储在调试寄存器或 MSR 等特权寄存器中，而且通过各种系统补丁避免密钥长期存储寄存器中的内容被泄露到内存。对于计算期使用的密钥和轮密钥，进一步利用原子操作防止寄存器中的内容被交换到内存。

通过以上方式，将密钥等敏感数据始终保存在寄存器中，能够有效防止冷启动攻击。

（2）其他攻击

对于只读 DMA 攻击，攻击者从外设发起 DMA 请求来直接读取内存中的数据。由于内存中并不会有密钥数据，因此可以有效抵抗只读 DMA 攻击的威胁。然而，对于读写 DMA 攻击，攻击者可以利用 DMA 请求在操作系统内核中注入可恶意执行代码，进而执行恶意代码访问特权寄存器中的密钥，因此该方案只能防范只读 DMA 攻击，无法防范读写 DMA 攻击。

对于用户态攻击者发起的软件攻击，由于密钥数据只在内核态出现，因此用户态权限的软件攻击无效。而且，从用户态访问密钥长期存储寄存器的系统调用也已经由操作系统补丁禁用。对于内核态的软件攻击，如果攻击者仅仅运行内核态已有的可执行代码，由于操作系统补丁的限制，攻击者仍然不能获得密钥数据。但是，如果攻击者可以通过安装可装载内核模块（Loadable Kernel Module，LKM）或访问 /dev/kmem 来改变内核可执行代码，就可以在内核态运行任意恶意代码、获得密钥数据。

对于常见的侧信道攻击，基于寄存器的方案也能够有效提升密钥安全。首先，因为不使用内存实现密码算法，所以不会受到基于 Cache 的侧信道攻击。其次，无论是利用 AES-NI 的实现，还是利用基本汇编指令的实现，都可以做到无密钥相关的跳转，可以抵抗计时侧信道攻击。

2. 性能评估

对于使用 AES-NI 的算法实现，由于 CPU 硬件指令加速，计算性能优于常规的密码软件实现，CPU 硬件指令加速带来的性能提升甚至可以抵消每一分组都要进行密钥编排的代价。此外，禁用调度和中断还可以进一步提升计算性能。但对于使用基本汇编指令的实现，其性能明显低于常规的密码软件实现，主要性能消耗在于分层的密钥结构和需要实时在线的密钥编排计算。

5.4　基于寄存器的公钥密码算法实现方案

利用寄存器实现对称密码算法的原理简洁，能够有效提高密钥安全性。但是，基于寄存器的公钥密码算法实现难度就要大得多了，因为公钥密码计算需要占用更大的空间，包括私钥以及大量中间计算结果，例如，不可能将 RSA-2048 算法的 2048 位私钥直接存放在特权寄存器中。

2013 年和 2016 年，PRIME 和 RegRSA 分别实现了基于寄存器的 RSA 公钥密码算法，来抵抗冷启动攻击。以下具体介绍这两个方案。

5.4.1　方案设计

基于寄存器的公钥密码算法实现方案在技术思想上与 TRESOR 等基于寄存器的对称密码算法实现方案没有本质的区别，其最大的区别在于需要利用两层密钥体系，即"AES 主密钥 –RSA 私钥"的方式，来进行 RSA 私钥的长期存储。

对于 AES 主密钥可以借鉴 TRESOR 和 Amnesia 类似的方式，将其存储在调试寄存器等特权寄存器中；而 RSA 私钥则利用 AES 主密钥加密后存储在外部存储器（可以是内存、硬盘甚至是 U 盘等外部存储介质中）。在计算过程中，需要从外部读取加密的 RSA 私钥，对 RSA 私钥进行解密，再利用该 RSA 私钥进行私钥解密或签名操作。需要注意的是，涉及敏感信息明文的计算过程应该完全在寄存器中完成。相比于 RSA 公钥密码计算，AES 密码计算的计算消耗可以非常小，如果在 AES-NI 指令集的加速下，其消耗甚至忽略不计，因此这样的密钥层次化设计并不会给整体方案带来严重的性能影响。

和基于寄存器的对称密码算法实现方案相似，包括用于解密 RSA 私钥的 AES 解密过程和 RSA 计算过程都在内核态中实现。具体方案如图 5-3 所示。

1）初始化：采用 TRESOR 等方法进行口令派生算法计算 AES 主密钥，并将 AES 主密钥安全存储在特权寄存器中。

2）RSA 私钥解密：在从内存中接收到 RSA 计算请求时，从外部读取加密的 RSA 密钥，利用 TRESOR 实现的安全计算方式在 CPU 中将 RSA 私钥进行解密，并将明文形态的 RSA 私钥临时存放在寄存器上。

3）RSA 计算：在通用寄存器上完成 RSA 计算过程。考虑到 RSA 计算过程中涉及的变量过于庞大，可以在计算过程借助内存作为临时存储空间，但是必须保证出现在内存中（哪怕是短暂出现）的变量不会泄露密钥信息。

基于寄存器的公钥密码算法实现方案最大的挑战在于如何仅利用寄存器完成涉及大量中间变量的 RSA 计算。针对这一挑战，PRIME 和 RegRSA 采用了两种方式，PRIME 选择完全使用寄存器进行 RSA 计算；而 RegRSA 则利用 AES 主密钥额外创造了一块安全的内存空间，这块额外的空间使得一些常见的"空间换时间"的 RSA 计算优化算法也能发挥作用。

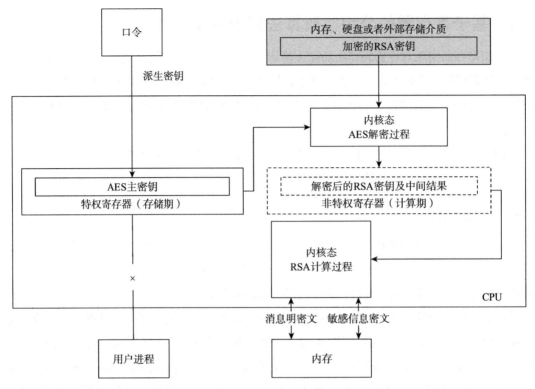

图 5-3   基于寄存器的公钥密码算法实现方案

1. 全寄存器实现

目前被认为安全的 RSA 算法需要至少 2048 位（256 字节）的私钥 d，在 x86-64 架构下，即便使用所有的 16 个 64 位（共计 1024 位）通用寄存器也无法容纳，更不用说大量的中间计算结果，这时不得不使用一些其他的寄存器。

AVX 指令集的 16 个 256 位 YMM 寄存器提供了 $16 \times 256 = 4096$ 位的存储空间[⊖]，加上 MMX 指令集提供的 8 个 64 位 MM 寄存器以及 16 个 64 位通用寄存器，累计 5632 位可用存储空间，而且同种寄存器之间、3 种不同的寄存器之间，都有指令可以直接交换数据（具体指令参见第 2 章关于寄存器的相关内容）而不通过 Cache 或内存。这些空间足够 RSA-2048 算法的实现。

但是这些寄存器的空间并不富余，不足以支撑中国剩余定理（具体技术细节参见第 1 章关于 RSA 的介绍）、窗口技术等常见的 RSA 优化技术。对于 CRT 算法，仅仅 CRT 私钥 $(d, p, q, d \bmod (p{-}1), d \bmod (q{-}1), q^{-1} \bmod p)$ 就需要 $3.5 \times 2048 = 7168$ 位存储空间；而对于窗口技术，根据窗口大小，需要若干个 2048 位的预计算表项，这也无法在寄存器中

⊖ YMM 寄存器替代了 SSE 指令集使用的 128 位 XMM 寄存器，它将 XMM 寄存器视作相应 YMM 寄存器的低位部分，因此不能同时使用 XMM 和 YMM 寄存器。

容纳。因此，PRIME 没有使用 CRT 和窗口技术实现 RSA 计算过程，而是使用最为主流的 Montgomery 乘法完成底层的 2048 位模乘计算，然后利用基本的平方乘算法（square-and-multiply）计算 2048 位模幂。

2. 寄存器 + 内存加密

由于寄存器的数量和空间太过于受限，直接寄存器实现 RSA 计算的方案无法支持 CRT、窗口等"空间换时间"的 RSA 加速手段，其密码计算的性能和常规实现相比将大大降低，例如，不采用 CRT 技术就将减少 75% 的性能。

为了尽可能使用常规的 RSA 加速技巧，需要在寄存器之外开辟其他的存储空间。考虑到在特权寄存器中存放了 AES 主密钥，赵原等研究人员提出了 RegRSA，利用 AES 主密钥在内存上构建一块安全的加密空间，在这些安全的内存空间内临时存放中间变量用于计算。

RegRSA 的结构从高层到底层分为三层：RSA 层、模幂层和模乘层。图 5-4 说明了 RegRSA 的分层结构以及数据在寄存器缓冲区（register buffer）和内存中的存储情况。RegRSA 被集成到 Linux 内核中，以保证执行过程的原子性，并使其可以访问调试寄存器中的 AES 密钥。

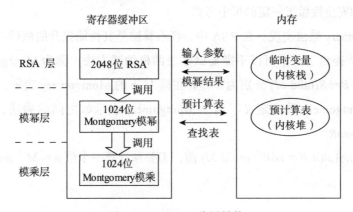

图 5-4　RegRSA 分层结构

1）模乘层实现了一个完全运行在寄存器缓冲区中的 1024 位 Montgomery 模乘，使用标量指令和通用寄存器进行计算，使用向量寄存器保存参数和部分中间变量，该层的计算完全独立完成，不需要借助（加密）内存。

2）模幂层使用固定窗口算法来计算 Montgomery 模幂。首先预计算固定窗口查找表，该查找表利用 AES 加密并保存在内核堆中，然后根据幂指数在预计算表中查找预计算值，读取到寄存器中并解密。CRT 方法需要通过计算两个 1024 位 Montgomery 模幂来计算 2048 位 RSA。完成第一个模幂后，RegRSA 将计算结果加密保存在内核栈中，再计算第二个模幂。

3）RSA 层利用模幂层实现的两个模幂结果和 CRT 参数，利用 CRT 算法最终计算出 RSA 的结果。

RegRSA 在内存上创建了一块加密区域，计算过程中所有在内存中的敏感数据都是使用

AES 加密的。AES 实现的方法与 TRESOR 类似，AES 密钥保存在调试寄存器中，只能在内核态访问。由于 RSA 中最频繁的 Montgomery 模乘计算不需要与内存交换数据，所以 AES 执行的次数很少，AES 加 / 解密造成的性能损失不大。

5.4.2　系统实现

本小节根据方案设计，重点阐述实现中最为重要的两个部分：RSA 算法实现，主要介绍仅使用寄存器和"寄存器 + 加密内存"两种 RSA 算法实现方式；原子性运行，主要介绍如何使用 Linux 提供的机制保证 RSA 实现不被中断，保证寄存器中临时存储的私钥不被泄露到内存中。

1. RSA 算法实现

以下分别介绍全寄存器和"寄存器 + 加密内存"这两种 RSA 算法的实现方式。

（1）全寄存器实现

PRIME 采用的是全寄存器实现的方式在 CPU 上实现 RSA-2048 加密算法。PRIME 的 RSA 实现主要分为 Montgomery 乘法实现和模幂实现两个层次；此外，PRIME 在实现时还对寄存器资源和安全性做了一定的折中考虑。

1）Montgomery 乘法实现。在 RSA 中，模乘算法是其性能提升的瓶颈。1985 年，Peter L. Montgomery[⊖]提出了一个可以不需要试除法的模约减方法，称为 Montgomery 乘法。令 $A=aR(\mathrm{mod}\ M)$，$B=bR(\mathrm{mod}\ M)$ 分别为 a 和 b 在模 M 下的 Montgomery 表示，其中 R 和 M 互素且 $M<R$。Montgomery 乘法定义了两个 Montgomery 表示数之间的乘法，$\mathrm{MonMul}(A,B)=ABR^{-1}\ (\mathrm{mod}\ M)=abR$。

在计算 $\mathrm{MonMul}(A,B)=ABR^{-1}\ (\mathrm{mod}\ M)$ 前，需要预计算一个值 $\mu=-M^{-1}\ \mathrm{mod}\ R$，执行过程如下：

① $S=A \times B$

② $q=S \times \mu\ \mathrm{mod}\ R$

③ $S=(S+q \times M)/R\ \mathrm{mod}\ M$

第 3 步中，由于特殊的构造，可以保证 $S+q \times M=S(1+M \times (-M^{-1})) \equiv 0\ (\mathrm{mod}\ R)$，即 $S+q \times M$ 可以被 R 整除，而 R 一般设定为 2 的幂，这样就可以用简单的移位操作完成；另一方面，$S+q \times M$ 也不会比 M 大太多，即 $\dfrac{S+q \times M}{R}<\dfrac{(M-1)^2+M^2}{M}=2M-2+\dfrac{1}{M}<2M-1$，因此第 3 步的"$\mathrm{mod}\ M$"运算可以很容易地利用减法完成。

在 RSA 实现过程中，因为 A 和 B 都是大整数（1024 位以上），而处理器的字长一般只有小于这个长度（64 位处理器的字长一般为 64 位），这样就需要将这些大整数进行拆分，利

⊖　Montgomery P L. Modular multiplication without trial division[J]. Mathematics of computation, 1985, 44(170): 519-521.

用多个字来表示，这种表示一般称为多精度（Multi-Precision，MP）表示。在 MP 表示之下，Koç 等研究人员[注]提出了多种计算方式，其中 CIOS（Coarsely Integrated Operand Scanning，粗粒度操作数扫描）是最为常用的实现方式，具体实现方式如算法 5-1 所示。

算法 5-1　Montgomery 乘法（CIOS 模式）

输入：奇数模 $M>2$，正整数 n，w 满足 $2^{wn}>M$，$\mu=-M^{-1} \bmod 2^w$，$R=2^{wn}$；被乘数 A，$0 \leqslant A \leqslant M$；乘数 $B=\sum_{i=0}^{n-1} b_i \cdot 2^{wi}$，$0 \leqslant b_i < 2^w$，$0 \leqslant B < M$；

输出：S=MonMul $(A, B)=ABR^{-1} \bmod M$

---

1. $S=0$
2. FOR $i=0$ to $n-1$ DO
3. 　　$S=S+A \times b_i$
4. 　　$q_i=((S \bmod 2^w) \times \mu) \bmod 2^w$
5. 　　$S=(S+M \times q_i)/2^w$
6. ENDFOR
7. IF $S>M$ THEN $S=S-M$

PRIME 算法利用算法 5-1 的 CIOS 模式，精细地操纵寄存器和内存完成了 Montgomery 乘法，如算法 5-2 所示。

算法 5-2　直接利用寄存器实现 Montgomery 乘法（CIOS 模式）

输入：奇数模 $M=\sum_{i=0}^{n-1} m_i \cdot 2^{wi}$，$0 \leqslant m_i < 2^w$ 正整数，$\mu=-M^{-1} \bmod 2^w$，$R=2^{wn}$；

被乘数 $A=\sum_{i=0}^{n-1} a_i \cdot 2^{wi}$，$0 \leqslant a_i < 2^w$，$0 \leqslant A < M$；

乘数 $B=\sum_{i=0}^{n-1} b_i \cdot 2^{wi}$，$0 \leqslant b_i < 2^w$，$0 \leqslant B < M$；

输出：S=MonMul$(A, B)=ABR^{-1} \bmod M$

---

1. $T=\sum_{i=0}^{n-1} t_i \cdot 2^{wi}=0$
2. FOR $i=0$ to $n-1$ DO
　　/* 计算 $S=S+A \times b_i$*/
3. 　　　　regH=0
4. 　　　　FOR $j=0$ to $n-1$ DO
5. 　　　　　　regL=$(t_j+a_j b_i+$regH$) \bmod 2^w$
6. 　　　　　　regH=$(t_j+a_j b_i+$regH$)/2^w$
7. 　　　　　　t_j=regL

[注]　Koc C K, Acar T, Kaliski B S. Analyzing and comparing Montgomery multiplication algorithms[J]. IEEE micro, 1996, 16(3): 26-33.

8.　　　　　ENDFOR

9.　　　　　regL=$(t_n+$regH$)$ mod 2^w

10.　　　　　regH=$(t_n+$regH$)/2^w$

11.　　　　　t_n=regL

12.　　　　　t_{n+1}=regH

/* 计算 $q_i=((S \bmod 2^w) \times \mu)\bmod 2^w$*/

13.　　　　　$q_i=t_0 \mu \bmod 2^w$

/* 计算 $S=(S+M \times q_i)/2^w$*/

14.　　　　　regL=$(t_0+q_i m_0)$ mod 2^w

15.　　　　　regH=$(t_0+q_i m_0)\ /2^w$

16.　　　　　FOR j=1 to n–1 DO

17.　　　　　　　　regL=$(t_j+q_i m_j+$regH$)$ mod 2^w

18.　　　　　　　　regH=$(t_j+q_i m_j+$regH$)\ /2^w$

19.　　　　　　　　t_{j-1}=regL

20.　　　　　ENDFOR

21.　　　　　regL=$(t_n+$regH$)$ mod 2^w

22.　　　　　regH=$(t_n+$regH$)/2^w$

23.　　　　　t_{n-1}=regL

24.　　　　　$t_n= t_{n+1}+$regH

25. ENDFOR

26. IF T>M THEN $S=T–M$ ELSE $S=T$

27. RETURN S

算法 5-2 在实现方面有几点需要说明：

❑ 上述算法中，由于使用的是 256 位的 YMM 寄存器，实际上 w=256，而实现的是 RSA-2048，因此 n=2048/256=8。regL 和 regH 分别是 256 位的 YMM 寄存器变量，主要用来承载单个乘加运算的低位位和高位位乘积；值得注意的是

$$t_j+a_j b_i+\text{regH}<2^w-1+(2^w-1)^2+ 2^w-1=2^{2w}-1$$

因此两个 regL 和 regH 完全足够容纳。

❑ "i 循环"中的每一轮实现的 $A \times b_i$ 是一个 "n 字 × 单字"的乘法，因此，需要 $(n+1)$ 个字来容纳乘积，而且每轮使用的累加和 T 就需要 $(n+1)$ 个字，这样乘积与累加和进行相加后还额外需要一个字来保存进位，因此累计需要 $(n+2)$ 个字。

❑ $S=(S+M \times q_i)/2^w$ 中的除以 2^w 的实现是通过直接移位赋值实现的，具体可参见算法 5-2 第 7 行和第 19 行的区别。

理论上来说，算法 5-2 中所有的中间变量，除明密文和一些公开参数外，都应该在寄存器中进行计算，但是由于寄存器资源有限，PRIME 做了一定的折中考虑，将部分不会严重影响安全性的中间计算结果存放在内存中，具体处理方法我们将在后续进行介绍。

2）模幂实现。通过 MonMul（A, B）可以很容易地实现 Montgomery 模幂，如算法 5-3 所示。

算法 5-3　利用平方乘算法实现的 Montgomery 模幂实现

输入：密文 $c=\sum_{i=0}^{n-1}c_i\cdot 2^{wi}$，私钥 $d=\sum_{i=0}^{k-1}d_i\cdot 2^i$，$k=wn$，$R=2^{wn}$

输出：$c^d \bmod M$

1.　result=1
2.　base=$cR \bmod M$
3.　FOR i=0 to k–1 DO
4.　　　IF d_i=1 THEN result=MonMul（result,base）
5.　　　base=MonMul（base,base）
6.　ENDFOR
7.　RETURN MonMul（base,1）

算法 5-3 有几点需要说明：

□ 该算法的基本原理是从低到高，逐位扫描幂指数（即私钥 d），当值为 1 时，将当前结果乘上 base 值；而 base 是一个不断平方的数值，第 i 轮循环开始时，base=$(cR)^i$，这样就在每轮循环中，完成幂指数中的单比特位模幂计算，并累计到中间结果 result 中。

□ 第 2 步中实现的是将密文 c 进行 Montgomery 化，除了直接计算 base=$cR \bmod M$，一种更为实用的方法是预先计算 $R^2 \bmod M$，然后利用 MonMul（c, R^2）=$cR^2 R^{-1}$ = $cR \bmod M$。这样做的好处在于预先计算的 $R^2 \bmod M$ 与具体的密文 c 无关，因此只需要为某一个 M 计算出 $R^2 \bmod M$，就可以适用于其他密文 c。

□ 算法最后一步的 MonMul（base,1）实现的则是将 Montgomery 形式的数转化为一般数，因为 MonMul（base,1）=base · 1 · R^{-1}=base · $R^{-1} \bmod M$。

3）安全性的折中考虑。在理想状态下，按照基于寄存器密钥安全方案的安全目标，算法 5-2 和算法 5-3 中涉及的所有敏感变量都应该在寄存器中完成，但是在实际实现的过程中，存在寄存器资源不足的问题，以下是 RSA-2048 所涉及的变量对于寄存器的需求。

①模幂计算过程涉及的变量包括：

□ 2048 比特的私钥 d，需要使用 8 个 YMM 寄存器。
□ 2048 比特的中间计算结果 result，由于包含了与私钥相关的部分中间计算结果，可以降低敌手猜测密钥的难度，因此也需要保护；它需要使用 8 个 YMM 寄存器。

❑ 密文 c 和公开模数 m 本身不需要保密，可以公开。

❑ 中间计算结果 base，与私钥无关，可以存放在内存中。

② Montgomery 乘法过程中的中间变量包括：

❑ 中间结果 T，需要 $n+2=10$ 个 YMM 寄存器。

❑ regL 和 regH，共计 2 个 YMM 寄存器。

❑ q_i，由于每轮都重新计算，因此只会占用 1 个 YMM 寄存器。

❑ μ 可以公开。

综上，共需要 29 个 YMM 寄存器，已经超过了 YMM 寄存器数量（16 个）的上限。因此 PRIME 将中间结果 result（需要占用 8 个 YMM 寄存器）和 T（需要占用 10 个 YMM 寄存器）放置在内存中，这样就节省了 18 个寄存器空间，使得其他敏感变量都在寄存器中完成计算。当然，这也给 PRIME 带来了一定的安全风险，PRIME 对于其安全性的具体考虑如下：

假设冷启动攻击发起时，RSA 正执行到其中的第 l 轮（即 $i=l$），那么攻击者可以从内存中获得 $c^{d'} \bmod M$，其中 $d'=d \bmod 2^l$，即 d 的低 l 位有效数字。通过 $c^{d'} \bmod M$，想要计算得到部分私钥 d'，就需要解决对应的离散对数问题。通过 Pollard rho⊖等算法，计算离散对数问题的复杂度为 $O(2^{l/2})$，在 128 位安全强度被认为是安全的前提下，$l=256$ 的离散对数问题被认为是不可解的。假设攻击者可以刚好解决 $l=256$ 情况下的离散对数问题，那么就可以获取到低 256 位有效数字。根据 Boneh、Durfee 和 Frankel 等人的相关工作⊖，在获取至少四分之一的最低有效位时，可以恢复出整个 RSA 私钥，对于 RSA-2048 而言，其安全临界值为 $2048 \times 1/4 = 512$ 位，因此，低 256 位有效数字仍不足以泄露整体的 RSA 私钥。

综上，PRIME 认为在冷启动攻击假设下，即便 result 和 T 在内存中被非法获取，也无法对 RSA 私钥的安全带来过大的风险。但需要指出的是，将中间结果 result 和 T 放置在内存中的做法仅对冷启动攻击是安全的。因为在冷启动攻击场景下，攻击者仅能窃取到某一个时间点的内存数据，但无法多次获取计算过程中的中间结果；但如果攻击者可以多次、精准地读取中间变量（例如发起多次 DMA 攻击），攻击者将可以通过每次猜测若干位的方式，将整个私钥恢复出来。

（2）"寄存器 + 加密内存"实现

为了获得更多的空间，RegRSA 不仅使用 YMM 寄存器，还使用了 MM 寄存器以及通用寄存器，而且构建了一个安全的加密内存空间以支持常规的"空间换时间"RSA 优化方案。

根据 RegRSA 的方案，首先需要在内存上创建一块加密区域，然后在此基础上自底向

⊖　Pollard J M. A Monte Carlo Method for Factorization[J]. BIT Numerical Mathematics, 1975, 15(3): 331-334.

⊖　Boneh D, Durfee G, Frankel Y. An Attack on RSA Given a Small Fraction of the Private Key Bits[C]. International Conference on the Theory and Application of Cryptology and Information Security. Springer, Berlin, Heidelberg, 1998: 25-34.

上构建模乘层、模幂层和 RSA 层。本节将逐一介绍这几部分内容。

1）加密内存空间的构建。RegRSA 使用 AES-NI 指令集来实现 AES 加密和解密计算，以完成加密内存的构建。由于向量寄存器要用于存储 Montgomery 模乘的参数，没有空间存储 AES 的全部轮密钥。所以 RegRSA 在每次加 / 解密时实时计算轮密钥。由于使用 AES-NI 进行加 / 解密只需要十几个周期，而密钥编排需要上百个周期，所以执行即时的 AES 加 / 解密时密钥编排的代价很大。RegRSA 利用了一些编程技巧以降低轮密钥编排的代价，例如：AES-128 和 AES-256 在密钥编排时只使用一个 128 位的临时寄存器来存放某轮的轮密钥，使用一个轮密钥处理多个 128 位的数据块，而后产生下一轮的轮密钥；在计算 AES 解密的轮密钥时，使用最后一轮的轮密钥逐轮计算出前一轮的轮密钥，这样就不用在解密轮密钥编排时对每一轮子密钥都从头算起。

在 RegRSA 的计算过程中，所有中间计算结果在离开寄存器时，利用 AES 进行加密，保存在内存中；在进入寄存器后，利用 AES 进行解密，存放在寄存器中。

2）Montgomery 乘法实现。1024 位 Montgomery 模乘需要计算 $S=ABR^{-1}(\text{mod } M)$，其中 $R=2^{1024}$，$0 \leqslant A$，$B<M<R$。Montgomery 乘法的 CIOS 模式需要三个 1024 位的输入参数 A、B、M 和一个 64 位的输入参数 $\mu=-M^{-1} \text{ mod } 2^{64}$。根据 64 位 Linux 系统的调用约定，寄存器 RBX、RBP、RSP、R12、R13、R14 和 R15 必须被保护，RegRSA 将除 RSP 外（RSP 寄存器是栈顶指针，需要保留使用）的这些寄存器全部压入栈中。

由于整个 2048 位 RSA 都是用汇编语言编写的，而 Montgomery 乘法是最底层的函数，所以 RegRSA 在 RSA 层将以上需要保护的通用寄存器压栈，之后 Montgomery 乘法可以使用（除 RSP 外的）所有 15 个通用寄存器，不用再频繁地压栈和出栈，只需在 RSA 计算结束时将这些寄存器出栈恢复。然而即便使用了所有 15 个 64 位通用寄存器，也不能一次计算整个 1024 位的 Montgomery 模乘，因此，RegRSA 将 Montgomery 模乘划分为 4 个部分：

- ❑ 第一部分执行 $A[0:7] \times B[0:7]+M[0:7] \times (q_0:q_7)$；
- ❑ 第二部分执行 $A[8:15] \times B[0:7]+M[8:15] \times (q_0:q_7)$；
- ❑ 第三部分执行 $A[0:7] \times B[8:15]+M[0:7] \times (q_8:q_{15})$；
- ❑ 第四部分执行 $A[8:15] \times B[8:15]+M[8:15] \times (q_8:q_{15})$。

Montgomery 模乘实现第一部分的第 i 轮的计算如图 5-5 所示。

RegRSA 使用标量指令和通用寄存器计算 Montgomery 乘法，并利用 YMM 寄存器和 MM 寄存器临时存放中间变量。每部分在计算过程中使用的寄存器总结如下：

- ❑ 1024 位 A、B 和 M 各需要 1024/256=4 个 YMM 寄存器，共计 12 个 YMM 寄存器。
- ❑ 64 位的输入参数 μ 保存在通用寄存器中。
- ❑ 计算过程中的 64 位中间变量 q_i（$q_i= S_i \times \mu \text{ mod } 2^{64}$）保存在 MM 寄存器中；一般来说 q_i 只需要保存单轮的即可，但是由于进行了拆分，第二部分还需要第一部分计算的 $q_0 \sim q_7$，第四部分还需要第三部分计算的 $q_8 \sim q_{15}$，因此需要 8 个 MM 寄存器存储每

8 轮计算得到的 $q_0 \sim q_7$ 或 $q_8 \sim q_{15}$，在需要的时候移回通用寄存器参加计算。

□ 中间计算结果 S 需要占用 8+2=10 个通用寄存器（需要额外两个寄存器的原因参考算法 5-2），并在每轮更新。

□ 进行每一个乘法运算时，A 和 B 或者 M 和 q_i 需要从 YMM 寄存器或 MM 寄存器中临时进入通用寄存器，需要占用 2 个通用寄存器。

综上，每一部分的 Montgomery 模乘计算需要使用 15 个可用通用寄存器中的 13 个，16 个 YMM 寄存器中的 12 个，以及所有 8 个 MM 寄存器，整个计算过程中所有敏感变量都在寄存器中，完全不用借助内存。

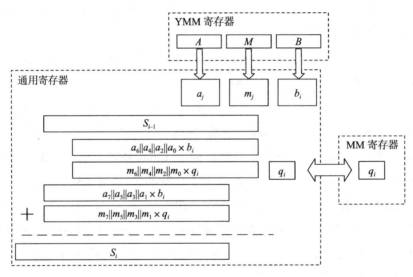

图 5-5　Montgomery 模乘实现

3）模幂实现。RegRSA 使用固定窗口方法来加速 Montgomery 模幂，窗口的大小是 6 位，包括 2^6=64 个预计算值。CRT 方法实现 RSA 需要针对部分密文 C_p（C_p=C mod p）和 C_q（C_q=C mod q）分别计算两个预计算表 C_p^k mod p 和 C_q^k mod q（k = 0~63）。由于两个模幂在时间和空间上都不存在相关性，因此可以分开计算，而且两个预计算表可以使用同一块内存空间。

Montgomery 模幂计算时，首先生成预计算表，并将其加密保存在内核空间的内存中。而后根据幂指数在预计算表中查找并读取预计算值，将其保存到 YMM 寄存器中，使用 AES 进行解密。因为内核栈最大不能超过 8 KB，而且还要保存 thread_info 数据结构，因此内核栈无法再容纳 6 位预计算表所需要的 $2^6 \times 1024$ 位 =8 KB 空间。所以 RegRSA 在开始计算之前使用系统函数 kmalloc 为预计算表在内核堆上申请 8 KB 内存，并且在完成计算后使用系统函数 kfree 释放这段内存。在读取预计算值时，RegRSA 读取整个预计算表，以避免泄露内存访问模式（可以推出幂指数），这样查表时间是恒定的，可以抵抗时间侧信道攻击。具体模幂计算过程如算法 5-4 所示（窗口大小 s=6）。

算法 5-4　RegRSA 的模幂计算过程

输入：密文 $c=\sum_{i=0}^{n-1}c_i\cdot 2^{wi}$，$R=2^{wn}$，窗口大小为 s，以 s 进制编码的私钥 $d=\sum_{i=0}^{l-1}d_i\cdot 2^{si}$，$l=\left\lceil\dfrac{wn}{s}\right\rceil$

输出：$c^d \bmod M$

1.　　base=cR=MonMul $(R^2,\text{base})\bmod M$

2.　　PCT[0]=R，加密存放在内核堆中（PCT 为预计算表数组）

3.　　FOR k=1 to 2^s−1 DO

4.　　　　PCT[k]=MonMul（PCT[k−1], base），加密存放在内核堆中

5.　　ENDFOR

6.　　从内核堆中利用 AES 解密获得 PCT[d_{l-1}]，result= PCT[d_{l-1}]

7.　　FOR i=l−2 to 0 DO

8.　　　　从内核堆中利用 AES 解密获得 PCT[d_i]，result=MonMul（result,PCT[d_i]）

9.　　　　FOR j=0 to s−1 DO

10.　　　　　result=MonMul（result,result）

11.　　　　ENDFOR

12.　　ENDFOR

13.　　RETURN MonMul（base,1）

这样，借助构建的加密内存空间，除了加密后的 PCT 数组外的所有变量都是 Montgomery 乘法所涉及的输入和输出结果，由于 RegRSA 的 Montgomery 乘法全部由寄存器实现，这样就保证了不需要借助内存完成除 PCT 数组外的计算。

4）RSA 实现。RegRSA 利用 CRT 方法和 1024 位 Montgomery 模幂实现来完成 2048 位的 RSA 私钥操作。输入参数以密文形式从用户空间的内存复制到内核空间的内存，包括私钥 CRT 参数（d，p，q，d_p=$d \bmod (p-1)$，d_q=$d \bmod (q-1)$，qinv=$q^{-1} \bmod p$）、密文（C_p=$C \bmod p$ 和 C_q=$C \bmod q$）以及 Montgomery 模乘参数（R_p^2=$R^2 \bmod p$，R_q^2=$R^2 \bmod q$，μ_p=$-p^{-1} \bmod 2^{64}$，μ_q=$-q^{-1} \bmod 2^{64}$）。其中私钥 CRT 参数和 Montgomery 模乘参数对于一个私钥来说是固定不变的。而密文（C_p 和 C_q）需要根据每次的密文 C 进行计算。

CRT 方法通过计算两个 1024 位的 Montgomery 模幂来计算 2048 位的 RSA。因为寄存器不足以在保存一个 Montgomery 模幂结果的同时计算另一个 Montgomery 模幂，因此 RegRSA 需要将第一个模幂的计算结果进行加密，保存在内存中。

RSA 完整的计算过程如下：

①将 p，d_p，R_p^2，μ_p 从内存读取到寄存器中，利用调试寄存器中的 AES 密钥进行解密，存放在寄存器中。

②计算模幂 $E_p=C_p^{d_p} \bmod p$，中间计算过程中还使用了 R_p^2 和 μ_p。

③将 E_p 利用 AES 加密存放在内核栈中。

④将 q，d_q，R_q^2，μ_q 从内存读取到寄存器中，利用调试寄存器中的 AES 密钥进行解密，存放在寄存器中。

⑤计算模幂 $E_q=C_q^{d_q} \bmod q$，中间计算过程中还使用了 R_q^2 和 μ_q。

⑥将 E_q 利用 AES 加密存放在内核栈中。

⑦将 E_p、E_q、q、qinv、R_p^2、μ_p 从内存读取到寄存器中，利用调试寄存器中的 AES 密钥进行解密，存放在寄存器中。

⑧计算明文 $P=E_q+[(E_p–E_q) \cdot \text{qinv} \bmod p] \cdot q$，其中 $(E_p–E_q) \cdot \text{qinv} \bmod p$ 利用 Montgomery 乘法进行计算，中间计算过程中还使用了 R_p^2 和 μ_p。

2. 原子性

基于寄存器的公钥密码算法实现方案也可以通过禁用抢占和中断创建原子区，使得存储私钥和中间变量的非特权寄存器不被交换到内存中。对于 RSA 计算而言，保守的做法是将单次 RSA 计算认为是一个原子区，PRIME 和 RegRSA 都是如此实现的。

对不可屏蔽中断的处理，由于不可屏蔽中断无法通过软件设置来禁止，RegRSA 要求修改不可屏蔽中断的中断处理程序，在发生不可屏蔽中断时立刻清空寄存器中的敏感数据，包括通用寄存器、YMM 寄存器和 MM 寄存器，来保证寄存器中的相关数据不被泄露到内存中；而加密内存中的数据本身就是加密的，因此不需要进行清除。

5.4.3　实现评估

本节从安全性、性能两个方面对基于寄存器的 RSA 公钥密码实现方式进行分析。

1. 安全性分析

由于 PRIME 和 RegRSA 都基于 TRESOR 方法保护 AES 主密钥的安全，因此对这部分的内容不再赘述，具体请参考前文对于基于寄存器的对称密码算法实现方案的安全性评估。

（1）冷启动攻击

我们分别分析 PRIME 和 RegRSA 两个方案对于冷启动攻击的抵御效果。

PRIME 方案中的 RSA 私钥在计算过程中保持在寄存器中，可以抵御针对内存芯片的冷启动攻击。对于中间变量，PRIME 由于 YMM 寄存器空间不足，将中间计算结果 result 和 T 保存在内存中。如前文的说明，如果只获得中间计算结果在某一时刻的值，以目前的技术手段无法恢复出完整私钥 d，因此可以抵御冷启动攻击；但如果攻击者可以多次、精准地读取中间变量（例如发起多次 DMA 攻击），它将可以通过每次猜测若干位的方式，将整个私钥恢复出来。

对 RegRSA 的分析如下。首先，对只运行一个 RegRSA 实例的情况进行分析。

❑ 所有输入参数都是敏感数据，包括 CRT 参数和 Montgomery 参数，都使用 AES 加密后从用户空间传递到内核空间。

□ AES 密钥被保存在调试寄存器中，只能由内核态访问，用户态进程无法获得其正确值或修改其值。

□ 运行时，由于 RegRSA 的执行是原子的，不会有数据由于进程切换从寄存器泄露到内存中。所有这些保存在寄存器中的数据在退出原子区域前都被清除。

□ 具体算法实现过程中，在 Montgomery 模乘层，所有中间变量都保存在寄存器中；在 Montgomery 模幂层，预计算表是加密保存在内存中的，同时预计算值是被读取到 XMM 寄存器后进行解密的。在 RSA 层，第一个 1024 位模幂的结果也是加密后保存在内存中的。

总之，所有明文形态的敏感数据都只出现在寄存器中，只能被 RegRSA 读取。

接下来，考虑多个 RegRSA 实例在多个 CPU 核上运行时的情况。不管同时有多少个来自用户态的请求，由于 RegRSA 运行的原子性，一个 CPU 硬件线程上最多只能运行一个 RegRSA 实例。多个 RegRSA 实例有各自独立的内核栈和内核堆，不会相互干扰，而且存储在其中的数据都是加密的。任何一个实例的寄存器缓冲区都是其独享的，其他 RegRSA 实例或者内核中的其他线程都无法访问这个实例的寄存器缓冲区。所以同时运行多个 RegRSA 实例也是安全的。

（2）其他攻击

PRIME 和 RegRSA 可以有效防御冷启动攻击，但对于同样都是获取内存数据的只读 DMA 攻击，情况就有些区别了。如前文所说，对于 PRIME，如果攻击者可以通过多次发起精确的 DMA 攻击，获取计算过程中内存所保存的一系列中间计算结果 $c^{d_i} \bmod M$，其中 $d_i=d \bmod 2^{l_i}$（$l_0=0$，$l_{i+1}=l_i+\Delta_i$）。如果 Δ_i 足够小，攻击者可以基于第 i 次得到的 d_i 解决离散对数问题得到 d_{i+1}，直到获取整个私钥。因此 PRIME 不能抵御只读 DMA 攻击。对于 RegRSA 来说，由于没有任何敏感信息以明文形态出现在内存中，所以不管获取多少个内存镜像，都无法获得 RegRSA 中的 RSA 私钥。

对于可写 DMA 攻击和本地权限提升攻击，与 TRESOR 类似，PRIME 和 RegRSA 都无法有效抵御。因为攻击者可以通过这两种攻击在特权模式执行任意代码，读取出调试寄存器中的主密钥，从而解密 RSA 私钥。

2. 性能评估

表 5-3 展示了 PRIME、PolarSSL、OpenSSL 的 RSA-2048 的平均性能。PRIME 的实现比最好的 PolarSSL 算法实现慢 9 倍，比未使用 CRT 的 PolarSSL 慢 3 倍，比 OpenSSL 实现慢 12 倍。

表 5-4 展示了 RegRSA 和 OpenSSL 在 Intel i7-4770R 上的 RSA-2048 性能对比。在 1 个、4 个和 8 个用户线程的情况下，RegRSA 的性能分别达到 OpenSSL 实现的 74%、77% 和 74%。同时，RegRSA 8 线程时比 4 线程的吞吐量有所提升，说明超线程在一定程度上有

助于提升 CPU 核计算单元的利用率。

表 5-3　PRIME、OpenSSL 和 PolarSSL 的 RSA-2048 的平均运行时间（Intel i5-2320）

密码库 / 算法	性能
OpenSSL/CRT	1.8 ms
PolarSSL/CRT	2.4 ms
PolarSSL/NO CRT	8.0 ms
PolarSSL/PRIME	21.0 ms

表 5-4　RegRSA 与 OpenSSL 中常规实现的性能比较（Intel i7-4770R）

并行线程数	1	4	8
RegRSA（每秒 RSA 私钥计算的数量）	637	2537	2638
OpenSSL（每秒 RSA 私钥计算的数量）	858	3308	3571

5.5　本章小结

由于大多数软件攻击和物理攻击泄露的是内存中以明文形式存储的密钥，因此研究人员尝试将密钥以及密码计算过程中的中间状态等敏感信息存放在寄存器中，在内存中仅存放加密的敏感数据，以此来抵抗针对密钥的内存信息泄露攻击。本章详细介绍了 TRESOR、Amnesia、PRIME、RegRSA 共 4 种基于 CPU 寄存器的密钥安全方案。其中 TRESOR 和 Amnesia 针对的是对称密码算法 AES，而 PRIME 和 RegRSA 针对的是公钥密码算法 RSA。

针对 AES 算法，TRESOR 和 Amnesia 分别提出了两条不使用内存的对称密码算法实现路线。

- ❏ TRESOR 方案在支持 AES-NI 的 Intel CPU 中实现了 AES-128，将 AES 的密钥存储在 4 个 32 位调试寄存器中，利用 AES-NI 指令集完成了高效、安全的 AES 密码计算，并通过原子区构建、内核补丁等方式完成对调试寄存器中密钥的保护，从性能方面来说 TRESOR 与原生 AES 实现相当；而且，它对于操作系统整体的影响也非常小；但是 TRESOR 仅能保存单个 AES 密钥，在多核 CPU 上还需要保证每个核的调试寄存器存储相同的 AES 密钥。

- ❏ Amnesia 方案在 x86-64 架构的 Intel 和 AMD 处理器上实现了 AES-128，将 AES 主密钥存储在 MSR 中，利用 CPU 中的通用寄存器实现 AES 计算，保证了密钥和轮密钥等敏感数据在计算过程中不在内存中出现；而实际用于数据加密的卷密钥通过主密钥加密后保存在内存中，每次解密文件前需要用主密钥解密卷密钥。但由于分层的密钥结构和轮密钥的实时编排，Amnesia 的性能仅是原生 AES 实现的一半左右。

针对 RSA-2048 算法，PRIME 和 RegRSA 都基于 TRESOR 实现的基于寄存器的密钥安全方案，借助 "AES 主密钥–RSA 私钥" 的密钥架构完成对 RSA 私钥的长期存储。但是在具体实现 RSA 计算时，PRIME 和 RegRSA 采用了两条不同的技术路线。

□ PRIME 在支持 AVX 和 AES-NI 的 x86-64 处理器上，将 RSA 的私钥用 AES 算法加密后存储在内存中，而 AES 的密钥存储在调试寄存器中，使用 AES-NI 解密 RSA 私钥并存储在 Intel 的 YMM 寄存器中，PRIME 试图仅使用寄存器完成 RSA 计算所需的 Montgomery 乘法和模幂计算，但是受制于 YMM 寄存器的数量，将部分安全风险较低的中间结果以明文存放在内存中。从性能方面来说，由于空间受限，PRIME 无法使用一些常规的 RSA 加速手段，而且由于使用了静态的内存地址，PRIME 并不支持并行化执行，只能在 CPU 单核上执行，所以 PRIME 性能仅是原生 RSA-2048 实现的 1/9。

□ RegRSA 则实现了仅使用寄存器的 Montgomery 乘法，并通过构建加密内存空间来克服寄存器空间不足的问题，使得传统的 CRT 技术和预计算技术得以实现，大大提高了 RSA 算法的整体性能，性能约为 OpenSSL 的 74% 左右，而且在支持超线程的每个 CPU 核上运行两个实例。

从安全性角度讨论，首先，基于寄存器的密钥安全方案的基本思路是将密钥保存在寄存器中，因此从原理上可有效应对冷启动攻击、只读 DMA 攻击等直接获取内存数据的攻击，但其中 PRIME 的部分中间变量以明文形式出现在内存中，只能防范仅能一次性获取内存数据的冷启动攻击，但不能防范可以多次获取内存数据的只读 DMA 攻击；其次，由于基于寄存器的密钥安全方案需要在操作系统内核中部署机制保护特权寄存器，需要保证操作系统内核是可信的，因此无法抵御特权用户或可写 DMA 攻击直接在内核中注入代码读取特权寄存器中存储的密钥。一个简要的安全性比较参见表 5-5。

表 5-5　基于寄存器的密钥安全方案对比

	TRESOR	Amnesia	PRIME	RegRSA
安全假设	攻击者不是特权用户，操作系统可信，密钥初始化过程安全			
目标算法	AES		RSA	
AES（主）密钥存储使用的寄存器	调试寄存器 DR0~DR3	MSR	调试寄存器 DR0~DR3	调试寄存器 DR0~DR3
是否使用 AES-NI	是	否	是	是
是否采用多级密钥体系	否	是 "AES 主密钥-AES 卷密钥"两级密钥体系	是 "AES 主密钥-RSA 私钥"两级密钥体系	是 "AES 主密钥-RSA 私钥"两级密钥体系
计算过程中主要使用的寄存器	XMM	通用寄存器	YMM	通用寄存器、YMM 寄存器、MM 寄存器
性能情况	与原生 AES 相当	原生 AES 性能一半左右	单核性能是 OpenSSL 的 1/9，不支持多核	单核性能和多核性能均为 OpenSSL 的 74% 左右
可以抵抗的攻击	冷启动攻击、只读 DMA 攻击		冷启动攻击	冷启动攻击、只读 DMA 攻击

对于可写 DMA 攻击，可以进一步结合输入 / 输出内存管理单元（I/O Memory Management Unit，IOMMU）和可信执行环境等机制进行防护。

    Intel 和 AMD 都从 2008 年左右开始发布带有 IOMMU 的处理器。Intel 发布的 IOMMU 技术规范，称为直接访问 I/O 的虚拟化技术（Virtualization Technology for Directed I/O，VT-d），AMD 的 IOMMU 规范包含在 AMD-V 技术中。操作系统可以配置 IOMMU 来限制外设访问的内存地址空间。通过合理的 IOMMU 配置，可以防范攻击者利用 DMA 对内存区域的非授权读取和写入。

    CPU 提供的可信执行环境（Intel SGX、ARM TrustZone 等）也能够防范 DMA 攻击。Intel SGX 通过使用处理器保留内存（Processor Reserved Memory，PRM）来提供隔离功能，通过 CPU 内置的内存加密引擎（Memory Encryption Engine，MEE）和对 CPU 内存控制器的修改，Intel SGX 可以阻断所有对 PRM 的 DMA 访问。ARM TrustZone 是 ARM 对可信执行环境的硬件支持技术，它创建了两个隔离的执行域，安全域（secure domain）和普通域（normal domain），TrustZone 可以配置为拒绝普通域对安全域内存地址空间的 DMA 请求，从而抵御 DMA 攻击。

参考文献

[1] Müller T, Freiling F C, Dewald A. TRESOR Runs Encryption Securely Outside RAM[C]. USENIX Security Symposium. 2011, 17.

[2] Simmons P. Security through Amnesia: A Software-Based Solution to the Cold Boot Attack on Disk Encryption[C]. 27th Annual Computer Security Applications Conference (ACSAC). 2011: 73-82.

[3] Tilo Müller, Taubmann B , Freiling F C . TreVisor: OS-Independent Software-based Full Disk Encryption Secure against Main Memory Attacks [C]. International Conference on Applied Cryptography and Network Security (ACNS). Springer, Berlin, Heidelberg, 2012.

[4] Garmany B, Müller T. PRIME: Private RSA Infrastructure for Memory-less Encryption[C]. 29th Annual Computer Security Applications Conference (ACSAC). 2013: 149-158.

[5] Yuan Zhao, Jingqiang Lin, Wuqiong Pan, Cong Xue, Fangyu Zheng, Ziqiang Ma. RegRSA: Using Registers as Buffers to Resist Memory Disclosure Attacks[C]. IFIP International Conference on ICT Systems Security and Privacy Protection. Springer, Cham, 2016: 293-307.

第6章 基于 Cache 的密钥安全方案

基于寄存器的密钥安全方案将密钥存放在寄存器中来抵御针对内存的攻击，例如前文提到的 TRESOR 将 AES 密钥存放在调试寄存器，Amnesia 将 AES 密钥存放在模块特殊寄存器等。但是由于寄存器的存储空间有限，基于寄存器的密钥安全方案只能支持对称密码算法以及长度较短的公钥密码算法。总体而言，基于寄存器的密钥安全方案存在以下问题：

1）可扩展性较差。寄存器的数量非常有限，随着安全强度的提高，如果要支持更长的密钥，这类安全方案很难扩展，例如 256 比特安全的 RSA-15360 算法需要的空间是 112 比特安全的 RSA-2048 算法的 7.5 倍，即便处理器升级，也很难满足如此庞大的寄存器需求。

2）兼容性不好。基于寄存器的密钥安全方案需要在计算时占用一些通用的寄存器（如 AVX、SSE 指令相关的寄存器），对 CPU 处理数据密集型程序和多媒体处理程序有较大影响。

3）平台依赖性大。基于寄存器的密钥安全方案需要直接操作寄存器，因而无法直接使用高级编程语言，必须使用平台相关的汇编语言，这对开发人员的水平要求较高，所需的开发周期也较长。

于是，研究人员开始从寄存器资源转向了 Cache 资源。由于 Cache 也位于片上，因此可以防范冷启动攻击等针对内存的攻击，而且现代 CPU 基本都部署了几 MB 乃至几十 MB 的 Cache，有更大的空间来完成密钥以及其他中间变量的存储和使用。基于 Cache 的密钥安全方案与基于寄存器的密钥安全方案相比，最为棘手的问题在于，寄存器可以通过汇编指令轻易地操纵，但是 Cache 对于开发者是透明的，Cache 替换和写回机制不易控制，而且 Cache 的多层次架构也给实现带来了诸多不便。面对这一挑战，研究人员开展了大量对 Cache 实现的密钥安全机制的研究和探索工作。

本章将从 Cache As RAM 这一基本原理出发，介绍两个基于 Cache 的密钥安全方案——Copker 和 Sentry。Copker 面向基于 Cache 的 RSA 和 ECDSA 计算，目的是保护密钥、随机数等关键敏感数据；Sentry 面向全内存加密，目的是保护对称密钥和内存页的数据。由于公钥密码算法的私钥、内存页和中间计算变量的数据量都非常庞大，无法直接存放在寄存器中，所以这两个方案都采用 Cache 替代寄存器完成密钥的安全保护，在可保护的密钥或数据容量、性能以及可扩展性方面都得到了增强。

6.1 方案的原理

基于 Cache 的密钥安全方案的基本思想是利用 Cache 替代内存进行计算和存储，即 Cache As RAM，简写为 CAR。实际上，CAR 技术的初衷是获得易用性和便利性。Intel 等厂商的处理器基本上都支持在内存初始化之前将 CPU 的 Cache 配置为有读写能力的栈形式，以支持函数调用，从而方便高级编程语言（如 C 语言）编译的内存初始化程序运行。前身为 LinuxBIOS 的 coreboot 是一款成熟的、使用 CAR 技术的项目，其目的是创建能快速启动并智能处理错误的 BIOS 来替代 PC、Alpha 和其他机器上的常规专属 BIOS（或固件）。coreboot 取代了传统的 BIOS，支持集群、嵌入式系统、台式 PC、服务器等设备，减少了不必要的初始化工作，与传统的 BIOS 相比加速了系统启动。coreboot 还减少了代码的大小，它能用很少的汇编语言初始化 CPU 并且切换到 32 位保护模式；其他功能的代码用 C 语言编写，可以通过 GCC 编译，这使得 coreboot 更具有可移植性。

密码软件实现使用 CAR 技术的出发点则更多从安全方面考虑，利用 Cache 处在片上的特性来抵御针对内存的冷启动等攻击。沿着这个设计思路，Copker 和 Sentry 等一系列基于 Cache 的密钥安全方案被提出，它们同时考虑密钥在存储期和计算期的安全，整体的设计和实现思路是：在存储期和计算期，将密码算法中需要保护的所有敏感数据和中间计算结果完全"锁定"在 Cache 中，密码计算依赖 Cache 完成，而且被密码计算进程独占使用，从而保证 Cache 中的数据不被其他进程有意 / 无意刷新到片外的普通内存芯片中。由于 Cache 属于系统的片上存储器，攻击者不能在外部从 Cache 读取数据，处理器在重启之后也会自动清除片上存储器的数据，所以冷启动攻击对于 Cache 存储的敏感数据无法生效。

6.2 针对公钥密码算法的 Copker 方案

2014 年，管乐等研究人员提出了 Copker（COmputing with Private KEys without RAM）方案，并在 2018 年对该方案做了进一步扩展。该方案在 x86 平台上实现了基于 Cache 的公钥密码安全方案，完成了 RSA-2048、ECDSA-P192 算法和基于 AES 的确定性随机比特生成器（DRBG）的无内存计算安全软件实现。

6.2.1　安全假设和安全目标

与基于寄存器的密钥安全方案类似，Copker 方案对于攻击者有如下的假设：

❏ 攻击者可以对执行密码算法的计算机系统发起冷启动等攻击，获得全部内存芯片的全部数据。

❏ 进一步地，假设攻击者在该计算机上有普通用户权限，但是没有操作系统的 root 管理员权限，即在计算机系统上存在恶意的用户态进程。

❏ 同时，假设操作系统按照预定设计运行，攻击者不能利用操作系统漏洞来非授权地访问内核空间的数据。也就是说，需要假设攻击者不能恶意地篡改操作系统内核代码。

❏ 假设密钥在初始化的过程中不存在攻击，即操作系统在内核启动过程中，整个系统是安全的。密钥初始化只在系统启动过程中进行一次。

Copker 的首要目标是保证密码计算过程中的敏感数据不以明文形态出现在内存中，防止利用这些敏感信息来恢复密钥，所以这些敏感信息只能以明文形态出现在寄存器和 Cache 中。为此，Copker 安全方案使用已有的 TRESOR 方案将 AES 密钥作为主密钥存储在特权寄存器中，用 AES 密钥加密 RSA/ECDSA 私钥和 DRBG 种子并保存到内存中。这样在不使用私钥时，私钥会以密文形态存储。一个 AES 密钥可以加 / 解密多个不同的 RSA/ECDSA 私钥来支持多密钥。

6.2.2　方案设计

Copker 将敏感数据定义如下：

❏ AES 主密钥，从特权寄存器复制而来的 AES 密钥。

❏ AES 计算上下文，包括 AES 的轮密钥或者初始向量（IV）。

❏ RSA/ECDSA 私钥，以及计算的上下文。

❏ DRBG 种子和中间状态。

❏ 函数使用的栈。

❏ 私钥运算的输入与输出所在的内存区域。需要说明的是，一般情况下，并不需要保护算法的输入和输出，但考虑到一些密码算法在实现过程中，输入和输出所在内存区域可能被临时用于存储敏感变量，因此 Copker 将输入和输出也一并保护。

以上内容全部存储在 Cache 中，用栈结构来存储敏感信息。由于 Copker 是以操作系统内核中的系统函数实现的，因此 Copker 需要满足以下几条设计准则：

1）为密码计算预留一段固定的内存地址空间。此地址空间只被 Copker 使用，并保证此区域全部出现在 Cache 中，且 Cache 中的内容不会同步到内存。

2）所有的敏感信息（包括私钥、DRBG 种子、中间变量等）都严格限定存储在准则 1 中定义的预留空间中。

3）Copker 在解密 / 签名操作时必须保证原子性，否则在中断期间，预留空间对应的 Cache 很可能被同步到内存，敏感信息就面临泄露风险。

4）密码计算完成后，Cache 需要清空现场，所有有用的敏感信息需要经过 AES 加密同步到预留内存当中，其他信息则直接清除。

根据 Cache As RAM 的原理，预留的地址空间定义成静态数组，其空间大小足以存储计算过程中的变量，也可以完全容纳在一级数据 Cache（L1 D-Cache）中。Copker 没有使用堆上的内存，这是因为堆上内存的地址范围很难控制，难以保证其存在于预留的地址空间中，也就无法控制对应地址空间的 Cache 属性。因此，Copker 将所有的敏感信息都存放在栈上。一旦调用密码计算，在进行私钥计算前，内核线程的栈被切换到预留的地址空间，这样所有的敏感变量被严格限制在预留的地址空间内，当计算结束后，存储于预留空间的敏感数据会被清除。

此外，对于公钥密码算法 RSA 和 ECDSA，允许算法的输入和输出在内存中以明文形式出现。对于 DRBG，除种子和内部状态外，熵输入也需要保密。在 Copker 中，熵输入在内存中被当作密文收集，并使用主密钥解密后存入 Cache。另外，虽然明文的随机输出不会泄露 DRBG 的任何敏感状态，但是当在 ECDSA 签名中使用时，它们可以用于推断私钥（具体推断方法参见第 1 章），因此应对 DRBG 输出进行机密性保护。如果 ECDSA 使用了预计算表，访问模式将泄露有关随机位的一些信息，因此还需要限制对预计算表的访问。

Copker 将 RSA/ECDSA 解密或签名过程也放入 Cache 中，在计算过程中，仅仅在寄存器和 Cache 中明文存储敏感信息。与 RegRSA 类似，Copker 的密钥管理采取了 "AES 主密钥 – 私钥 / 种子" 的两层密钥体系，即 AES 密钥作为主密钥保存在 CPU 的特权寄存器中，RSA/ECDSA 私钥或 DRBG 种子被主密钥加密后以密文形态保存在内存中，仅当需要使用私钥或 DRBG 种子的时候才会由 AES 密钥解密到 Cache 中，DRBG 种子在更新后仍需要再次加密后写回内存。这样做的好处是 Copker 能够克服寄存器作为运算空间的局限性，可以实现更长密钥的密码运算。此外，Copker 还需要保证密码运算的原子性，不受进程切换和中断的影响。

1. 密钥架构

Copker 使用两层密钥体系来管理 RSA/ECDSA 私钥，RSA/ECDSA 私钥被一个 AES 主密钥加密保存到内存或者硬盘上，只有在被使用的时候才会经 AES 密钥解密到 Cache 中。

（1）AES 主密钥

与 PRIME 和 RegRSA 类似，Copker 借鉴了 TRESOR 方案对 AES 主密钥进行保护的方法，即将 128 位的 AES 密钥存储于 4 个调试寄存器中。当然，也可以采用 Amnesia 方案使用 MSR 保护 AES 主密钥。

（2）RSA/ECDSA 私钥

系统启动的时候，加密的私钥首先从硬盘预载入内存。加密的私钥文件是在安全的环境生成，并通过带外方式传输到使用 Copker 的机器中。仅在需要使用私钥时，Copker 才将其动态地解密到 Cache 中进行计算。如图 6-1 所示，整个过程包括如下几个步骤：

①从用户输入的口令中导出主密钥并复制到每个 CPU 核的调试寄存器中。

②从硬盘将加密的私钥读入内存。

③需要进行私钥操作时，将主密钥从调试寄存器中载入 Cache。

④加密的私钥被载入 Cache。

⑤私钥被主密钥解密来进行密码计算。

⑥如果在签名时需要 DRBG，那么 DRBG 种子先被解密，再生成随机比特，并更新 DRBG 内部状态。随后敏感信息被擦除。

在图 6-1 中，深色的内存区域代表密文。其中步骤③～⑥都是在一个原子操作中完成的，不能被其他操作打断。

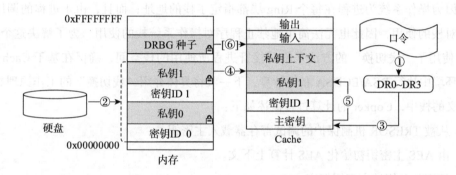

图 6-1 Copker 私钥的动态载入流程

DRBG 主要用于 ECDSA 签名，DRBG 种子和内部状态一样也要防止冷启动攻击。特别是，当系统引导时，从内核熵池中收集随机比特作为内存中的初始 DRBG 种子"密文"。在每次 ECDSA 签名时，种子"密文"由 AES 主密钥解密并保存在 Cache 中，用于生成随机比特。内核熵池可能会遭受冷启动攻击导致泄露，被 AES 主密钥加密后能够保证其安全。因此，熵输入仍然是攻击者无法预测的。

DRBG 的中间状态在每一轮迭代之后被确定性地更新，并且在一定迭代轮数之后用熵输入补种（reseed）。每次更新后，DRBG 中间状态将被加密后写回内存。

2. 基于 Cache 的安全计算环境构建

为了满足设计准则，我们首先需要构造一个可以保存计算中的所有变量的安全执行环境。该环境完全存在于 Cache 之中，而且任何时刻都不能被交换到内存中。这个环境至少包含以下元素：

1）**主密钥** AES 主密钥从调试寄存器得到。

2）**AES 上下文** 包含 128 位的原始密钥和轮密钥。

3）**RSA/ECDSA 私钥上下文** 从解密的私钥得到。

4）**栈**　计算线程使用的函数栈。

5）**输入 / 输出**　RSA 私钥计算的输入输出。

如果需要使用 DRBG，上述环境中还需要包括 DRBG 上下文。这个环境中不能使用堆上的内存空间，这是因为堆内存一般由操作系统动态地分配，而且其位置由内存管理服务确定，所以很难将堆内存的使用限制在预留的内存区域，从而"锁"在 Cache 里。在 RSA、ECDSA 等公钥密码算法中，堆内存主要用于大整数计算，所以如果能以静态的方式使用大整数，那么就不需要堆内存了。Copker 所使用的大整数模块以静态数组代替动态分配的堆，使得大整数只会出现在栈上。

Copker 利用 Cache 的写回模式来实现无内存的公钥密码计算，主要的思想是在 Cache 上构造栈空间，方便高级语言的函数调用。接下来就要考虑如何将进程运行所使用的内存栈换成 Copker 创建的 Cache "栈"。栈的地址对高级编程语言（例如 C 语言）而言是无法控制的，因为操作系统为进程在每个 Ring 层都指定了栈的地址；而且，由于进程的调用过程依赖于对栈的使用，因此也无法简单地禁止程序对操作系统栈的使用。为了解决这个问题，Copker 使用了"栈切换"的方法来临时接管进程所使用的栈空间，确保在基于 Cache 的安全计算环境中执行 RSA/ECDSA 私钥计算，下一节将具体介绍"栈切换"的工作原理。在以上自定义的栈中，Copker 的计算过程概述如下：

1）从被 TRESOR 机制保护的调试寄存器载入主密钥。

2）由 AES 主密钥初始化 AES 计算上下文。

3）加密的私钥被主密钥解密。

4）使用私钥构造私钥上下文。

5）进行所请求的私钥操作，其中，在计算 ECDSA 时，DRBG 种子需要被解密来生成随机比特，然后更新。

6）输出被写回内存，更新后的 DRBG 种子被加密再被写回内存，此后，安全环境被清除。同时，为了保障执行环境的安全性，Copker 还做了进一步的工作。

❑ **共享的 Cache**　更高层级的 Cache（例如 L2/L3 Cache）可能被多个 CPU 核所共享。当运行 Copker 的核和另一个核共享一个 Cache 时，该核就可能和 Copker 抢占 Cache 的使用。如果其他核上的程序是内存密集型的，并且共享的高级 Cache 对低级 Cache 不是互斥（exclusive）的（即高级 Cache 可以包含低级 Cache 的内存），那么很可能其他核的程序会迫使 Copker 占用的 Cache 同步到内存。为了防止这种情况的发生，和运行 Copker 的核共享 Cache 的其他核被强制设置成非填充（no-fill）模式，禁止它们抢占 Copker 所在的 Cache。这里定义了一个最小 Cache 共享核集（Minimum Cache-Sharing Core set，MCSC）的概念，同一个 MCSC 内的所有核共享某一级别的 Cache，且该 Cache 对低级的 Cache 不是互斥的；和 MCSC 外的其他核不共享任何 Cache。Copker 规定一个 MCSC 中只能有一个核运行 Copker 线程，其他的核都运行在非填充模式。

❑ **原子性** 现代操作系统通过上下文切换来支持多任务，上下文切换由进程调度、中断、异常等触发。当发生切换时，包括寄存器在内的当前核的状态被暂存到内存中。如果该进程短期内得不到调度，其占有的 Cache 还可能被别的核抢占。两种情况都会导致 Cache 中的敏感信息泄露。为了防止这种情况发生，Copker 原子性地完成私钥操作，即 Copker 在计算过程中不能被任何任务打断。

❑ **清除环境** Copker 在私钥运算结束后，即离开原子操作前，明文密钥和所有的中间状态都应该被清除。由于这些信息都限定在预留的栈内存区域中，只需要清空除密文形态的数据和计算结果外的内存和寄存器即可。

6.2.3 系统实现

本节根据方案设计，重点阐述实现中最为重要的 3 个部分：CAR 技术实现部分，主要介绍如何根据方案在 Cache 中构建一个安全的执行环境；密码算法实现部分，介绍算法实现的部分细节；用户接口部分，主要介绍对外提供服务的方式。

1. CAR 技术实现

这里主要介绍 Copker 是如何实现 CAR 技术的，内容分为五部分：执行环境保护、L1 D-Cache 的使用、栈切换、原子性和对 SMP（Symmetrical Multi-Processing，对称多处理）的支持。

（1）执行环境保护

如代码清单 6-1 所示，CacheCryptoEnv 结构体包含了 Copker 进行私钥运算会用到的所有变量，它以静态变量的形式定义。

代码清单 6-1 CacheCryptoEnv 结构体定义

```
1. struct CACHE_CRYPTO_ENV {
2.     unsigned char masterKey[128/8];
3.     AES_CONTEXT aes;
4.     union {
5.         RSA rsaCtx;
6.         ECDSA {
7.             ECDSA_KEY ecdsaKey;
8.             unsigned char mallocBuffer[DMEM_SIZE];
9.         } ecdsaCtx;
10.    } pkcontext;
11.    DRBG drbg;
12.    PRECOMPUTATION_TABLE table;
13.    unsigned char CacheStack[CSTACK_SIZE];
14.    unsigned long privKeyId;
15.    unsigned char input[MAX_IN_LENGTH];
16.    unsigned char output[MAX_OUT_LENGTH];
17.} CacheCryptoEnv;
```

接下来，我们简单计算 CacheCryptoEnv 结构体所需占用的空间大小，查看其是否可以完全放置于 Cache 中。经过试验测量，2048 位 RSA 中，最深的栈大小是 5584 字节；在 192 位的 ECDSA 中，最深的栈大小为 1376 字节，因此 STACK_SIZE 可以设置为 6400（字节）。KEY_LENGTH_IN_BYTES 是 256（字节），这足以存放所有的 RSA-2048 算法的输入 / 输出；ECDSA 的签名算法的输入是 32 或 20 字节（例如 SHA-256 或 SHA-1 的摘要值），输出是 48 字节，5120 字节的 mallocBuffer 用于 ECDSA 中的大整数模块。预计算表 table 占用 1344 字节。这样，无论对于 RSA-2048 还是 ECDSA-P192，整个结构体约占用 15 KB 空间。

可以看出，CacheCryptoEnv 结构体的大小远远小于现代 CPU 的 L1 D-Cache 的空间大小（Intel 的产品大部分是 32 KB）。由于 CacheCryptoEnv 是定义在内核中的，所以这段地址在虚拟空间和物理空间都是连续的，肯定可以存放在 8 路组相联的 L1 D-Cache 中，这也在实验中得到了证实。在原型实现中，Copker 最多可以支持 4096 位的 RSA 和 256 位的 ECDSA。

此外，还需要考虑同一 MCSC 的其他进程对 Copker 可能造成的影响。虽然对 CacheCryptoEnv 的直接访问被操作系统的进程隔离机制所限制，但是 MCSC 的其他核仍然可以运行 Cache 相关的指令，有可能使得 Cache 中的数据被非预期地交换到内存中。Copker 在原子操作的同时，若 MCSC 的其他核通过设置 CR0 主动退出非填充模式，或执行 WBINVD 强制把 Copker 占用的缓存行同步到内存，就会破坏 Copker 的保护机制。

设置 CR0 以及执行 WBINVD 只能在内核态完成，因此 Copker 只需要在内核打补丁，确保 WBINVD 以及对 CR0 的写操作只有在 MCSC 中没有 Copker 线程时才能执行，即可保证安全。这个补丁带来的影响非常小，因为以上两个操作在操作系统的正常运行中极少被用到。在 x86 平台的 Linux 内核中，指令 WBINVD 和对 CR0 的写操作以内联函数形式出现，由 wbind() 和 write_cr0() 实现，它们都被定义在文件 /arch/x86/include/asm/special_insns.h 中。Linux 内核源代码中所有对 CR0 的写操作和对指令 WBINVD 的执行操作，无一例外地调用了 wbind() 和 write_cr0()。因此可以通过对 wbind() 和 write_cr0() 打补丁来达到预期目的。

此外，还会有其他的操作违反 Copker 的保护机制，例如设置内存类型范围寄存器（MTRR）来改变预留内存空间 CacheCryptoEnv 的内存访问类型。设置 MTRR 这种操作必须在 Copker 所在的核上执行，显然，由于 Copker 是原子的，这种攻击不能成功。另外，由于假设操作系统的内核是可信的，攻击者无法通过配置页表属性表（PAT）改变 CacheCryptoEnv 的内存访问类型。

虽然指令 CLFLUSH 可以在 Ring 0 和 Ring 3 使指定的缓存行同步到内存，但是它并不会影响 Copker 保护机制。原因有三点：首先，用户态的代码不能直接操作定义在内核中的数据；其次，Linux 内核也没有提供任何系统调用来同步用户指定的内存区域；最后，由于内核是可信的，也不会有代码直接把 CacheCryptoEnv 同步到内存。此外，攻击者也可能会同步缓存虚拟地址到物理地址映射的快表（TLB），但是该操作不会直接影响 Copker 用到的数据 Cache 的状态。

（2）L1 D-Cache 的使用

在 Copker 计算过程中，必须保证整个 CacheCryptoEnv 都在 L1 D-Cache 中。在 x86 架构的写回模式下，如果发生 Cache 未命中的内存写操作，执行单元会自动地从高级 Cache 或者内存中把该地址缓存到 L1 D-Cache 中。利用这个特性，Copker 通过读写 CacheCryptoEnv 内存段，就可以把它整个放到 Cache 中。由于这个特性只支持写回模式，因此之前需要先检查内存访问模式是否正确。同时，需要把同一 MCSC 的其他核设置为非填充（no-fill）模式来避免其他进程把 CacheCryptoEnv 从 Cache 同步到内存。

（3）栈切换

在 x86 架构中，EBP 寄存器指向的是当前进程的函数栈基地址，ESP 寄存器指向栈顶。栈操作指令，例如 pushl 和 popl，隐式地作用于由栈段寄存器 SS 指定的基地址外加偏移组成的线性地址上。Copker 使用的 Linux 操作系统采用平坦内存模式（flat mode memory）来管理内存，即数据段和堆栈段都是从同一个虚拟地址开始的，因此普通的数据段内存可用来作为堆栈内存，在 Copker 执行时，从系统栈切换到预定义的栈上。栈切换的示意图如图 6-2 所示。

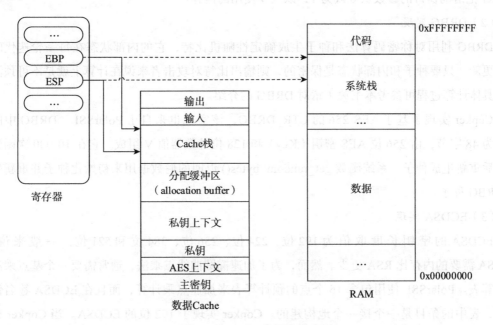

图 6-2　Copker 栈切换示意图

（4）原子性

与之前基于寄存器的密钥安全方案类似，首先，Copker 通过调用 preempt_disable() 来禁止内核抢占。接着调用 local_irq_save() 关闭可屏蔽中断，这可以阻止上下文切换的发生。在退出原子操作时，需要执行这两个操作的逆操作。

（5）对 SMP 的支持

当多个 Copker 线程同时运行时，每个线程都在自己的原子区，仅访问各自的 Cache-CryptoEnv 结构体，然而 Copker 占用的 Cache 可能被同一个 MCSC 的其他核影响而被动同步到内存，尤其当其他核运行的进程是内存密集型程序时。为了避免这一情况的发生，只能允许一个核来运行 Copker 线程，而其他核被设置成非填充模式来运行别的进程。

2. 密码算法实现

Copker 主要实现了 RSA 和 ECDSA 两个公钥密码算法。此外，为了给 ECDSA 提供随机数，还实现了基于 AES-256 的 CTR_DRBG。

（1）RSA 实现

Copker 的 RSA 实现基于 PolarSSL v1.2.5。PolarSSL v1.2.5 是一个轻量级且高度模块化的密码函数库。Copker 在 PolarSSI 的大整数模块中删除了对堆内存的使用，每个大整数被静态分配了 268 字节，这是进行 RSA-2048 计算需要的最小空间：用 256 字节存放基本的 2048 位数据，额外的 12 字节用于存储进位等额外信息。相应地，一些大整数计算函数也要做出修改。为了加速运算，PolarSSL 实现了 CRT、滑动窗口算法以及 Montgomery 乘法，Copker 把滑动窗口的参数从 6 改为 1，以减少使用的内存。

（2）DRBG 实现

DRBG 利用对称密码算法和种子生成确定性随机比特，它的内部状态在每一轮迭代时都会更新。只要种子和内部状态是保密的，则输出比特对攻击者来说在计算上就是不可预测的。具体计算过程可参考本书第 1 章对 DRBG 的介绍。

Copker 实现了基于 AES-256 的 CTR_DRBG，该实现也来自于 PolarSSL。DRBG 中间状态为 48 字节，由 256 位 AES 密钥（Key）和 128 位计数器值 V 组成。它在 10 000 次函数调用后重新生成种子。系统函数 get_random_bytes() 返回的熵数据用来初始化种子并重新生成 DRBG 种子。

（3）ECDSA 实现

ECDSA 的密钥长度取值为 192 位、224 位、256 位、384 位和 521 位，一般来说，ECDSA 需要的内存比 RSA 更少。然而，为了加速椭圆曲线点乘法，通常需要一个基点乘法预计算表。PolarSSL 使用包含 16 个点的预计算表来加速点乘计算，而且在 ECDSA 签名使用时，表中的条目是一个接一个地构建的。Copker 实现了 192 位的 ECDSA。当 Copker 初始化时，Copker 构建整个预计算表，并将该表作为一个整体加载到 L1 D-Cache 中。

3. 用户接口

用户空间通过 ioctl 系统调用以同步的方式请求服务。ioctl 系统调用根据特定于设备的请求码来指定内核完成特定的功能。原型系统提供了三个功能：

1）获取私钥的数量。

2）根据密钥唯一标识符（privateKeyId）指定的密钥对做私钥运算。

3）根据密钥对来获取公钥信息，包括算法标识符和公钥。

Copker 的应用编程接口如图 6-3 所示。私钥信息完全与使用它的用户态进程无关，它只出现在 Copker 中。Copker 的 ioctl 系统调用接口被进一步封装成了一个 OpenSSL 的引擎（engine）[⊖]，使其可以更好地集成到已有的密码系统中。

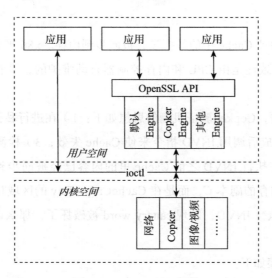

图 6-3　Copker API 架构

6.2.4　实现评估

Copker 原型系统在 Intel 酷睿 2 四核处理器 Q8200 上实现。如图 6-4 所示，Q8200 有两个 MCSC，每个 MCSC 有两个核，每个核独占 32 KB 的 L1 数据和指令 Cache。同一 MCSC 的两个核共享 2 MB 的二级 Cache（L2），L2 Cache 可以同时存储数据和指令。L2 Cache 是非互斥的，即一个在 L2 的缓存行中的内存数据可能同时在 L1 Cache 里。需要注意的是，MCSC 之间不共享使用任何 Cache 资源。

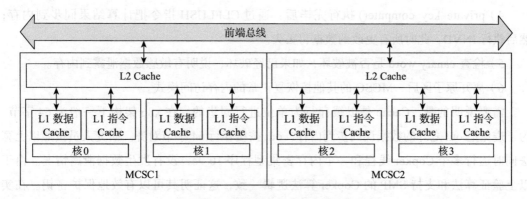

图 6-4　Q8200 处理器的 Cache 结构

⊖ OpenSSL 的引擎（engine）机制的目的是使 OpenSSL 能够透明地使用第三方提供的软硬件密码实现进行密码运算和密钥管理，而不必使用 OpenSSL 自己的实现。

在原型实现中，Copker 集成到了 Linux kernel 3.9.2 中，运行在 32 位 x86 兼容的支持 SMP 的平台上。Copker 支持 RSA-2048、ECDSA-P192、基于 AES-256 的 CTR_DRBG，这些算法中的密钥或敏感的 DRBG 中间状态利用 128 位的 AES 主密钥加密。

1. 安全性分析

（1）冷启动攻击

首先设计实验来验证 Cache 中的数据没有被同步到内存。x86 平台对 Cache 的控制比较匮乏，Cache 和内存一致性是由 CPU 和内存控制器自动维护的，没有任何指令可以直接用来查询缓存行的状态。

为了克服这个问题，Copker 验证机制的思想如下：1）在进行私钥计算前获取一份内存的副本 C；2）计算完成后调用 INVD 指令来使 Cache 失效；3）检测内存的内容，如果和 C 比较有变化，说明在执行 INVD 之前 Cache 里的内容已经被同步到了内存。在实际的设计中，我们没有获取内存的副本 C，而是在 CacheCryptoEnv 的区域写入 canary word[⊖]。如果在私钥计算完成后执行 INVD，发现 canary word 被破坏了，那么说明存在 Cache 内容的泄露。

Copker 的验证步骤如下：

1）当 Copker 模块初始化的时候给 CacheCryptoEnv 填充 canary word（除了 in、out 和 privateKeyId 字段），此操作仅仅在初始化时执行一次，此后 canary word 不会再改变。

2）当进入原子区时，MCSC 的其他核在进入非填充模式之前执行 WBINVD 指令，这将把当前 Cache 里的数据同步到内存并使之失效，在此以后，这些核相当于在没有 Cache 的情况下运行。

3）在执行 private_key_compute() 之前，Copker 线程执行 WBINVD，这将把目前 Copker 核里的 Cache 都同步到内存并使之失效。步骤 2、3 的 WBINVD 指令的作用是避免以后执行 INVD 指令造成的数据不一致。

4）private_key_compute() 执行完毕后，通过 CLFLUSH 指令把计算结果同步到内存；然后执行 INVD，此时所有更改的数据将丢失。

5）检查 canary word 是否被破坏，如果已经破坏，说明有敏感数据泄露到内存。

6）离开原子区后，MCSC 的其他核恢复正常的内存访问模式。

需要说明的是，Cache 是以缓存行为单位进行同步的，在 x86 架构下一般为 64 字节。为了避免把 out 之外的数据误同步到内存，out 按缓存行 64 字节对齐。研究人员按照以上算法同时运行多个 Copker 线程和一个内存密集型程序 10 天，没有发生数据泄露情况。由于以上验证算法和支持 SMP 的 Copker 算法逻辑一致，这证明其可以有效地保护密钥。在实

⊖ 为了检测对函数栈的破坏，可以修改函数栈的组织，在缓冲区和控制信息（如 EBP 等）间插入 canary word。这样，当缓冲区溢出时，在返回地址被覆盖之前 canary word 会先被覆盖。通过检查 canary word 的值是否被修改，就可以判断是否发生了溢出。

验中，Copker 被集成到 Apache Web 服务器中来提供私钥解密和签名服务。客户端并行度为 10，并不断向 Apache 服务器请求 HTTPS 连接。同时 Apache Web 服务器运行一个内存密集型程序，该程序的内容是在无限循环中不断申请 4 MB 的内存并把将每个字节相加。

（2）其他攻击

前面已经验证 Copker 可以有效地防止冷启动攻击，本节将继续分析 Copker 应对其他各种类型攻击的抵抗能力，包括其他针对内存的攻击、滥用内核 API 问题以及公钥密码算法实现本身的问题。

1）**操作系统层面的攻击**。Copker 安全运行需要满足以下条件。

① Copker 计算必须保证原子性。

② Copker 的地址空间不能被其他进程访问。

③计算线程正在使用的 Cache 不能受其他核影响。

④内核地址空间不能被交换到磁盘。

下面将逐一分析 Copker 是否可以满足这些条件，以及对它们潜在的攻击和控制；接着讨论两个特殊情况：操作系统内核崩溃以及睡眠 / 休眠状态。

对于条件①，我们前面提到 Copker 计算时禁用了本地中断，但是处理器自己产生的异常（如非法指令、段不存在等）、不可屏蔽中断（Non-Maskable Interrupt，NMI）和系统管理中断（System Management Interrupt，SMI）不能通过软件设置禁用。处理器自己产生的异常可以通过编程来避免，但是 NMI 和 SMI 是无法避免的。通常，NMI 有两种产生情况：通过高级可编程中断控制器（Advanced Programmable Interrupt Controller，APIC）发送的处理器间中断（Inter-Processor Interrupt，IPI）和外部硬件失效。NMI IPI 广泛应用于软件看门狗，攻击者也可以通过触发外部硬件错误来产生 NMI，如给 CPU 加热。SMI 是不可屏蔽的外部中断，操作方式不同于 CPU 的中断异常处理机制和 Local APIC，SMI 的处理优先级高于 NMI 和可屏蔽中断，是 CPU 进入系统管理模式（System Management Mode，SMM）的唯一方法。由于 NMI 和 SMI 是无法避免的，这就需要有针对性的措施，防止攻击者利用它来破坏 Copker 计算的原子性。防止措施是修改 NMI 和 SMI 的处理程序，使之一旦触发，就马上清空在寄存器以及 Cache 里面的 CacheCryptoEnv 数据。

条件②可以用可信的操作系统内核保证。对于普通权限的攻击者，由于进程隔离机制，不能访问其他进程的内存；对于有管理权限的攻击者，有很多方法来执行甚至修改 Ring 0 代码。例如，通过插入恶意的内核模块，攻击者可以在 Ring 0 运行任何代码；通过读取 /dev/mem 设备文件，内核空间的任何内容都可以被访问。因此，对于 Linux 操作系统，还应该禁用可装载内核模块（Loadable Kernel Module，LKM）以及禁用 /dev/mem。

对于条件③，因为函数 wbinvd() 和 write_cr0() 已有相应的补丁，使其不能和运行 Copker 的线程同时运行，所以攻击者不影响 Copker 核占用的 Cache。

条件④很显然是满足的，因为 Linux 内核空间的内存是不能被交换到硬盘的。

当操作系统崩溃时，系统的内核内存也可能被自动转储到磁盘。内核转储是通过Kdump程序实现的，它通过kexec快速启动一个内存转储内核，该内核可以把系统崩溃瞬间的内存全部写到磁盘。攻击者有可能触发各种条件引起操作系统崩溃，从而获取密钥。作为防御方法，内核应当禁用kexec支持。

最后，如果在Copker计算的同时，计算机发生睡眠（ACPI S3，即suspend-to-RAM）或者休眠（ACPI S4，即suspend-to-disk），Copker需要保证Cache里的敏感数据不被同步到内存。在ACPI调用（.prepare和.enter）执行前，Linux内核给所有用户进程和一些内核线程发送信号使其执行 __refrigerator() 函数，该函数使调用者进入冻结状态。由于进入睡眠/休眠前，__refrigerator()要等待Copker的原子操作退出才能执行，因此Copker的原子性不受S3和S4的影响。

2）**对Copker的直接攻击**。Copker使用TRESOR方案来保护主密钥。如TRESOR方案所述，在Copker的安全假设下，主密钥是安全的。但是，Copker无法抵御恶意的DMA攻击，如果敌手发起恶意的DMA请求，它将可以绕过Copker在操作系统层面部署的安全机制，将保存在Cache中的包括密钥在内的敏感信息逐出到内存中。

此外，攻击者可能会发起总线探测攻击，以监视连接主存和CPU的前端总线的数据。包含主密钥、私钥、预计算表的明文敏感内存数据CacheCryptoEnv仅在L1 D-Cache内使用，不会出现在前端总线中。在ECDSA签名中，预计算表作为一个整体加载到L1 D-Cache中，因此，当计算 kG 时，总线探测攻击无法推断出关于 k 的信息。攻击者还可以攻击操作系统的熵池。在Copker中，尽管操作系统提供的熵用于初始化和重新为DRBG生成种子，但实际的输入仅在使用AES主密钥解密熵数据之后才出现。如果主密钥受到良好保护，则这些输入在计算上是不可预测的，并且对攻击者来说是随机的。最后，基于Cache的侧信道攻击对Copker无效，因为Copker计算进程在计算中完全使用Cache，不会发生Cache miss的情况。

2. 性能评估

研究人员通过实验来评估Copker的效率和其对整体系统的影响，比较对象包括Copker、修改的PolarSSL以及官方版本的PolarSSL。修改的PolarSSL是指在官方实现的基础上按照Copker的具体实现来进行修改（例如RSA中未使用堆和修改的滑动窗口值的大整数运算，ECDSA中内嵌的动态内存和预计算表的大整数运算等），但是运行在用户态，没有额外的密钥保护机制。修改的PolarSSL和Copker的差异直接体现了为防止冷启动攻击而引入的性能损失。研究人员在DELL OPTIPLEX 760上（CPU是Intel Core 2 Duo Q8200）评估了RSA-2048解密或ECDSA-P192签名的性能。

在运行一个或两个线程的时候，Copker和修改的PolarSSL效率接近，单核RSA性能与PolarSSL的性能相当，单核ECDSA的性能约为PolarSSL的2/3。随着线程数的增加，修改的PolarSSL效率超过了Copker，这体现在以下方面：相比单线程的速度，Copker的最高速度能达到单线程的两倍，而其他两种方案则可以达到 4 倍。因为在 Q8200 处理器中，Copker 最多支持两个核同时运行（MCSC 个数是 2），而其他方案可以支持 4 个核同时运行（用于性能评估的 CPU 有 4 个核）。

6.3　针对嵌入式设备的 Sentry 方案

目前，智能移动终端和平板电脑越来越普及，但是这些便携设备面临着被偷窃或丢失风险。智能移动终端很少关机，即使在锁屏状态下，某些后台程序仍处于运行状态，隐私数据仍然以明文形式存储在设备内存中。如果攻击者可以进行物理接触，那么就可以发起冷启动攻击、DMA 攻击等物理攻击，窃取隐私数据。

Sentry 方案是 Patrick Colp 等研究人员于 2015 年提出的基于 ARM 平台的利用片上Cache 实现的全内存加密方案。在移动设备锁屏时，Sentry 加密隐私应用程序和操作系统子系统的内存；在移动设备解锁后，Sentry 按需解密内存以减少用户等待时间并节约电能。

Sentry 通过利用 ARM SoC（System-on-Chip，片上系统）的存储机制，把敏感数据从内存转移至 SoC 片上存储，阻止了针对内存的物理攻击。Sentry 支持两种替代在内存上存储敏感信息的方法：一是 iRAM，这是 SoC 内部 SRAM，一般专用于存储运行时的平台外设固件状态；二是 Cache 锁（Cache locking），这是 ARM 平台自有的特征，用于把数据锁在 Cache中，防止被写回内存。当设备处于锁屏状态时，为了保证隐私应用程序在后台运行，Sentry 改进了 AES 加 / 解密程序，即 AES_On_SoC。AES_On_Soc 在加 / 解密时不会将数据和代码泄露到内存中。

Sentry 涉及大量应用程序内存数据页加密的技术，本节主要介绍与密码计算相关的内容，对于内存页加密的部分仅简单介绍。

6.3.1　安全假设和安全目标

Sentry 方案用于确保智能移动终端或平板电脑等嵌入式 ARM 平台的设备内存中敏感数据的安全性，允许应用程序和操作系统组件将其代码和数据存储在片上系统（SoC）而不是内存中，以保护应用程序和操作系统子系统免受内存攻击。

Sentry 威胁模型关注的是通过读取被盗或丢失的智能移动终端或平板电脑的内存来窃取隐私信息的物理攻击，其中包括冷启动攻击、DMA 攻击。与之前的方案略有不同，Sentry 不仅需要保护密钥，还要保护输入的明文数据，即明文内存页。

Sentry 通过利用 ARM SoC 上可用的有限的安全存储来安全地加密内存上的数据，从而保护移动设备免受内存攻击。具体地，当设备转换到屏幕锁定状态时，Sentry 会加密所有敏感应用程序的内存页。当设备解锁时，Sentry 会在敏感应用程序开始运行时按需解密内存页。加 / 解密密钥在设备锁定时存储在 ARM SoC 上，不存储在内存中。Sentry 的实现需要完成以下三个目标：

1）**片上（On-SoC）加密**。Sentry 要求加 / 解密计算进程永远不会将任何敏感信息泄露到 SoC 之外。

2）**片上存储**。Sentry 可以在运行后台应用程序时在片上存储敏感状态（例如，密钥、敏感后台应用程序的明文页），而且这些状态必须在锁定和解锁循环之间保留。

3）**加密内存**。为了在锁定时保证后台正常操作，Sentry 需要一种透明运行后台应用程序的方法，确保其内存页始终在内存中加密呈现。为了运行这些后台进程，Sentry 使用虚拟内存系统将引用的内存页加载到 SoC 上，然后在适当的位置解密它们。相反，页在返回到内存之前，Sentry 对它们进行加密。

6.3.2　方案设计和实现

Sentry 的系统架构如图 6-5 所示。按照流程分成三个阶段，分别为设备锁屏阶段、锁屏后台运行阶段、设备解锁阶段。

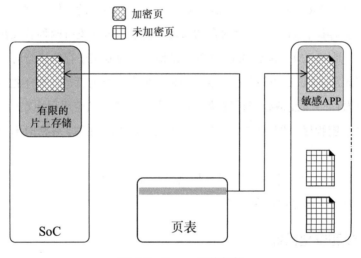

图 6-5　Sentry 系统架构

1）**设备锁屏阶段**：根据用户预先选定的敏感应用程序，Sentry 主动加密内存中敏感应用程序的页；未被用户标记为敏感的应用程序，其内存页未被加密处理。

2）**锁屏后台运行阶段**：当敏感的应用程序访问内存中的加密页时，Sentry 将此页复制到 SoC 上的内存，并在 SoC 上的内存中解密，最后页表条目指向刚刚解密的页。当 SoC 上的内存被占满时，页需要被替换并被驱逐回内存中，此过程与上述页载入过程相反。首先，要被驱逐的页在 SoC 片上内存加密，再被复制回内存中的原位置，最后页表条目再次更新并指向内存中的位置。在此过程中，Sentry 透明地在后台运行，并且保证内存中敏感数据被加密存储。

3）**设备解锁阶段**：当设备从挂起状态恢复成运行状态时，Sentry 按需解锁内存中的敏感页，即只有当敏感应用程序访问内存加密页时，Sentry 才将加密页解密。

本节主要介绍 Sentry 的密钥架构及片上 AES 算法实现两部分内容。对于具体的内存页加密方案不做介绍。

1. 密钥管理

Sentry 使用 AES 密钥加密所有敏感应用程序的内存页，此密钥存在 SoC 中，每次平台启动后随机生成不同的值。Sentry 中使用 CPU 片上的存储空间进行密钥存储和计算。当设备锁屏后，AES 密钥作为敏感数据的一部分被存储在 ARM SoC 上，Sentry 提供了两个存储密钥的位置。

（1）锁定 L2 Cache

Cortex-A9 ARM 平台配置了管理共享 L2 Cache 的 PL310 Cache 控制器。PL310 可以锁住一部分 Cache，以阻止里面的内容被换出到内存中。PL310 控制器以路（way）为单位来锁住 Cache，也可以选择某些缓存行。这可以通过 SoC 供应商提供的配置选项完成。

只要保证锁住的路未失效并且直到解锁都仍保留在 L2 Cache 中，那么锁定的 L2 Cache 就可以用来存储敏感信息。Sentry 通过使用特殊的使能路（enable way）命令对 PL310 控制器进行编程来锁定 Cache 路。此命令有两个效果：首先，它确保已经加载的所有新数据载入 Cache 有效使能路中；其次，已经载入剩余的 Cache 禁用路（disabled way）的所有数据实际上仍可用于读取和写入，但不会发生新的分配或替换。Sentry 利用禁用路命令首先将敏感数据加载到某一 Cache 组，然后锁定此路。Cache 锁定通过以下 4 个步骤完成：

1）清空整个 Cache。

2）使能第 1 路 Cache（同时禁用了其他 7 路 Cache）。

3）在敏感数据内存区域写入 0xFF，这样敏感数据内存也就能映射到使能的第 1 路 Cache 中。

4）使能其他 7 路 Cache（同时也就禁用第 1 路 Cache，第 1 路 Cache 被锁定）。

虽然可以锁定更多的路，但是锁定的路越多，对其他应用造成的性能损失越多。另外，由于刷新 L2 Cache 会解锁所有锁定的 Cache 路。为了确保数据保持锁定，Sentry 使用了 PL310 的 Cache 控制器的掩码功能，掩码可以指定应该刷新哪些 Cache 组。每次锁定一个 Cache 组时，系统会适当地设置此掩码，并在解锁 Cache 组时重置它。为了使用掩码功能，Sentry 更改了 Linux 对 L2 Cache 刷新函数的所有调用。

（2）iRAM

许多智能移动终端和平板电脑都装备了少量 SoC 片内 SRAM，称为 iRAM。iRAM 类似于 Cache，速度快，主要用于存储外设固件的运行状态，但 iRAM 是可编程寻址的，而 Cache 对程序员来说是透明的。Tegra 3 开发板提供了 256 KB 的 iRAM，而且开发板的固件会在启动时清空 iRAM，这使得 iRAM 适合作为敏感数据存储器，以抵抗冷启动等攻击。

2. 片上 AES 密码算法实现

为了确保免受内存攻击，Sentry 专门设计了在 SoC 上实现的 AES 密码算法实现，确保这些进程不会泄露任何敏感状态到内存。下面通过分析 AES 来对它的状态分类，并确定哪一部分需要保护。

为了预计算 AES 的轮密钥，AES 使用两个查找表：用于字节替换的 S 盒 S-box 和用于密钥编排的轮常数表 R-con。虽然这些查找表不包含敏感数据，但是 AES 算法在这些表中查找的特定顺序会泄露关于 AES 密钥的敏感信息。

根据 AES 变量所处的状态不同，AES 密钥安全面临的风险也不同。下面将 AES 运行过程中用到的变量的状态进行分类，如表 6-1 所示。其中 Sentry 使用的是 AES 的 CBC 模式，因此还涉及初始向量 IV。

表 6-1　AES 涉及的中间变量和变量大小（单位：字节）

中间变量	AES-128	AES-192	AES-256	敏感度
输入分组（也存放加密后的输出结果）	16	16	16	秘密
密钥	16	24	32	秘密
轮序号	1	1	1	可公开
轮密钥	320	368	416	秘密
两个轮表	2048	2048	2048	访问模式需保护
两个 S-box	512	512	512	访问模式需保护
R-con	40	40	40	访问模式需保护
Block Index	1	1	1	可公开
IV/CBC 密文链接分组	16	16	16	可公开

根据第 1 章的介绍，密钥、扩展的轮密钥都是需要保密的，Sentry 需要保护明文页，因此加密时的明文分组也需要保密。其他变量都是可以公开的，但是为了防范侧信道攻击，还需要对轮表（以表的形式进行 AES 计算逻辑的实现）、S-box（用于字节替换的 S 盒）和 R-con（用于密钥编排的轮常数表）的访问模式进行保护。对于 Sentry 来说，就是要将其"秘密"和"访问模式需保护"状态的变量都存放在片上。

通过表 6-1 可知，AES-128 的每一块状态的大小加起来共有 2970 字节，其中"秘密"和"访问模式需保护"状态为 2952 字节。

Sentry 实现的片上 AES 加密（AES_On_SoC）有 iRAM 和锁定 L2 Cache 两个版本。

1）iRAM 版本的 AES_On_SoC 可以将"秘密"和"访问模式需保护"状态的变量存在 iRAM 中。这个版本仅需要对 OpenSSL 版本的 AES 做少量修改。

2）锁定 L2 Cache 版本的 AES_On_SoC 将"秘密"和"访问模式需保护"状态的变量分配在锁定 L2 Cache 路中。在本书的实验平台中，一个 Cache 路的大小为 128 KB，即使存储所有 AES 变量都是完全足够的。

AES_On_SoC 在运行时，敏感状态数据载入 CPU 寄存器中以执行计算。还有一个问题，当有上下文切换请求时，CPU 寄存器中的敏感数据会被驱逐到内存中。为了使其原子化地执行，Sentry 创建了两个宏：onsoc_disable_irq() 用于禁用中断，onsoc_enable_irq() 用于清空所有通用寄存器并开启中断。

此外，根据 ARM 函数调用标准，函数调用的开始 4 个参数通过寄存器传递，剩余的参数通过栈传递。所以敏感数据只要作为函数调用的前 4 个参数传入就能保证安全，AES_On_SoC 函数在接口设计上确保不会使用 4 个以上的参数，保证了所有状态变量只出现在寄存器中，而不会出现在栈上。

6.3.3　实现评估

本节从安全性、性能两个方面对 Sentry 进行分析。

1. 安全性分析

本节主要考虑威胁模型的冷启动攻击、DMA 攻击，分别针对 iRAM 和锁定 L2 Cache 两种技术路线进行分析。

由于实验所采用的智能移动终端固件在系统引导时清除了 iRAM，因此在 iRAM 中存储敏感数据可以保护它们免受冷启动攻击。需要注意的是，其他智能移动终端固件可能没有这种机制，因此无法将该结论扩展到实验使用的设备之外。对于 DMA 攻击而言，可以通过 ARM TrustZone 的机制对存储密钥的内存进行安全域（secure domain）控制，并拒绝普通域（normal domain）的 DMA 请求来防止 DMA 攻击。此外，iRAM 对于总线监听攻击也是安全的，因为敏感数据永远不会离开 SoC。

与 iRAM 类似，在启动时，底层设备固件会重置 PL310 L2 的 Cache 控制器并将 L2 Cache 内容清零。因此，L2 Cache 中的敏感数据可以免受冷启动攻击。在 ARM 平台上，DMA 攻击是无效的，因为 DMA 直接从内存传输数据而不会访问 Cache。此外，总线监控攻击也无效，因为数据不会在任何暴露的 SoC 外部总线上传输。

Cache 锁定和 iRAM 都能存放敏感数据以防止内存攻击，但是它们之间的关键区别在于防范 DMA 攻击的方式。在 ARM SoC 中，DMA 传输的 Cache 一致性在软件中处理，操作系统会在 DMA 读取之前显式驱逐 Cache 内容，并在 DMA 写入之前使 Cache 无效，因此外设发起的 DMA 攻击无法看到 L2 Cache 的内容。相比之下，iRAM 就像 DMA 攻击的任何其他系统内存一样，只有当 TrustZone 中的特权软件采取明确的措施，才能保护 iRAM 免受 DMA 攻击。

2. 性能评估

Sentry 在 NVIDIA Tegra 3 ARM 开发板上实现了原型系统，具体配置为：1.2G Hz 四核 Cortex A9 CPU，1 GB 内存，搭载 Ubuntu Linux，内核版本为 v3.1.10。研究人员在 Tegra 3 上实现了 AES_On_SoC 的两个版本。根据最后的实现结果，无论是基于 iRAM 的 AES_On_SoC，还是基于锁定 L2 Cache 的 AES_On_SoC，它们的性能都与原生 OpenSSL 版本的 AES 相当。这也比较容易理解，除了 AES 算法实现逻辑方面的差异外，AES_On_SoC 运行在存取速率相对较高的 iRAM 和 Cache 片上资源上，性能不会有很大的损失。

6.4　本章小结

本章主要介绍了基于 Cache 的密钥安全技术，其核心思想是 CAR 技术，即将 Cache 作为 RAM。CAR 技术思想的初衷实际上是出于便利性考虑，通过将 Cache 配置为有读写能力的栈形式，以支持函数调用，方便使用高级编程语言编译的程序运行。将这个技术运用到密码算法实现中，主要因为 Cache 是片上存储器，可以有效抵御冷启动攻击。在这种技术路线下，为了保证密钥安全，需要将密钥始终保持在 Cache 中。为了达成这一目标，不同平台上可以采用不同的 CPU 机制，包括 Intel CPU 的 Cache 配置、ARM CPU 的 Cache 锁定机制等。

Copker 方案在 x86 平台上实现了基于 Cache 的公钥密码安全方案，包括 RSA-2048 和 ECDSA-P192 算法，成功抵御了针对内存信息泄露的物理攻击。Copker 将主密钥存储于 CPU 寄存器中，使用两层密钥结构以动态支持多密钥。敏感数据被主密钥加密后存储在内存中，只有在涉及私钥计算时敏感数据才被解密到 Cache 中，计算完毕后再将需要保存的数据加密后写回内存，这可以有效防范内存信息泄露攻击。但是，Copker 方案无法抵抗操作系统内核态攻击，同时受 Cache 层级结构的影响，Copker 多线程的程序性能下降明显，并且会影响系统整体运算性能。

Sentry 方案是在 ARM 平台上基于 Cache 实现的全内存加密方案。Sentry 方案把 AES 密钥等敏感数据从内存上转移至 ARM SoC 上存储，在 Cache 内利用专门实现的 AES_On_SoC 对敏感数据所在内存页面加 / 解密运算，由 ARM SoC 的 Cache 硬件特性和 Sentry 的机制能够防止敏感数据泄露到内存中。这样可以很好地防范针对内存的物理攻击。实验结果显示，Sentry 性能开销和加 / 解密的应用程序数据大小有关，但是整体的性能开销和能量开销都很小。

从安全性上来看，首先，基于 Cache 的密钥安全方案的基本思路是将密钥保存在片上的 Cache 中，因此从原理上可有效应对冷启动攻击等直接获取内存数据的攻击。但是，与基于寄存器的方案不同，基于 Cache 的密钥安全方案在面对 DMA 攻击时，除了需要保证 DMA 获取的内存数据不会泄露密钥等敏感数据外，还需要防范恶意的 DMA 请求将密钥数据从 Cache 中驱逐到内存中。在 x86 平台下，通过内核补丁等方式不能控制 DMA 请求的处理机制，因此 Copker 无法防范恶意的 DMA 请求。而对于使用锁定 L2 Cache 的 Sentry 方案，由于 DMA 的 Cache 一致性在软件中处理，操作系统必须在 DMA 读取之前显式驱逐 Cache 内容，并在 DMA 写入之前使 Cache 无效，因此在操作系统可信的情况下，可以保证恶意 DMA 请求不会导致密钥数据被非预期地换出。其次，基于 Cache 的密钥安全方案需要保证操作系统内核是可信的，因此无法抵御特权用户或可写 DMA 攻击在内核中直接注入代码读取特权寄存器中存储的密钥。简要的安全性比较见表 6-2。

表 6-2　基于 Cache 的密钥安全方案对比

项目	Copker	Sentry
安全假设	攻击者不是特权用户，操作系统可信，密钥初始化过程安全	
目标算法	RSA、ECDSA	AES
目标体系结构	x86	ARM
是否采用多级密钥体系	是 "AES 主密钥 –RSA 密钥"两级密钥体系	无
性能情况	单核 RSA 性能与 PolarSSL 的相当，单核 ECDSA 性能约为 PolarSSL 的 2/3。多核性能与 MCSC 的个数相关	与原生 AES 性能相当
可以抵抗的攻击	非特权用户攻击、冷启动攻击	非特权用户攻击、冷启动攻击、只读 DMA 攻击[⊖]

相比于基于寄存器的密钥安全方案，基于 Cache 的密钥安全方案有以下三个显著优点。

1）易实现：整体实现方便，基于 Cache 的密钥安全方案采用 CAR 技术，而且 Cache 资源相对丰富，对于具体算法的实现没有严苛的实现过程，不需要手动精细化地调度各个中间变量，只需复用已有的软件密码算法实现即可。基于寄存器的密钥安全方案需要使用汇编语言编写核心代码，因此严重依赖于特定的平台，而基于 Cache 的密钥安全方案可以使用可移植性更好的高级语言（如 C 语言）编写。

2）可扩展性强：PRIME 和 RegRSA 这两个基于寄存器的密钥安全方案支持 2048 位的 RSA 算法，这几乎已经达到通用寄存器和向量寄存器的存储上限，如果要支持更耗内存的算法，基于寄存器的密钥安全方案只能依赖处理器集成更多的寄存器；而 Cache 的容量相对富裕，不会有这方面的困扰。

3）效率高：理论上，基于寄存器的密钥安全方案使用最快的寄存器进行密码计算，性能上应该是最优的，但对于公钥密码计算来说，由于密钥和中间计算结果相对较大，受限于寄存器的空间，很多加速技术都无法使用，反而使性能受到了很大的影响。例如，PRIME 效率只有传统实现的 1/9，而 Copker 根据平台具体架构的不同，单核性能几乎没有损失，多核性能方面也可以达到传统实现的 1/2 或 1/4。

参考文献

[1]　Coreboot. Fast, Secure and Flexible Open Source firmware [EB/OL]. (2019)[2020]. https://www.coreboot.org/.

[2]　Le Guang, Jingqiang Lin, Ziqiang Ma, Bo Luo, Luning Xia, Jiwu Jing. Copker: A Cryptographic Engine against Cold-boot Attacks[J]. IEEE Transactions on Dependable

---

　⊖　基于锁定 L2 Cache 的方案可有效防范只读 DMA 攻击，但是基于 iRAM 的方案需要 TrustZone 部署了防护手段才能防范。

and Secure Computing, 2018, 15(5): 742-754.

[3]   Le Guan, Jingqiang Lin, Bo Luo, Jiwu Jing. Copker: Computing with Private Keys without RAM[C].NDSS. 2014: 23-26.

[4]   Colp P, Zhang J, Gleeson J, et al. Protecting Data on Smartphones and Tablets from Memory Attacks[C]. International Conference on Architectural Support for Programming Languages and Operating Systems. 2015: 177-189.

第7章 基于处理器扩展特性的密钥安全方案

基于寄存器和基于 Cache 的密钥安全方案都是在已有的计算机体系结构上，利用可用的资源来保护密钥安全，这些资源并不是针对密钥安全而设计的，在使用时难免会导致安全、性能、兼容性方面的不足。为此，研究人员开始借助处理器上的多种新的扩展特性来设计密钥安全方案。这些扩展机制有的与安全直接相关，如 ARM TrustZone、Intel SGX 等可信执行环境扩展，它们可以直接用于提升密码计算的密钥安全性；有的与安全虽然不直接相关，但是它的某些特性可以保护密钥的安全性，也能用于构建密钥安全方案，例如 Intel TSX 等事务内存扩展的"发生访问冲突即回滚"特性。

在基于可信执行环境的密钥安全方案方面，本章介绍 ARM TrustZone、Intel SGX 和 Intel TXT，并讨论了基于它们的实现思路和示例。在基于事务内存的密钥安全方案方面，本章介绍利用 Intel TSX 实现的 Mimosa 方案。

7.1 基于可信执行环境的密钥安全方案

可信执行环境（Trusted Execution Environment，TEE）是主处理器上的专用区域，它对加载到该环境内部的代码和数据实施额外的安全保护，可与操作系统并行运行。TEE 在通用运行环境上实现了隔离的执行环境，提供了包括隔离执行、可信应用的完整性、可信数据的机密性、安全存储在内的安全机制。一般而言，TEE 比常见的用户操作系统所提供的执行空间有更高级别的安全性，同时提供了比 SE（Secure Element，安全单元，如智能卡、SIM 卡等）更高的灵活性、更多的功能和更高的性能。TEE 使用软硬件结合的方式保证了内部数据的安全性：基于硬件特性实施隔离机制确保了运行在富操作系统（rich OS）上的用户应用程序不能访问那些只有 TEE 内部的可信应用才能访问的外设和内存等资源；软件隔离和密码方案保证了 TEE 内部可信应用之间不能互相进行非授权的访问。

7.1.1 可信执行环境简介

常见的支持 TEE 的硬件包括 ARM 的 TrustZone、Intel 的 TXT（Trusted eXecution Technology，可信执行技术）、SGX（Software Guard eXtension，软件防护扩展）等。支持 ARM TrustZone 技术的物理处理器核心提供两个虚拟核心，其中一个虚拟核心为安全环境，实现了与非安全环境之间的 SoC（System on Chip，片上操作系统）硬件和软件资源隔离。Intel SGX 技术在计算平台上提供一个可信的用户态空间，以保障用户关键代码和数据的机密性和完整性。Intel TXT 则是结合特定 CPU、专用硬件和相关固件，构建度量信任根，提供可信平台和操作系统。本节将简单介绍这三种技术。

1. ARM TrustZone

ARM TrustZone 技术是 ARM 处理器上的一个硬件安全扩展，它提供了 ARM 平台上系统维度、硬件层次的隔离。ARM TrustZone 创建了一个隔离的安全域，可为系统提供机密性和完整性保护。Cortex-A8、Cortex-A9 和 Cortex-A15 等处理器均支持 TrustZone 技术，主流芯片厂商的处理器也引入了 TrustZone 特性，如飞思卡尔、德州仪器、三星等。

TrustZone 创建了两个隔离的执行域：安全域（secure domain）和普通域（normal domain），如图 7-1 所示。普通域中运行富操作系统和普通应用，安全域中运行定制的安全操作系统（secure OS）和可信应用。两个域之间的隔离是由安全域中的安全监视器（secure monitor）维护的，保证了 CPU 状态隔离、内存区域隔离和 I/O 外部设备隔离。当系统启动时，安全启动（secure boot）技术保证安全操作系统的完整性和真实性。

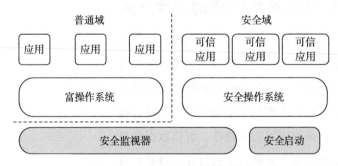

图 7-1　TrustZone 架构示意图

（1）CPU 状态隔离

TrustZone 支持两种 CPU 状态：安全状态和非安全状态，分别对应安全域和普通域。两个 CPU 状态通过 CP15 寄存器控制。安全状态和非安全状态可以通过在 CP15 的安全配置寄存器（Secure Configuration Register，SCR）中配置 NS 位来区分，这个寄存器只能在安全状态下被改变。TrustZone 添加了一个新的特权模式：监视器模式（monitor mode），这个模式只运行于安全状态，作为管理两个状态之间切换的"看门员"。安全状态和非安全状态都可以调用特权级别指令——安全监视器调用（Secure Monitor Call，SMC）指令来进入监视器模式，然后再切换到其他状态。

（2）内存区域隔离

TrustZone 提供了虚拟 MMU 机制来支持安全域和普通域中不同的虚拟内存地址空间，两个域中的虚拟内存空间将被映射到不同的物理地址空间。TrustZone 允许安全域访问普通域的虚拟内存地址空间，但是普通域无权访问安全域的虚拟内存空间。需要注意，虚拟 MMU 机制只能保证虚拟内存空间而不是物理内存空间的隔离。TrustZone 提供了地址空间控制器（TrustZone Address Space Controller，TZASC）来将内存分隔为安全和非安全的内存区域，普通域无法访问分配给安全域的物理内存区域。

（3）I/O 外部设备隔离

安全域拥有比普通域更高的访问权限，它可以访问普通域的外设，但是普通域无法访问安全域的外设，每一个外设属于哪个域在 TrustZone 保护控制器（TrustZone Protection Controller，TZPC）中设置，每一个独立的外设都在 TZPC 中拥有唯一标识。

支持 TrustZone 的中断控制器对于每一个连接到控制器上的中断进行完全和独立的控制。中断控制器从外部设备接收中断请求，将它们导入 ARM 处理器中。中断控制器对每一个中断均提供安全与非安全两类访问事务，并限制非安全的读写事务只能处理非安全的中断，而安全的读写事务可以处理所有的中断。中断控制器默认为安全中断分配快速中断请求（Fast Interrupt Request，FIQ），而为非安全中断分配普通中断请求（Interrupt Request，IRQ）。普通域、安全域和监视器模式分别有各自的中断向量表。

2. Intel SGX

Intel SGX 是近几年来倍受工业界和学术界关注的基于 CPU 硬件特性的隔离技术。SGX 是 Intel 处理器的安全扩展，它能够为应用程序提供可信的隔离执行环境，称为 enclave（飞地），其安全性不依赖于操作系统、虚拟机监控器、外部设备等。SGX 能够有效阻止应用程序、操作系统、虚拟机监控器等对 enclave 内代码和数据的访问，在硬件层次上保护了 enclave 内代码和数据的机密性和完整性。SGX 已被广泛应用于本地计算机和云环境上，以保护应用程序和服务以及网络的安全。

Intel SGX 是一套 CPU 指令，可支持应用程序创建 enclave。在 enclave 中，用户级的敏感代码和敏感数据受隔离机制的保护，免受其他进程、操作系统甚至物理攻击者的修改或泄露。enclave 代码可通过专用指令启用，并被构建和加载成动态链接库文件。不受信任的应用程序代码通常使用由 Intel SGX 提供的 EENTER（Enclave Enter）指令来启动使用初始化的 enclave，以将控制转移到驻留在受保护的 enclave 页面缓存（Enclave Page Cache，EPC）中的 enclave 代码。enclave 代码通过 EEXIT（Enclave Exit）指令返回到调用者。

Intel SGX 给 enclave 提供了内存加密、隔离执行环境、断言证明、数据密封等安全特性。

（1）内存加密

SGX 在物理内存上划定一块内存区域作为处理器保留内存（Processor Reserved Memory，PRM），SGX 所使用的内存位于 PRM 内。PRM 由 CPU 自动加密：当 Cache 中代码或数据写出到 PRM 时，CPU 先对代码或数据进行加密，然后将密文结果写回 PRM 中；当 CPU 从 PRM 中读取代码或数据到 Cache 上时，CPU 自动进行解密。无论在写回过程中还是处于 PRM 内，代码和数据始终是密文形式的。即使拥有操作系统内核权限也无法获得 PRM 明文，SGX 能够保证 PRM 上代码和数据的机密性。

加密 PRM 内容所使用的密钥由 CPU 随机生成且始终不出 CPU。该密钥仅在本次开机有效，下次开机时 CPU 会重新生成新的随机密钥。这也使得被加密的 PRM 能够抵抗重放攻击。此外，加 / 解密计算过程由 CPU 内置的内存加密引擎（Memory Encryption Engine，MEE）完成，加 / 解密性能高，不会带来明显的计算性能损耗。

（2）隔离执行环境

SGX 能够为应用程序提供隔离执行环境，最小单元为 enclave，不同的 enclave 之间是相互隔离的。每个 enclave 具有唯一的标识符，称为 enclave 的度量值（measurement），该值存储在寄存器 MRENCLAVE 中。enclave 的度量值与 enclave 内的代码相关，通过 SHA-256 计算代码的摘要得到。对代码的任意修改都会导致 enclave 度量值的改变。不同的 enclave 具有不同的度量值，因此 CPU 能够通过 enclave 的度量值在硬件层次上区分 enclave。

enclave 能够保证其内部数据及代码的安全：一方面 enclave 使用的内存都位于 PRM 内，由 CPU 加密保护；另一方面 CPU 限制来自 enclave 外部的访问，保证 enclave 内部环境不受外部环境影响。具体包括如下：

1）外部无法访问和篡改 enclave 内的代码和数据。enclave 内的代码和数据对外部而言都是密文，外部无法获得明文；enclave 会对代码和数据的完整性进行校验，来自外部的任何篡改都会被发现。

2）外部无法访问和篡改 enclave 的寄存器。当 enclave 在 CPU 上运行时，寄存器被 enclave 占用，外部无法获取寄存器内容；当 enclave 离开 CPU 时，enclave 使用过的寄存器都会被清零。

3）enclave 执行挂起返回时将从挂起处继续执行。当 enclave 发生中断或者异常时，CPU 需要保存 enclave（包括寄存器状态在内）的当前运行状态，并存储在 enclave 内的状态存储区（State Save Area，SSA）中并清空运行状态。SSA 是 enclave 内部线程的本地存储区域，处于 enclave 内存范围内，因此其上存储的数据只能被该 enclave 的线程访问。然后，enclave 将 CPU 控制权交给 enclave 外部的应用程序，由应用程序和 OS 对中断或者异常进行处理，处理结束后返回 enclave。enclave 从 SSA 中恢复线程运行状态，并从中断处继续执行。

（3）断言证明

SGX 为 enclave 提供了断言证明服务。本质上，断言证明是向第三方证明运行在 enclave 内的代码是可信的、未被篡改的。断言证明会向第三方发送一个消息，且该消息是由指定 enclave 发出的，攻击者无法伪造。证明中包含 enclave 的度量值、签发者公钥指纹等信息，保证第三方可以验证 enclave 的身份。

断言证明的原理如下：

1）Intel 在 CPU 出厂时为每个 CPU 预置了一个独一无二的密钥（Provisioning Secret），并将该密钥烧写在 CPU 上的可编程电子熔丝中。可编程电子熔丝中还包括 Seal Secret（主要用于数据密封）。Provisioning Secret 由 Intel Key Generation Facility 生成、烧写到 CPU 中，而 Seal Secret 是在 CPU 内部生成的，理论上对 Intel 也是不可知的。

2）断言证明服务在 Intel 提供的两个 enclave（即 Provisioning Enclave 和 Quoting Enclave）的帮助下完成。通过 Provisioning Enclave，当前 CPU 可以从 Intel 处获得断言证明所使用的断言密钥（Attestation Key）：Provisioning Enclave 首先由 Provisioning Secret 计算得到 Provisioning Key，并向 Intel 证明拥有该 Provisioning Key，Intel 验证通过后生成断言密钥并发送给 Provisioning Enclave。

3）首次从 Intel 获得断言密钥后，将其加密存储在本地以供后续使用。当外部请求断言服务时，被请求的 enclave 将待断言数据通过本地的安全信道发送给 Quoting Enclave，Quoting Enclave 在验证消息确实来自本地的 enclave 后使用断言密钥对消息进行校验并签名。

图 7-2 展示了断言证明的过程。

①应用程序收到挑战者的断言证明请求。

②应用程序向应用程序 enclave 请求生成断言证明。

③应用程序 enclave 将生成的本地断言数据返回给应用程序。

④应用程序将本地断言数据转发给 Quoting Enclave。

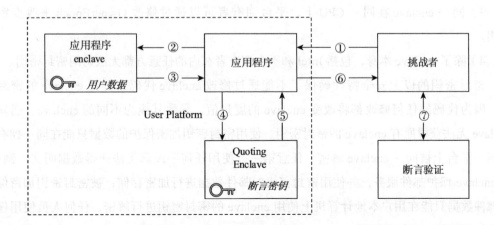

图 7-2　SGX 断言证明过程

⑤ Quoting Enclave 验证完本地断言数据后，使用断言密钥为其生成断言证明，并将结果返回给应用程序。

⑥应用程序将断言证明结果返回给挑战者。

⑦挑战者可以使用断言证明验证服务来验证该断言证明的有效性。

（4）数据密封

SGX 允许每个 enclave 对 enclave 内的数据进行认证加密（authenticated encryption）。SGX 为每个 enclave 提供了主要用于数据认证加密的专属密钥（也可称为密封密钥，Seal Key）。密封密钥只能由 enclave 自身获取，任何外部实体都无法获取该密钥，包括其他 enclave、操作系统、虚拟机监控器等。密封密钥通过基于 AES CMAC（Cipher-based MAC，具体算法见第 1 章）的密钥派生算法在 CPU 上动态计算得到，使用的密钥是 SGX 主派生密钥（Master Derivation Key，这个密钥从 Provisioning Secret 派生而来），密钥派生算法的输入主要包括：

1）MRENCLAVE，在 enclave 创建过程中产生的 enclave 度量值，即 SHA-256 杂凑值。

2）MRSIGNER，enclave 签发者公钥的 SHA-256 杂凑值。

3）OwnerEpoch，自定义信息，可由平台拥有者任意设置。

4）SEAL_FUSES（也就是 Seal Secret），固化在 CPU 内的秘密信息，每个 CPU 的值都不同，在 CPU 内部生成，理论上对 Intel 是不可知的。

这样的设计充分保证了密封密钥的唯一性：任何细微的代码不同都会导致 enclave 不同，从而密封密钥也不同；在不同 CPU 上，即使 enclave 相同，密封密钥也不同。外部无法通过修改 enclave 的代码将 enclave 的密封密钥输出，也无法通过将 enclave 运行在另一个 CPU 上间接地获取 enclave 的密封密钥。密封密钥具有的安全特性总结如下：

1）密封密钥与 enclave 相关，不同的 enclave 具有不同的密封密钥。

2）密封密钥与 CPU 相关，相同 enclave 在不同的 CPU 上将获得不同的密封密钥。

3）同一 enclave 在同一 CPU 上，平台拥有者可以通过修改 OwnerEpoch 来改变密封密钥。

4）除了 enclave 本身，包括 Intel 和平台拥有者在内的任意方都无法访问密封密钥。

密封密钥的以上安全特性确保了不能通过修改 enclave 代码来导出 enclave 的密封密钥。因为代码的任何修改都将改变 enclave 的度量值，导致其成为不同的 enclave，而新的 enclave 无法获得原有 enclave 的密封密钥。使用密封密钥加密保护的数据只能在同一拥有者的同一平台上被同一 enclave 解密，任意第三方使用任何手段都无法获得数据明文。例如，用 enclave 保护邮件服务，并使用密封密钥对邮件数据进行加密存储；被密封密钥加密保护的邮件数据只能在用户本地计算机上使用 enclave 的密封密钥进行解密，任何人员使用任何手段都无法获得邮件数据明文。

3. Intel TXT

Intel TXT 是 Intel 处理器系列的硬件安全扩展，其主要目标是：验证平台及其操作系统的真实性；确保真实的操作系统在受信任的环境中启动，然后可以将其视为受信任的环境；向受信任的操作系统提供额外的安全功能。

度量（measurement）是 TXT 频繁使用的概念，指的是使用密码杂凑算法对一个可执行程序进行消息摘要计算，确保其唯一性且能够探测出对其的修改。TXT 对启动环境中的关键组件进行精确的度量，为每个获得许可的启动组件都设置了一个唯一标识，并且提供基于硬件的增强机制以制止未授权代码的启动。TXT 技术构建了一个可信的执行环境，以防止对于操作系统、BIOS 代码、平台配置的恶意篡改。

本节简单介绍与 TXT 技术密切相关的可信平台模块，以及静态信任链和动态信任链的构建。

（1）可信平台模块

可信平台模块（Trusted Platform Module，TPM）是 TXT 中必不可少的组件，它为 TXT 提供包括平台配置寄存器、非易失性随机存取存储器（Non-Volatile RAM，NVRAM）、随机数发生器、密码实现、身份鉴别密钥等组件和功能。

TPM 是 TXT 的可信根，也是计算平台成功度量所必需的基础结构。TXT 依赖于 TPM 的平台配置寄存器（Platform Configuration Register，PCR）来存储度量值。TXT 在对组件进行度量时，并不是在 PCR 中为各个组件都存储度量值，而是按照一定的顺序将度量值不停地在 PCR 中进行"扩展"（extend）。TPM 会获取 PCR 的当前值和要扩展的度量值，将它们一起进行密码杂凑计算，然后用该度量值结果替换 PCR 的内容，这样只有以完全相同的顺序进行完全相同的度量工作才能获得一致的度量值。PCR 的这种扩展机制对于在软件层中建立信任链至关重要。

TPM 有不同的特权级别，称为 locality。每个 locality 有不同的 4 KB 大小的页面。芯片组可以决定哪些 locality 是激活的，系统软件通过正常的内存管理和分页功能来决定哪些进程可以访问这些页面。locality 总共分为 5 级（0~4）。

（2）静态信任链和动态信任链

TXT 支持静态信任链和动态信任链。静态信任链在平台启动（或重置平台）时启动，会将所有 PCR 重置为默认值。对于服务器平台，最开始的度量是由硬件（即处理器）执行的，用来度量经芯片组制造商数字签名的 ACM（Authenticated Code Module，已鉴别代码模块）。执行该 ACM 之前会验证其签名，随后由该 ACM 度量第一个 BIOS 代码模块，度量完成后 BIOS 代码模块还可以进行其他度量。ACM 和 BIOS 代码模块的度量值利用 PCR 扩展机制保存在 PCR0，PCR0 实际上存储了整个 BIOS TCB 的度量值，称为静态度量信任根，后续还会将其他代码、数据、配置的度量值扩展到 PCR1~PCR7 中。

当操作系统调用特殊的安全指令按需进行动态度量时，动态信任链就会启动，该指令会将动态 PCR（PCR17~PCR22）重置为其默认值，并开始启动度量。和静态信任链类似，最开始的动态度量是由硬件（即处理器）执行的，用于度量 SINIT ACM（Secure Initialization ACM，安全启动 ACM），该模块也由芯片组制造商签名。然后，SINIT ACM 测量第一个操作系统代码模块，TXT 称之为已度量启动环境（Measured Launch Environment，MLE）。在允许 MLE 执行之前，SINIT ACM 会验证平台是否满足平台所有者设置的启动控制策略（Launch Control Policy，LCP）的要求。LCP 包含三个部分：

- 验证 SINIT ACM 版本是否等于或高于指定的值。
- 通过将 PCR0~PCR7 与已知有效度量值进行比较来验证平台配置是否有效。
- 通过将 MLE 的度量结果与已知度量值列表进行比较，验证 MLE 是否有效。

其中策略的度量值将保存在 TPM 的 NVRAM 中（仅可由平台所有者修改），可以保护 LCP 及其已知度量值列表。一旦满足了 LCP，SINIT ACM 就允许 MLE 作为可信的操作系统启动代码执行，使其可以访问 PCR，并拥有 TPM 的 Locality 2 级别的访问权限。这样，MLE 就可以使用动态 PCR（PCR17~PCR22）进行额外的度量工作，包括对操作系统代码、配置和数据等进行度量。

7.1.2　方案的原理

我们简单回顾密码硬件实现的安全优势。密码硬件实现的重要安全前提就是物理隔离。密码硬件实现中，运行环境是封闭、隔离的，仅提供了必要的数据输入/输出用于传递明密文，不允许外部输入来控制和改变内部运行环境和代码。而且，隔离的硬件运行环境中仅运行密码计算实例，不运行其他任何应用，杜绝了同一运行环境的恶意应用发起攻击的可能性。此外，密码硬件实现一般会同时配置一块专门的安全存储区域，用于存储长期密钥，可以更有效地保证密钥数据的机密性。

相比于密码硬件实现，传统密码软件实现的安全问题来自灵活性，密码软件实现必须与其他应用共享执行环境，无法通过物理隔离来构建封闭的、独占的执行环境，也无法独立完成安全的密钥存储。可信执行环境可以在一定程度上缓解这些问题。基于可信执行环境的密钥安全方案的基本原理就是将密码软件实现运行在传统的操作系统内"逻辑"隔离的可信执行环境中，并配合一系列技术来保证密码软件实现的代码完整性、运行期的密钥安全和存储期的密钥安全，使其可以防范来自同一常规执行环境（例如 ARM TrustZone 安全区域之外的富操作系统）的攻击者。可信执行环境及其运行的密码软件实现就像是逻辑隔离的"孤岛"或者"飞地"，在一定程度上达到了类似于在常规执行环境中调用密码硬件实现的效果。

可信执行环境与用户态和内核态隔离、用户态进程隔离等传统隔离机制类似，实际上都是一组软硬件配合所实现的逻辑隔离机制。从安全性上来说，基于可信执行环境的密码软件实现就是第 3 章介绍的内核态、虚拟机监控器中的密码软件实现的进一步延伸。从原理上来说，虚拟机监控器和 ARM TrustZone 安全区域都是依赖于 CPU 硬件提供的隔离机制而创建的可信执行环境；可信执行环境需要通过服务接口对外部提供可调用的功能，一旦有了大量的服务和服务接口，攻击者就能利用各种可能的漏洞发起攻击，类似于用户态发起的内核提权攻击、虚拟机逃逸攻击等情况，针对 ARM TrustZone 安全区域的回旋镖攻击就是典型实例。

7.1.3 安全假设和安全目标

首先，基于可信执行环境的密码实现方案需要假设可信执行环境的各类软硬件安全特征总是成立的：

1）可信执行环境所提供的隔离机制能够正常运转并发挥其预期作用，例如 ARM TrustZone 的 CPU 状态隔离、内存区域隔离以及 I/O 外设隔离等机制。隔离机制发挥作用需要 CPU 硬件特征的支持，也需要运行在隔离空间的软件功能的支持。

2）可信执行环境的安全启动技术能够正常运转并发挥其预期作用，以保证安全操作系统的完整性和真实性。

3）可信执行环境配套的安全存储机制（如 Intel SGX 的数据密封功能以及 Intel TXT 配套使用的 TPM）等是安全可靠的。

其次，对于敌手的假设如下：

1）在可信执行环境中，运行的都是可信应用（Trusted Application，TA），没有恶意代码和安全漏洞，也就是说，只考虑从可信执行环境之外发起的攻击。当然，这个假设的隐含前提就是，可信执行环境中的功能应该受到非常严格的限制，仅包括最必要的代码以降低内部代码自身漏洞造成的安全风险。

2）敌手主要来自非安全域中运行的操作系统、用户，甚至是其他 enclave，敌手可以尝试直接从内存、硬盘或显示设备读取（窃取）密钥或其他敏感信息，也可能会篡改静态代码镜像或劫持代码的控制流来窃取密钥或其他敏感信息。

在以上安全假设下，基于可信执行环境的密钥安全方案需要达成以下三方面目标：

1）代码完整性保护。在代码运行前需要通过安全的启动加载程序来创建系统的安全初态；在运行过程中需要保证可信执行环境本身和可信应用的完整性，以防范恶意篡改和删除代码。

2）运行期的密钥安全。借助可信执行环境构建的隔离机制，保证相关的计算资源（如寄存器、内存）与非安全域有效隔离，特别是密钥和密码计算过程中的中间结果；相关的 I/O 接口也需要被严格控制，只为安全执行环境保留必要的接口，并防止非安全执行环境的攻击者通过接口发起攻击。此外，在计算过程中，还要配合可信执行环境机制，确保从非安全执行环境到安全执行环境的可靠切换，从而确保可信代码可以按需触发，并在切换时及时地清空运行现场。

3）存储期的密钥安全。需要借助可信执行环境配套的软硬件机制来安全地存储密钥，例如 Intel SGX 的数据密封功能、Intel TXT 配套使用的 TPM、ARM TrustZone 配套硬件支持的 SCC-AES（Security Controller-AES，安全控制器 – 高级加密标准）。

7.1.4　密钥安全方案设计和示例

本节将分别介绍基于 ARM TrustZone、Intel TXT、Intel SGX 的密钥安全方案设计和示例。

1. ARM TrustZone

本部分主要从方案设计和相应示例两方面来介绍基于 ARM TrustZone 的密钥安全方案。

（1）密钥安全方案设计

这里主要基于代码完整性保护、运行期的密钥保护、存储期的密钥保护三个重要安全目标讨论密钥安全方案的设计。

1）**代码完整性保护**：当系统启动时，可以通过 ARM TrustZone 的安全启动技术来保证安全操作系统镜像和密码软件实现的完整性和真实性，安全启动技术主要是通过数字签名实现。系统启动过程中，首先从 ROM 中把安全启动加载程序加载进安全内存；然后，安全启动加载程序把安全操作系统镜像和密码软件实现加载到安全内存中，将非安全启动加载程序和富操作系统内核加载到非安全内存中；最后，安全启动加载程序跳转系统到普通域，执行非安全的启动加载程序，并运行已经加载好的富操作系统内核。由于密码软件实现是在富操作系统之前加载的，富操作系统中的攻击者无法破坏其启动过程。这样攻击者就无法篡改静态的密码软件实现。此外，还可以通过 I/O 外部设备隔离的方式，将系统的某些非易失性存储设置为安全外设，将安全操作系统镜像和密码软件实现存储在其中，进一步防范攻击者对于静态代码的破坏。在系统启动后，安全操作系统和密码软件实现被加载到安全内存，并运行在安全域。受到 ARM TrustZone 的 CPU 状态隔离、内存区域隔离等隔离机制的保护，富操作系统中的攻击者无法访问运行中的安全操作系统和密码软件实现，就更谈不上篡改了，因此运行过程中的代码完整性也可以得到保护。

2）**运行期的密钥保护**：TrustZone 提供了安全的隔离执行环境，将 CPU 状态、内存区域、I/O 外部设备与富操作系统进行了隔离，在运行过程中，富操作系统中的攻击者就无法获取密码软件实现中的密钥和密码计算过程中的中间变量。另一方面，还需要设计可靠的域切换机制，保证敏感数据不会在切换到富操作系统后遗留在寄存器、内存中，因此就需要利用 TrustZone 里的安全中断来安全可靠地触发域切换，保证富操作系统中的攻击者无法恶意发起域切换，并在完成计算、从安全域切换回普通域前，妥善清空上下文信息以移除驻留的密钥等敏感信息。当然，以上方式只能抵御来自富操作系统的攻击者发起的软件攻击，并不能抵御冷启动攻击、DMA 攻击。为了防范高级的物理攻击者，还可以参考第 6 章中的相关方案，结合 ARM 的 iRAM 和 Cache locking 等机制完成对于物理攻击的防护。

3）**存储期的密钥保护**：与代码的完整性保护类似，可以基于访问控制和密钥加密存储两种方式完成对存储期的密钥保护。一方面，TrustZone 可以指定 I/O 外设的访问权限，使某些外设只允许来自安全域的访问，这样就可以将密钥存储在只有安全域可以访问的安全非易失性存储中。另一方面，还可以借助硬件支持的 SCC-AES 等机制，将密钥以密文形式存储，密钥加密密钥被存储在基于可编程电子熔丝的安全存储中。

（2）密钥安全方案示例

本部分以 TrustOTP 和 CaSE 两个方案为例，简要介绍基于可信执行环境的密钥安全方案。其中 TrustOTP 方案主要用于防范来自富操作系统的恶意攻击者；而 CaSE 则在 Cache 上搭建了一个片上安全执行环境，并结合 TrustZone 技术来防范软件攻击和硬件攻击。

1）TrustOTP。2015 年，孙赫等人在 ACM Conference on Computer & Communications Security（CCS）上提出了 TrustOTP 方案，它为智能移动终端提供了一个安全的一次性口令（One Time Password，OTP）解决方案。TrustOTP 通过使用 TrustZone 技术，结合软件令牌的灵活性和硬件令牌的安全性，确保在智能移动终端上生成的一次性口令的机密性、完整性和可用性。TrustOTP 的所有代码和数据，无论是在易失性还是非易失性存储上，都与运行于普通域的富操作系统相隔离。TrustZone 确保生成的口令和初始密钥只能在安全域中被访问，富操作系统无法破坏它们的机密性和完整性。TrustOTP 的静态代码镜像存储在只能被安全域访问的安全永久性存储中，所以富操作系统无法删除或修改代码镜像。用户通过触发一个不可屏蔽中断来确保系统在被请求时切换到安全域中，即使在移动操作系统被入侵甚至智能移动终端富操作系统死机时，也能为用户显示可靠的一次性口令。

TrustOTP 的架构见图 7-3。富操作系统运行于普通域，而 TrustOTP 运行在安全域中，包含三个主要组件：OTP 生成器、安全显示控制器和安全触摸屏驱动。需要说明的是，OTP 用于进行身份鉴别，一旦被敌手知悉，敌手就可以冒充对应用户，因此，除了密钥以外，也需要保证 TrustOTP 产生的 OTP 的机密性。由于 TrustOTP 和富操作系统共用相同的物理显示设备，TrustOTP 需要一个安全的显示控制器来保证一次性口令可以且仅可以被需要的用户看到。此外，为了同时支持多个一次性口令生成器，需要用户输入多个密钥，它们也需要可信地输入 TrustOTP 中。基于以上两点考虑，TrustOTP 还分别针对可信触摸屏显示和输入进行了保护，这主要是基于 TrustOTP 的内存区域隔离和 I/O 外部设备隔离机制来完成的。

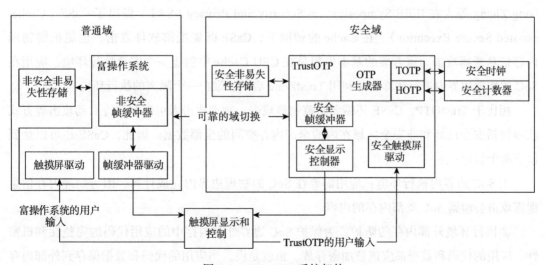

图 7-3　TrustOTP 系统架构

TrustOTP 系统架构的简单介绍如下：

① OTP 生成器和 OTP 认证服务器共享了一个相同的密钥，通过特定的 OTP 算法根据时间或事件持续产生一次性口令。TrustOTP 通过 TrustZone 技术来保证 OTP 算法代码的完整性，并在运行期和存储期对密钥进行保护。

②可信触摸屏显示方面，TrustOTP 集成了一个安全显示控制器，将来自一个安全帧缓冲器中的图片安全地传输到显示设备上，这个帧缓冲器中存储着将要显示的一次性口令的图像。安全帧缓冲器是位于安全域中的一段被保留的区域。当富操作系统运行时，图像处理单元被设为非安全设备，负责将数据从非安全帧缓冲器传输到 LCD 显示设备上。当系统切换到安全域时，安全显示控制器只使用安全帧缓冲器来将像素数据传输到 LCD 显示设备。在系统切换回富操作系统时，控制器清除设备中的痕迹来防止信息泄露，然后恢复富操作系统的设备状态。

③可信触摸屏输入方面，TrustOTP 在安全域中加入了一个安全触摸屏驱动，为用户提供安全域中的输入。当触摸屏上有触摸行为时，将产生一个电源管理集成电路中断，中断处理函数调用触摸屏的驱动，读取模拟数字转换寄存器的值来得到触摸点的位置。接下来，驱动根据输入的位置和显示的内容解析用户的行为。由于触摸屏同时被富操作系统和 TrustOTP 使用，它有两个中断处理函数：一个在普通域中，另一个在安全域中。当 TrustOTP 被不可屏蔽中断触发后，触摸屏的中断被设为安全的。然后，如果在屏幕上有触摸行为，一个中断将在安全域中出现。当所有安全域中的活动都结束了以后，触摸屏的中断被重新配置成非安全中断。

2）CaSE。TrustOTP 方案主要用于防范来自富操作系统的恶意攻击者，对硬件攻击（如冷启动攻击）等直接获取内存数据的攻击方式就无能为力了。这就需要在其基础之上，利用基于寄存器或者 Cache 的方案来抵抗冷启动攻击等硬件层面的攻击。为此，在 2016 年，Ning Zhang 等人在 IEEE Symposium on Security and Privacy（S&P）提出了 CaSE（Cache-assisted Secure Execution）。在 Cache 的辅助下，CaSE 既能抵御软件攻击，也能抵御物理内存信息泄露攻击。该方案的基本思想是在 CPU Cache 中创建一个安全执行环境，应用在 SoC 的物理边界内进行计算，并利用 TrustZone 启动、维护一个隔离的执行环境。

相比于 TrustOTP，CaSE 还需要防范物理攻击，物理攻击者可以利用冷启动攻击等方式获得包括安全区域和非安全区域在内的全部内存空间的全部数据。因此，CaSE 还可以达到以下两个目标：

① SoC 边界内执行环境：应用需要在 SoC 的物理边界内完成计算，因为物理内存信息泄露攻击会泄露 SoC 外部内存的内容。

②执行环境外部内存的防护：为保护 SoC 边界外部内存中的应用代码的完整性和机密性，应用的代码和数据都应该被加密存放。也就是说，当应用的代码和数据保存到外部内存时（例如在进行页表转换和上下文切换时）都必须经过保护。

　　CaSE 系统的整体架构如图 7-4 所示。该方案假设冷启动攻击者可以不受限地读取外部内存，包括安全域和普通域的内存；另一方面，软件攻击者能够任意读取和修改普通域的内存内容。

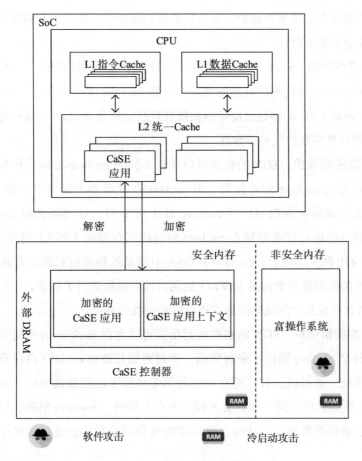

图 7-4　CaSE 系统架构

　　CaSE 将应用完全加载到 Cache 中创建的片上执行环境中。受保护的应用在内存中是经过加密的。当用户调用一个应用时，CaSE 控制器会先将已加密的应用加载到 L2 统一（unified）Cache 中，然后在 Cache 内对其进行验证和解密，并利用缓存内存（cached memory）创建执行环境。为防范富操作系统中的恶意攻击者，CaSE 还利用 TrustZone 的内存隔离机制，将基于 Cache 的执行环境与普通域中的富操作系统隔离，以免受软件攻击。最后，应用上下文在写回内存前，都会被加密；也就是说，敏感信息不会以明文形式离开 SoC。

　　与第 6 章的 Sentry 类似，CaSE 也使用了 ARM 的 Cache 锁定机制来搭建 SoC 边界内的执行环境，以确保执行的代码片段完全封闭在 SoC 的物理边界内。可信应用的代码、数据、堆、栈都被分配到 Cache 上。因此，冷启动攻击既不能读取程序的数据状态，也不能读取程序自身的代码。

2. Intel SGX

本部分主要从方案设计和相应示例两方面来介绍基于 Intel SGX 的密钥安全方案。

（1）密钥安全方案设计

本部分主要基于代码完整性保护、运行期的密钥保护、存储期的密钥保护三个重要安全目标讨论密钥安全方案的设计。

1）**代码完整性保护**：SGX 为每个 enclave 都计算了唯一的度量值，enclave 的度量值与 enclave 内的代码相关，对代码的任意修改都会导致 enclave 度量值改变。不同 enclave 具有不同的度量值，因此 CPU 能够通过度量值在硬件层次上区分 enclave。这样外部就无法破坏 enclave 内的密码软件实现的代码完整性。

2）**运行期的密钥保护**：SGX 的机制可以保证不同的 enclave 之间是相互隔离的，而且外部无法访问和篡改 enclave 的寄存器。当 enclave 在处理器上运行时，寄存器被 enclave 占用，外部无法获取寄存器内容；当 enclave 离开 CPU 时，处理器会将 enclave 中包括寄存器状态在内的当前运行状态存储在 enclave 内的状态存储区（SSA）中并清空运行状态；enclave 外部的应用程序完成后，enclave 从 SSA 中恢复线程运行状态，并从中断处继续执行。此外，SGX 的处理器保留内存（PRM）机制对内存数据进行了加密，不仅可以防止常规操作系统的攻击者获取其中的敏感信息，还可以抵御物理攻击。

3）**存储期的密钥保护**：SGX 的数据密封功能可以允许 enclave 对密钥等敏感数据进行加密。SGX 为每个 enclave 提供了密封密钥。密封密钥只能由 enclave 自身获取，包括其他 enclave、操作系统、虚拟机监控器等在内的外部实体都无法获取该密钥。因此，使用密封密钥加密保护的数据只能在同一拥有者的同一平台上被同一 enclave 解密，任意第三方使用任何手段都无法获得数据明文。这样，可以将密钥利用密封密钥进行加密存储以保证其机密性。

（2）密钥安全方案示例

本部分简要介绍 SGX 下的一个典型密码实现 SGX SSL。SGX SSL 是 Intel 公司的开源项目（https://github.com/intel/intel-sgx-ssl)，是 Intel SGX SDK 的重要组件，主要功能是为 OpenSSL 在 enclave 中的执行提供必要的运行环境支撑，保证密码计算在 enclave 中完成，而且包括密钥以及明文数据在过程中都无须离开 enclave，利用 Intel SGX 技术来保证其机密性和完整性。SGX SSL 库包含以下组件：

- ❏ **SGX SSL 密码库**（libsgx_tsgxssl_crypto.a） 它由经过少量修改的 OpenSSL 编译而来，保证其可以正常在 enclave 中运行。
- ❏ **SGX SSL 可信库**（libsgx_tsgxssl.a） 由于 SGX SSL 密码库需要在 enclave 中运行，但是 OpenSSL 原先需要的系统调用可能不被 enclave 所支持，而这个库在 enclave 内部为 SGX SSL 密码库提供了所缺失的操作系统调用。
- ❏ **SGX SSL 非可信库**（libsgx_usgxssl.a） 与 SGX SSL 可信库类似，它在 enclave 外

部为 SGX SSL 密码库提供了运行时所缺失的操作系统调用。

图 7-5 展示了 SGX SSL 具体的工作流程。

1）用户的非可信代码调用其在 EDL（Enclave Definition Language，enclave 定义语言）文件中声明的可信代码。EDL 文件定义了 enclave 和应用之间的 ECALL（Enclave Call，enclave 调用）和 OCALL（Outside Call，外部调用）接口函数，扩展名为 .edl。非可信应用可以通过 ECALL 调用 enclave 内的可信代码，而 enclave 内的可信代码可以通过 OCALL 调用 enclave 外的非可信代码。

2）用户的可信代码在执行过程中调用 SGX SSL 提供的库，既可以调用 SGX SSL 可信库提供的管理 API 来实现某些管理功能（例如获得库的版本、注册回调函数等），也可以直接调用 SGX SSL 密码库所提供的 OpenSSL API 进行密码计算。对于 SGX SSL 密码库的调用，分为如下两类情况：

❏ 如果所调用的函数在 SGX SSL 可信库内部，且不依赖于系统调用（例如单纯的密码计算），这些函数就可以直接完成并返回。

❏ 如果所调用的函数依赖于一些操作系统调用，且这些操作系统调用可以在 enclave 内部完成，那么它将在完成后直接返回而不需要离开 enclave；如果系统调用需要离开enclave，那么会进一步跳转至 SGX SSL 非可信库，在非可信的区域中执行。

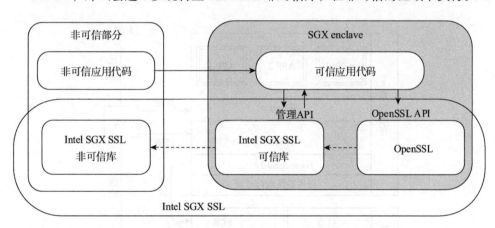

图 7-5　Intel SGX SSL 的工作流程

3. Intel TXT

本部分主要从方案设计和相应示例两方面来介绍基于 Intel TXT 的密钥安全方案。

（1）密钥安全方案设计

本部分主要基于代码完整性保护、运行期的密钥保护、存储期的密钥保护三个重要安全目标讨论密钥安全方案的设计。

1）**代码完整性保护**：TXT 的静态信任链和动态信任链机制可以对密码软件实现的代码进行完整性度量，保护其不被攻击者恶意篡改。

2）**运行期的密钥保护**：TXT 为密码软件实现提供了一个与常规操作系统隔离的执行环境，可以保证在运行时，将常规操作系统挂起，密码软件实现中的密钥不会被常规操作系统中的攻击者恶意获取。

3）**存储期的密钥保护**：TPM 不仅可以为 TXT 提供必要的可信根，还可以提供非易失性随机存取存储器（NVRAM）、随机数发生器、密码计算等功能，为密码软件实现中的密钥生成、密钥存储提供便利。在设计密码应用方案中，可以利用 TPM 生成密钥，同时将生成的密钥安全地存放在 TPM 中。

（2）密钥安全方案示例

Hypnoguard 方案是 Lianyin Zhao 等人于 2016 年 ACM Conference on Computer and Communications Security（CCS）上提出的利用 Intel TXT 完成的全内存加密方案，用于缓解从睡眠中的计算机提取密钥的威胁，保护所有由于 ACPI S3 挂起而驻留于内存的数据。

Hypnoguard 通过在进入睡眠之前使用一次性使用的随机对称密钥（SK）加密整个系统内存（无论内核或用户空间），使得用户秘密信息不会以明文形式出现在内存中。然后，使用一个公钥（HG_{pub}）加密 SK 并存储在系统内存中。此时，只有 HG_{pub} 对应的私钥 HG_{priv} 可以解密 SK；而 HG_{priv} 存储在 TPM 芯片中，并由 Hypnoguard 的度量值和用户口令保护。图 7-6 显示了睡眠唤醒周期内 Hypnoguard 的内存布局和密钥使用情况。

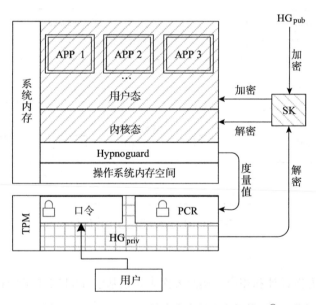

图 7-6　Hypnoguard 的内存布局和密钥使用[一]

在唤醒时，Hypnoguard 在 TXT 中执行。首先，提示用户输入 Hypnoguard 用户口令，只有在真正的 Hypnoguard 环境中提供了正确的口令，HG_{priv} 才会从 TPM 解锁（仍然在 TXT 中完成）。然后，利用 HG_{priv} 解密 SK，并立即将 HG_{priv} 从内存中删除；最后，利用 SK 解密

[一]　阴影区域代表加密的数据，不同类型的阴影指的是使用不同的密钥类型。

整个内存，并从 TXT 退出到常规操作系统运行。需要说明的是，一次性的 SK 不会在以后的任何会话中重复使用，每次睡眠都会重新随机生成。

Hypnoguard 选择在 TXT 下执行应用，其中执行环境的度量值存储在 TPM 中（用于访问 HG$_{priv}$）。TXT 和 TPM 的使用确保了待加载和执行的应用将反映在度量值中，既不能在加载时伪造，也无法在加载之后被篡改，被度量的运行环境的内存和 I/O 也可以免遭来自外部的攻击。

7.2 基于事务内存机制的密钥安全方案

可信执行环境扩展为密钥安全方案的设计和实现提供了极大的便利，但是可信执行环境的创建和切换都需要较高的性能代价，因此一些研究人员开始探索基于其他处理器扩展特性的密钥安全方案。2015 年，管乐等人在 IEEE Symposium on Security and Privacy 上提出了 Mimosa 方案，利用 Intel TSX（Transactional Synchronization eXtension，事务同步扩展）技术实现了安全的 RSA 密码算法实现方案，同时抵抗物理内存攻击和软件内存攻击。

Mimosa 方案借助 Intel 的 TSX 技术，利用硬件事务内存（Hardware Transactional Memory，HTM）的特性，从硬件层面保证私钥以及计算过程中使用的中间变量只存在于进程所在核心的独占 Cache 中，可以防止敌手直接从物理内存中窃取私钥等敏感信息，保障公钥密码算法实现在计算机系统环境下的安全性。Mimosa 方案支持多核处理器，多个核可以同时进行密码运算，保证了运算效率。

和 PRIME、Copker、RegRSA 等方案类似，Mimosa 使用了"AES 主密钥 –RSA 工作密钥"的结构，128 位的 AES 主密钥存储在调试寄存器中。当没有密码计算请求时，密钥始终以密文形式存放在内存中；计算过程中通过 Intel 的 TSX 扩展，利用硬件事务内存来保护私钥。硬件事务内存技术原本是为了提升并行程序的效率，但是其强原子性也可以用来检测对包含敏感数据的写集（write-set）的并发访问。同时，为了支持回退操作，需要在写集（暂存于 Cache 中）里跟踪内存访问，这意味着原子操作被限制在 Cache 里面、写集的数据不会被写回内存中。

在进行密码计算的时候，Mimosa 依靠硬件事务内存特性来保证：1）一旦 Mimosa 计算线程以外的其他线程要读取写集里的明文密钥，事务就会中止（abort），并在 CPU 内部自动地清除写集的中间数据；2）包括密钥和中间计算结果在内的中间数据仅仅出现在 CPU 的片上 Cache 里，而不会载入内存中。

Mimosa 的每次密码计算都作为一个事务原子地运行。在事务之前和之后，操作系统都不会存在任何明文的机密数据，在事务运行期间，其他进程都无法读取它的敏感数据。事务从解密密钥到写集开始，接着进行密码计算，同时通过监控写集来检测对写集的并行访问。一旦发生这种情况，硬件就会自动、强制性地清除事务的所有中间数据，如果计算顺利完成，在提交事务结果之前，程序还要主动地清除敏感区域内存。这样，即使软件攻击可以成功地访问密钥所在的内存，也不会得到明文的密钥。另外，由于 Intel TSX 的实现特性，整个事务被限制在 Cache 中执行，所以 Mimosa 也可以抵抗冷启动攻击和只读 DMA 攻击。

7.2.1　Intel TSX 工作机制

事务内存的设计初衷是提高并行程序的效率，减少多线程编程的难度和代价，使程序员可以通过粗粒度锁实现细粒度锁的效率。其关键思想是使临界区只有在确定发生数据访问冲突后才串行执行。数据冲突是指有多个线程并发进入某个临界区时，多个线程同时访问了同一内存地址且至少有一个是写操作。如果整个事务执行过程都没有发生访问冲突，那么所有事务对内存的修改将被原子地提交，并对其他线程可见；否则，所有的更新操作将被撤销，然后线程回滚到保存的状态点。

Intel 的 TSX 技术首次搭载于第四代酷睿处理器（Haswell 架构），提供了完全用硬件实现的事务内存。程序员只要指定需要事务执行的区域，处理器将自动进行冲突检测、提交和回滚操作。为了检测冲突，TSX 把所有更新但未提交的数据暂存于 L1 D-Cache 中，并维护一个读集（read-set，事务中所有读过的内存地址）和一个写集（write-set，事务中所有写过的内存地址）。数据冲突检测机制可以缓存行的粒度，建立在 Cache 一致性协议之上。数据冲突在以下两种情况下发生：1）另外一个线程读取了事务写集的一段内存；2）另外一个线程更新了事务的读集或写集的一段内存。如果没有冲突发生，所有事务的更新操作被原子地提交，否则更新操作被丢弃，处理器的状态被还原到保存的状态点，如同该事务从来没有发生过一样（类似于瞬态执行的效果）。但是，除了数据冲突，有很多其他的事件和指令也会导致事务中止，包括但不限于：Cache 控制指令（例如 CLFLUSH、WBINVD 和 INVD）、对 X87 协处理器和 MMX 寄存器的操作、系统的后台活动（中断、异常）、执行自修改代码、微架构特定的原因等。TSX 的官方文档中对此有更为细致的说明。

根据不同的事务中止处理方式，TSX 提供了两套不同的接口：

1）硬件锁消除（Hardware Lock Elision，HLE）接口通过指令前缀的方式兼容旧平台，一旦发生中止，处理器回滚到原始状态，然后自动地重新执行。在重新执行时，会忽略 HLE 前缀，以非 TSX 模式执行，即在进入临界区前，显式地加锁。

2）受限事务内存（Restricted Transactional Memory，RTM）接口提供了三个新的指令（XBEGIN、XEND 和 XABORT）来开始、提交、中止一次事务执行。使用 RTM 接口，开发人员需要给 XBEGIN 指令指定一个回退处理程序（fallback handler）作为参数。事务异常中止后，程序会跳转到该回退处理程序处，程序员在此处可以根据上下文编写进一步处理该情况的代码，例如可以重新尝试以 RTM 方式运行，也可以显式地加锁。

7.2.2　安全假设和安全目标

Mimosa 假设敌手能够发起冷启动攻击和只读 DMA 攻击，读取操作系统内核中的内存数据。Mimosa 安全模型信任 HTM，假设 Intel TSX 的实现和 Intel 规范的描述一致；也信任操作系统内核，假设操作系统内核的完整性可以得到保证。另外，存储在调试寄存器的主密钥不能被别的进程访问，为此和 TRESOR 方案一样，需要为 Linux 内核打补丁以阻断对调试寄存器的访问。

在以上安全假设的前提下，Mimosa 系统要达到以下目标：

1）在密码计算过程中，除了 Mimosa 线程以外的其他线程都不能获取内存中的敏感数据，包括主密钥、私钥和中间变量等。

2）进一步，在每一次事务执行中，无论是成功提交还是被意外中止，每个 Mimosa 线程都会立刻清除所有的敏感数据。因此，攻击者不能通过打断 Mimosa 来获取敏感数据。

3）敏感数据永远不会出现在内存芯片上。

前 2 个目标是为了抵抗软件内存攻击和由核心转储引起的内存信息泄露攻击；第三个目标则使冷启动攻击或只读 DMA 只能获取密钥的密文。

总之，Mimosa 可以抵抗由于内核漏洞引起的各种软件内存攻击（例如，用户态的恶意攻击者利用内核漏洞读取内核内存地址空间和其他用户态进程内存空间的密钥数据）。同时，Mimosa 也可以抵抗冷启动攻击和只读 DMA 攻击，因为敏感数据永远不会写入内存芯片。但是，Mimosa 并不能抵御可写的 DMA 攻击，因为该攻击破坏了内核的完整性，需要结合保护内核完整性的方法抵抗这一类攻击。

7.2.3　方案设计

Mimosa 采用密钥加密密钥（KEK）保护其他密钥的结构。AES 主密钥在系统启动时导入，此后被存储在调试寄存器中。当收到 RSA 私钥计算请求时，RSA 上下文动态地在一次事务执行中生成、使用和销毁。当没有计算任务时，RSA 私钥始终以密文的形式存储在内存中。

如图 7-7 所示，Mimosa 的操作周期分为两个阶段：初始化和保护计算阶段。初始化阶段仅仅在系统启动时执行一次，它初始化 AES 主密钥并分配必要的计算资源。保护计算阶段在每次 RSA 私钥计算时进行，此阶段处理 RSA 私钥计算任务，所有该阶段的内存访问都会被 CPU 自动地跟踪和检查，以保证 Mimosa 的安全目标。

1. 初始化阶段

该阶段分为两步：Init.1 和 Init.2。如图 7-7 所示，Init.1 与 TRESOR 和 Copker 类似，仅仅在启动阶段执行，运行在内核空间。过程如下：首先，用户在弹出的命令提示窗口中输入口令，然后通过密钥生成算法导出主密钥，并复制到每个 CPU 核里。该阶段涉及的中间状态都被清除，用户还被要求输入 4096 个字符来覆盖之前的输入缓存。在此阶段，敏感数据会短暂地出现在内存芯片中。我们假设这时不存在攻击，并且用户输入的口令足以抵抗暴力穷举攻击。在 Init.2 中，包含密文私钥的文件从磁盘被载入内存，该文件在安全的环境（如离线的可信计算机）安全地生成。

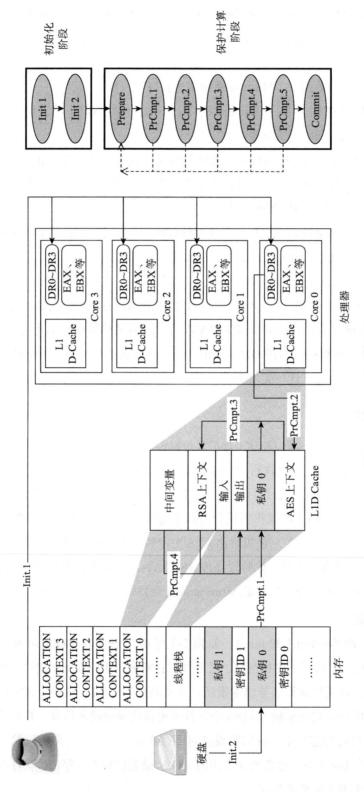

图 7-7 Mimosa 的总体架构

2. 保护计算阶段

当 Mimosa 收到 RSA 私钥计算请求时，使用相应的私钥来进行密钥计算，然后把结果提供给用户。此阶段包含以下步骤：

1）Prepare：TSX 开始在 L1 D-Cache 中跟踪内存访问（维护读 / 写集）。

2）PrCmpt.1：密文形态的私钥从内存载入 Cache。

3）PrCmpt.2：主密钥从调试寄存器载入 Cache。

4）PrCmpt.3：用主密钥解密私钥，生成私钥上下文。

5）PrCmpt.4：用明文私钥进行相关的密钥计算。

6）PrCmpt.5：除了计算结果，所有在 Cache 和寄存器中的敏感变量被清除。

7）Commit：完成事务，提交结果。

所有保护计算阶段的内存访问都通过硬件方法监控。特别地，Mimosa 利用 Intel TSX 技术声明了一个事务区，在事务执行时，凡是违反 Mimosa 安全原则的操作均会被发现，包括：1）任何企图访问已更改内存的读写操作（需要指出的是，解密的明文私钥和任何敏感中间计算结果都在 TSX 的写集中）；2）由于 Cache 回收或替换，导致数据从 Cache 同步到内存。

如果上述内存异常没有发生，则整个事务被提交，计算结果被返回；否则，硬件的中止处理逻辑会自动丢弃所有更新过的内存，接着执行提前设定的回退处理程序来处理该异常，之后可以立刻重试或者进行一些辅助操作后再重试。

为了充分利用多核处理器的性能，Mimosa 支持并行处理多个密码计算任务。每个核都被配置了必要的资源：每个核需要在保护计算阶段独占一段内存，该内存主要用于 RSA 计算中的动态内存分配。而且，每个核预留的空间被精心地隔离，以 Cache 行作为单位分配空间，防止多核执行的 Mimosa 计算任务引起事务中止的数据冲突。

7.2.4 系统实现

本节介绍 TSX 扩展指令集的 RTM 接口，然后描述 Mimosa 的具体实现。实际上，事务内存机制本身并不是为软件密码实现而专门设计的，简单地利用事务内存完成密码软件实现，会因为频繁的事务中止导致回滚，严重影响性能，Mimosa 在实现过程中的重要工作之一就是克服各种技术障碍来获得足够的性能。

1. RTM 编程接口

在保护计算阶段，计算任务被限制在一次事务中执行。Mimosa 使用了 Intel 的 TSX 作为底层的事务内存原语，特别地，使用了受限事务内存（RTM）机制作为编程接口。通过 RTM 的灵活接口，Mimosa 可以控制回退处理函数，自定义异常处理策略。

RTM 使用三个新指令（XBEGIN、XEND 和 XABORT）来开始、提交和中止一次事务执行。开始指令 XBEGIN 使用两字节（0xC7、0xF8）作为操作码，并使用一个立即数作为操作数，该操作数是回退处理函数对当前 EIP 寄存器的相对偏移。一旦发生事务中止，TSX 首先恢复处理器微架构状态，接着在正常的状态下执行回退处理函数。此外，导致本次异常中止的原因也会保存在 EAX 寄存器。例如，EAX 寄存器的第三位表示数据冲突，而第四位表示 Cache 已满。需要注意的是，返回码并不能完全精确地反映每个导致中止的事件。例如，由于不友好指令或者由于中断事件造成的事务中止，返回码为 0。因此，判断事务中止的原因不能完全依赖此返回码。事实上，EAX 返回的错误码仅仅在运行时对快速判断中止原因有提示作用，Intel 建议在使用 TSX 编程时，使用更加强大的性能监控来做深度分析。指令 XEND 和 XABORT 则分别用于主动提交和中止一次事务。除了以上三个指令，TSX 还提供了 XTEST 指令来测试当前 CPU 核是否运行在事务区。

Mimosa 用 C 语言函数将以上 RTM 指令封装在内核态。如代码清单 7-1 展示了 _xbegin() 的代码实现。

代码清单 7-1   _xbegin() 的代码实现

```
1. static __attribute__((__always_inline__)) inline
2. int _xbegin(void){
3.     int ret = _XBEGIN_STARTED;
4.     asm volatile(".byte 0xC7,0xF8; .long 0" : "+a" (ret) :: "memory");
5.     return ret;
6. }
```

首先，默认返回值被设为 _XBEGIN_STARTED，它代表事务成功开始。接着，指令 XBEGIN 开始事务执行（".byte 0xC7,0xF8"）。操作数 ".long 0" 把回退处理路径的偏移设为 0，即下一条指令（"return ret"）。如果事务成功开始，返回值不变并返回给调用者。接着程序在事务区执行，直到成功完成并提交结果。如果事务中止，程序运行回退处理路径的代码（即 "return ret"），此时，除了 EAX（异常中止原因代码），处理器的微架构状态已经恢复成 XBEGIN 之前。根据 EAX 存储的原因代码，程序可以决定是否要重新执行事务。

2. 初步实现

AES 主密钥明文存储在调试寄存器中，保护计算过程采用了 1.2.10 版本 PolarSSL 的 AES 和 RSA 模块。PolarSSL 占用内存很少，有限的 Cache 资源就足以完成事务。PolarSSL 的 AES 模块基于传统的 S-box 实现，Mimosa 简单修改代码使其支持 AES-NI，并将 AES 主密钥作为加 / 解密密钥。使用 AES-NI 有三个好处：首先，没有了 S-box，内存占用显著减少；其次，由于硬件加速，AES 解密速度得以提升。最重要的是，AES-NI 可以抵御基于时间和 Cache 的侧信道攻击。

在 PolarSSL 的大整数模块中，为了加速计算，内联汇编使用了 MM 寄存器。然而，根据 TSX 规范，不能在事务中使用 MM 寄存器。Mimosa 把 MM 寄存器组替换为 XMM 寄存器组，使得代码可以兼容 TSX，因为支持 SSE2 扩展的 CPU 都支持 XMM 寄存器。

保护计算阶段的步骤 PrCmpt.1 ~ PrCmpt.5 被封装成了 C 语言函数：mimosa_compute(int keyid, unsigned char* in, unsigned char * out)。利用 RTM 接口把该函数集成进事务区域看上去很直接，即把该函数放在 _xbegin() 和 _xend() 之间。如代码清单 7-2 所示，为避免可能发生的中止，把 _xbegin() 放在无限循环中，只有成功提交事务才能继续后续的代码。

代码清单 7-2　Mimosa 执行计算的代码段

```
1. while (1){
2.     if (_XBEGIN_STARTED == _xbegin())
3.     break;
4. }
5. mimosa_compute(keyid, in, out);
6. _xend();
```

如 7.2.3 节所述，PrCmpt.5 在提交结果前还需要清除以下区域中的敏感数据：

☐ 内存分配的缓冲区　大整数模块需要动态分配内存。

☐ mimosa_compute() 的栈　AES 轮密钥和明文私钥存储在函数 mimosa_compute() 的栈上。

☐ 寄存器　计算中用到的通用寄存器和用在 AES、大整数模块的 XMM 寄存器。

3. 性能优化

上述的初步实现虽然完成了 Mimosa 的安全目标，但是在运行时事务几乎一次都不能成功提交。接下来的部分，我们将分析各种会导致事务中止的原因，以及相应的优化方法。实验使用了 perf 性能分析工具和 Intel 软件开发模拟器（Software Development Emulator，SDE）来辅助完成。perf 性能分析工具依赖 Intel 性能监控设施（Intel performance monitoring facility），它支持基于精确事件的取样（Precise-Event-Based Sampling，PEBS），此功能可以在特定事件发生时记录当时的处理器状态，所以在 RTM 执行被中止时触发的 RTM RETIRED.ABORTED 事件将被监控。处理器状态不仅可以帮助找出中止原因，也可以定位引起中止的指令，即 eventing IP。SDE 是 Intel 提供的对新指令集扩展的官方软件模拟器，它可以检测出需要模拟的指令，跳过该指令，然后执行模拟该指令的函数。SDE 提供了强大的日志功能，可以帮助分析事务执行过程中的细节。

（1）避免数据冲突

经分析，在初步实现中，模幂运算使用了操作系统提供的动态内存分配库，而操作系统服务于所有需要动态请求内存的线程。为了维护一致性，所有线程共享元数据（例如，空闲堆内存列表），当来自不同 CPU 核的多个并行执行的线程同时请求新内存时，就会发生内存访问冲突。

Mimosa 解决方案是：不使用操作系统提供的动态内存分配机制，让每个 Mimosa 线程在进入事务区后独占一个内存分配上下文。Mimosa 为每个 CPU 核预留了一个静态的内存缓冲区，当 Mimosa 进入事务区后，其内存请求只能从该静态缓冲区获取内存空间。Mimosa 为每个 CPU 核分配上下文数组，声明为 ALLOCATION_CONTEXT。其中，ALLOCATION_

CONTEXT 的第一个成员以 64 字节对齐，因为 64 字节是一个缓存行的大小，而 TSX 以缓存行的粒度在读 / 写集维护事务的内存访问。这防止了连续上下文间的缓存行共享，即两个线程同时访问在同一缓存行的两个不同内存地址，避免导致非预期的数据冲突。

在事务区，当 Mimosa 的线程调用内存分配函数请求内存时，将会调用 mimosa_malloc() 函数。该线程首先获取其所在 CPU 核的核 ID，然后以此偏移得到分配给该核的内存分配上下文，以后的实际内存分配在此上下文中进行。

（2）禁止中断与抢占

RSA 私钥计算通常相对耗时，一次事务执行很可能被任务调度等中断中止。除此之外，其他中断也会造成事务中止。为了给 Mimosa 线程更长的时间来完成计算，在线程进入事务区前，本地中断和内核抢占将被临时禁止。事实上，其他无内存加密方案，如 TRESOR、PRIME 和 Copker 都需要在计算时禁止中断以保证计算的原子性，Mimosa 禁止中断的直接目的是提高事务提交的成功率，因为 TSX 机制本身就确保了原子性。

（3）连续中止后延迟

采取上述措施之后，被事务中止浪费的 CPU 时钟数占比仍然较高，导致 Mimosa 效率低下。Intel 建议在发生因数据冲突而导致的中止后，延迟一定时间再重试。经过实验测定，每 5 次失败的事务延迟一次可以达到较高的效率，该数据也是之前文献[⊖]中的经验值。通过大量实验观测，在权衡单线程和多线程下的吞吐率后，延迟 10 个 CPU 时钟周期是较优的选择。经过以上的优化，被事务中止浪费的 CPU 时钟数占比可以下降到 5%，处理器的绝大部分指令用在了成功提交的事务中。

4. Cache 拥堵型拒绝服务攻击和拆分保护计算

基于硬件事务内存的密钥保护方案 Mimosa 在纯净的、没有其他多余用户态程序的环境中拥有与未实现安全保护机制的 RSA 算法主流实现达到相当的性能，但是 Intel TSX 事务的特性引入了额外的 Cache 拥塞型拒绝服务攻击（Denial of Service，DoS）威胁。当 Mimosa 线程与内存密集型程序同时运行时，会导致 Mimosa 线程的性能急剧下降。这主要是由于在 Cache 中维护了 RSA 私钥计算过程的读集（read-set）和写集（write-set），而 Cache 的容量有限且在所有核之间共享，内存密集型程序的运行将导致事务频繁中止。在当前 Intel 实现中，读集被维护在 L3 Cache 中，写集被维护在 L1 D-Cache 中。

另外，由于 Intel CPU 的 L1 D-Cache 为 8 路组相联，因此，当 9 个写集中的内存地址映射到同一个 Cache 集时必定导致事务中止。并且，Intel 的实现并不保证 Cache 的所有缓存行都可以应用于事务执行。所以，当一个使用大量内存的程序运行时，将会大概率停止 Mimosa 服务，这是因为这个程序会将 Mimosa 线程占用的缓存行逐出。

⊖　Yoo R M, Hughes C J, Lai K, et al. Performance evaluation of Intel® transactional synchronization extensions for high-performance computing[C]. Proceedings of the International Conference on High Performance Computing, Networking, Storage and Analysis. 2013: 1-11.

为减少事务内密码计算的耗时,改进的 Mimosa 方案提出了事务拆分机制,通过事务拆分来减少事务内敏感信息计算的耗时,从而降低事务回滚带来的开销。

在 RSA 私钥计算期间,如果恶意进程通过内存信息泄露攻击读取 RSA 私钥,就会导致事务回滚,RSA 私钥被自动清除,攻击者不能获得任何明文密钥信息。由于在耗时的 RSA 私钥计算事务执行过程中发生事务中止是在所难免的,尤其是当 Mimosa 线程与内存密集型程序同时运行时,事务执行过程中将产生大量中止,从而带来巨大的 CPU 时钟周期数浪费。直接的想法是将 Mimosa 方案中的 RSA 私钥计算拆分成多个事务,并在事务之间保存已经计算完成的中间计算结果。这种事务拆分的设计有以下两个好处:

1)即使整个 RSA 私钥计算没有完成,也可以保存一些耗时的中间计算结果。当事务中止时,可以直接利用这些已经计算完成的中间结果开始进行下一步计算,而不用重新开始非常耗时的整个 RSA 私钥的计算。

2)和未拆分的事务相比,每个事务只消耗较少的 CPU 时钟周期并且只占用较少的内存空间,因此,这些小事务更容易成功提交。

Mimosa 方案在刚开始执行第一次模幂计算、刚开始执行第二次模幂计算以及最后的混合基数转换计算时,内存空间的需求量将显著增加。在一次模幂 / 模乘计算过程中,程序占用的内存空间量几乎保持不变。因此,李从午等研究人员提出了如下 Mimosa 进行事务拆分的方案:在第一次模幂和第二次模幂之后都进行事务拆分,将整个 RSA 私钥计算拆分成三个部分,如算法 7-1 所示。

算法 7-1 拆分成三个事务的 RSA 解密计算过程

第一部分

输入:密文 C,加密后的第一个私钥组 pk_{1c}

输出:P_{1c}

1. (p, d_p)= AESDecrypt(pk_{1c})

2. $P_1 = C^{d_p} \bmod p$

3. P_{1c}=AESEncrypt(P_1)

第二部分

输入:密文 C,加密后的第二个私钥组 pk_{2c}

输出:P_{2c}

1. (p, d_q)= AESDecrypt(pk_{2c})

2. $P_2 = C^{d_q} \bmod q$

3. P_{2c}=AESEncrypt(P_2)

第三部分

输入:密文 C,第一部分的输出 P_{1c},第二部分的输出 P_{2c},加密后的第三个私钥组 pk_{3c}

输出:P

1. (p,q,qinv)=AESDecrypt(pk_{3c})

2. P_1=AESDecrypt(P_{1c})

3. P_2=AESDecrypt(P_{2c})

4. $t=(P_1 - P_2) \cdot \text{qinv} \bmod p$

5. $P = P_2 + tq$

实验表明，拆分过后，不论是纯净环境还是内存压力测试环境，由于事务中止所导致的性能损失明显减少。当拆分后的 Mimosa 方案与内存密集型程序同时运行时，拆分事务的方案的中止率由未拆分版本的 57% 下降到 11%。

此外，由于引入事务拆分后，整个 RSA 私钥计算不再是一个原子操作，需要在事务结束前对已经计算完成的中间计算结果使用 AES 主密钥进行加密，然后在下一个事务开始后再进行 AES 解密来实现事务外的安全保护。在每个事务中，除了这些中间计算结果，其他已经完成的计算数据都需要在事务成功提交之前擦除。

7.2.5 实现评估

本节从安全性和性能两方面评估 Mimosa。

1. 安全性分析

Mimosa 的安全目标可以利用 TSX 机制得到实现：在保护计算阶段，任何访问私钥的攻击都会自动触发 TSX 硬件机制，所有的中间数据（包含敏感信息）立即被清空；而如果事务可以成功提交，运行环境可以保证被限制在 L1 D-Cache 中，而且事务总是以清除私钥等敏感信息结束。由于敏感数据仅出现在片上，因此能够有效地防范冷启动攻击和只读 DMA 攻击。

Mimosa 可以抵抗 Cache 侧信道攻击和计时侧信道攻击。因为 AES-NI 本身不受任何已知的侧信道攻击；RSA 私钥计算部分完全在 Cache 中实现，可以防范 Cache 侧信道攻击，RSA 盲化技术可以抵抗计时侧信道攻击。

Mimosa 的安全依赖于内核的完整性，所以不能抵抗可写的 DMA 攻击，例如 TRESOR-HUNT，因为 TRESOR-HUNT 通过修改内核代码，可以直接读取调试寄存器，会威胁主密钥的安全。因此，Mimosa 需要依靠其他解决方案保护内核完整性，或者通过 IOMMU 等方式阻断 DMA 攻击。

2. 性能评估

Mimosa 在 Intel 酷睿 i7-4770S 处理器（4 核，3.4 GHz）的机器上进行性能评估，该机器运行 Linux 操作系统（内核版本为 3.13.1）。Mimosa 对事务未拆分和事务拆分这两种实现进行了性能对比，本节中，Mimosa_Partitioned_2 表示拆分成两个事务部分的 Mimosa 方案（在 CRT 计算第一次模幂之后拆分），Mimosa_Partitioned_3 表示拆分成三个事务部分的 Mimosa 方案。如图 7-8 所示，在以下实验中，Mimosa 的比较对象包括：1）官方默认配置的 PolarSSL（版本号为 1.2.10）；2）Mimosa_No_TSX，即关闭 TSX_ENABLE 宏后，非事务地运行 Mimosa；3）基于 Cache 计算的 Copker 方案。除可扩展性实验外，下面实验使用的密钥长度均为 2048 位。

（1）本地最大吞吐率

首先，Mimosa 在本地运行并提供 RSA 解密服务，经用户态测试应用程序调用，测试了不同并行度下的解密计算速率。如图 7-8 所示，除了 Copker，其他方案的性能差距都不大。Copker 性能较差的原因主要是处理器的 4 个 CPU 核共享 L3 Cache，所以在 Copker 设计中，同时只能有一个 CPU 核进行 RSA 私钥计算，其他的核都要进入非填充模式。对于 Mimosa 方案，拆分后的 Mimosa 方案以及 Mimosa_No_TSX 方案的效率甚至比 PolarSSL 还高，这是由于 PolarSSL 受进程调度影响较大。而 Mimosa 方案、拆分后的 Mimosa 方案以及 Mimosa_No_TSX 方案在这种情况下性能相当（纯净环境中的本地 RSA 私钥计算）。与耗时的整个 RSA 私钥计算相比较，拆分带来的额外开销几乎可以忽略不计。在本实验中，Mimosa_Partitioned_2 的性能比 Mimosa_Partitioned_3 稍好一些，这是由于此时更多的拆分带来的收益不足以抵消拆分带来的额外开销。

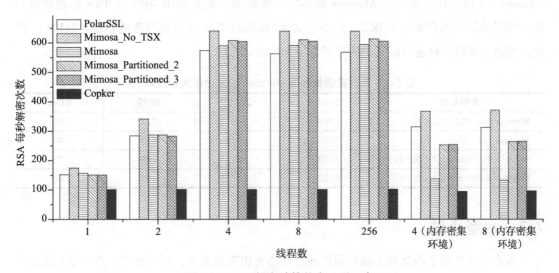

图 7-8　RSA 解密计算的本地吞吐率

研究人员继续在 RSA 私钥计算的同时运行 Geekbench 3 内存压力测试，衡量内存密集型程序对（不同版本的）Mimosa 方案产生影响的情况。在实验中，4 种不同的内存压力测试在所有的 CPU 核上运行，会造成约 10 GB/s 的内存数据传输；未运行任何用户程序的机器支持的最大内存传输率为 13.7 GB/s。除了 Copker，所有方案的性能都受到了不同程度的影响，大约浪费了 3/4 的计算资源。未拆分的 Mimosa 方案的 RSA 解密速度由每秒 593 次下降为每秒 137 次，下降幅度达到 77.0%。另一方面，Mimosa_Partitioned_2 方案的 RSA 解密速度由每秒 613 次下降为每秒 253 次，下降幅度为 58.8%；Mimosa_Partitioned_3 方案的 RSA 解密速度则由每秒 605 次下降为每秒 253 次，下降幅度为 58.2%。换言之，在内存密集环境中，拆分后的 Mimosa 方案比未拆分的 Mimosa 方案性能提升了 84.6%。同时，Mimosa_No_TSX 方案性能下降了 42.0%，PolarSSL 方案性能下降了 44.8%。因此，约有 45% 的性能损失是由内存压力测试的资源占用导致的，约 30% 的性能损失是由 Mimosa 方案中 Intel TSX 指令的使用以及对敏感内存访问造成的事务中止导致的。优化后，事务拆分的 Mimosa 版本将这部分性能损失下降到了 15% 左右。

（2）可扩展性

最后评估 Mimosa 的可扩展性，即在不同 RSA 密钥长度下的性能。Mimosa 的本地最大吞吐率见表 7-1。可见，随着密钥长度增加，拆分后的 Mimosa 版本相比未拆分的 Mimosa 版本的性能提升越来越明显。当事务中的内存使用量越来越多时，拆分方案的效果也越来越明显。随着密钥长度的增加，Mimosa_Partitioned_2（本实验中性能最佳的 Mimosa 版本）的效率下降速率和 Mimosa_No_TSX 基本一致：对于 1024 位、2048 位、3072 位以及 4096 位密钥的 RSA 解密操作，Mimosa_Partitioned_2 的性能分别是 Mimosa_No_TSX 的 99%、96%、94% 和 80%。这说明在 RSA 密钥小于 4096 位时，L1 D-Cache 的大小还没有成为 Mimosa（特别是在拆分后的 Mimosa 版本中）的瓶颈。实验测出 4096 位 RSA 私钥计算过程中用到的最大内存量为 9.3KB，远小于文献⊖测出的 TSX 支持的写集的容量（26KB），因此，理论上现有平台还可以支持内存需求更大的密码算法。

表 7-1　不同密钥长度下 Mimosa 的本地最大吞吐率

密钥长度	1024	2048	3072	4096
Mimosa_No_TSX（次／秒）	3798	640	212	95
Mimosa（次／秒）	3726	594	153	30
Mimosa_Partitioned_2（次／秒）	3742	613	199	75
Mimosa_Partitioned_3（次／秒）	3732	605	195	68

7.3　本章小结

本章主要介绍了两类基于处理器扩展特性的密钥安全方案，两者在技术方面存在较大的差异。

基于可信执行环境的密钥安全方案通过 ARM TrustZone、Intel SGX 等可信执行环境扩展，搭建出一块与普通执行环境相隔离的"飞地"，在这些逻辑隔离的"飞地"上进行密码算法的实现，可以保证可信的计算过程以及对关键敏感数据机密性和完整性的保护。本章主要介绍了 ARM TrustZone、Intel SGX 和 Intel TXT 这三类可信执行环境，并简要介绍了基于这些可信执行环境的密钥安全方案设计和实现。

以 Mimosa 为代表的基于事务内存机制的密钥安全方案则另辟蹊径，利用事务内存类似"含羞草"（Mimosa 的本意为含羞草）的特性和敏感数据仅会出现在 CPU 的片上 Cache 里的特点来保护计算过程中密钥的安全性。Mimosa 利用 Intel 的硬件功能 TSX，实现了同时抵抗软件内存攻击和物理内存攻击的密钥安全方案。在操作系统内核完整性得到保证的前

⊖　Liu Y, Xia Y, Guan H, et al. Concurrent and consistent virtual machine introspection with hardware transactional memory[C]. 2014 IEEE 20th International Symposium on High Performance Computer Architecture (HPCA). IEEE, 2014: 416-427.

提下，Mimosa 可以保证在事务内部只有它自己能够访问明文私钥，而其他的非法访问都会触发事务中止，并由硬件自动清除所有敏感数据，从而有效防止软件内存攻击。同时，TSX会把整个事务限制在 Cache 中运行，从而防止冷启动攻击和只读 DMA 攻击。Mimosa 还通过引入事务拆分机制，减少了事务内敏感信息计算耗时以及各事务内的内存使用量。虽然 Mimosa 原型在 Intel 的 Haswell 平台上实现，但此方案也适用于其他在 Cache 或者存储缓冲区（store buffer）中实现硬件事务内存的平台。例如，AMD 处理器的事务内存实现——高级同步设施（Advanced Synchronization Facility，ASF）也提供了类似的指令来指定事务区（即 SPECULATE 和 COMMIT），并通过 Cache 来跟踪事务区内的内存访问。

与基于寄存器和 Cache 的密钥安全方案相比，借助处理器扩展机制，可以更方便地部署密钥安全方案，其整体性能也与原生性能基本相当。

参考文献

［1］ ARM. ARM TrustZone[M/OL]. [2020-07]. https://developer.arm.com/ip-products/security-ip/trustzone.

［2］ He Sun, Kun Sun, Yuewen Wang, Jiwu Jing. TrustOTP: Transforming smartphones into secure one-time password tokens[C]. ACM SIGSAC Conference on Computer and Communications Security. 2015: 976-988.

［3］ Ning Zhang, Kun Sun, Wenjing Lou, Yiwei Thomas Hou. CASE: Cache-assisted secure execution on arm processors[C]. 2016 IEEE Symposium on Security and Privacy (SP). IEEE, 2016: 72-90.

［4］ Intel Corporation. Intel® 64 and IA-32 Architectures Software Developer's Manual, Volume 3D, Intel SGX [M/OL]. (2019-10). https://software.intel.com/sites/default/files/managed/a4/60/325384-sdm-vol-3abcd.pdf.

［5］ Victor Costan, Srinivas Devadas. Intel SGX Explained [R]. IACR Cryptol. ePrint Arch, 2016 [2020]. https://eprint.iacr.org/2016/086.pdf.

［6］ Intel® Software Guard Extensions SSL [EB/OL] (2020-07-07). https://github.com/intel/intel-sgx-ssl.

［7］ Intel Corporation. Intel Trusted Execution Technology: White Paper [M/OL]. (2020-07). https://www.intel.com/content/www/us/en/architecture-and-technology/trusted-execution-technology/trusted-execution-technology-security-paper.html.

［8］ Intel Trusted Execution Technology (Intel TXT) Software Development Guide [EB/OL]. (2020-05). http://www.intel.com/content/dam/www/public/us/en/documents/guides/intel-txt-software-development-guide.pdf.

［9］ Zhao L, Mannan M. Hypnoguard: Protecting Secrets across Sleep-Wake Cycles[C]. ACM

SIGSAC Conference on Computer and Communications Security. 2016: 945-957.

[10] Intel Corporation. Chapter 8: Intel Transactional Memory Synchronization Extensions. In Intel Architecture Instruction Set Extensions Programming Reference[M/OL]. (2018-05). https://software.intel.com/content/www/us/en/develop/download/intel-architecture-instruction-set-extensions-programming-reference.html.

[11] Le Guan, Jingqiang Lin, Bo Luo, Jiwu Jing, Jing Wang. Protecting Private Keys against Memory Disclosure Attacks Using Hardware Transactional Memory[C]. 2015 IEEE Symposium on Security and Privacy. IEEE, 2015: 3-19.

[12] Congwu Li, Le Guan, Jingqiang Lin, Bo Luo, Quanwei Cai, Jiwu Jing, Jing Wang. Mimosa: Protecting Private Keys against Memory Disclosure Attacks Using Hardware Transactional Memory[J]. IEEE Transactions on Dependable and Secure Computing，2021.

前面介绍的密钥安全方案主要是基于寄存器、Cache、处理器扩展等计算机体系结构的特点来保护密钥，主要目的是使密钥在存储和计算过程中不在内存等高风险区域出现。受秘密分享的技术思想启发，一些密钥安全方案开始考虑将密钥拆分成两份或更多份，并将这些秘密分量分发给多个参与方，这样即使 n 个中少于 t 个（t 称为门限值）参与方的秘密分量被泄露或破坏，有关原始密钥的信息也不会泄露。密钥计算过程在参与方之间分布式进行，即各个参与方只需要使用自己保存的密钥单独处理，再使用适当的门限算法合成处理结果，从而计算得到正确的结果。整个过程对调用密钥操作函数透明，就如同原始密钥已由经典算法处理过一样。另外，整个过程不需要重新合成原始密钥，且可以证明少于门限值的参与方不能合谋得到密钥，攻击者也不能从各参与方的通信过程中得到密钥相关信息。因此，门限密码算法可以显著提高密码实现中密钥的机密性。此外，门限密码算法不仅可以增加密钥的机密性，还能实现其他的安全功能，例如，引入的冗余秘密分量可以缓解密码实现过程的单点失效问题，提升可用性。

出于对门限密码算法应用前景的重视，NIST 在 2019 年成立了"门限密码算法"（Threshold Cryptography）项目，对门限密码算法的标准化、认证、应用等工作进行研讨和推进，这也表示门限密码算法得到关注，已经进入实用阶段。

本章从秘密分享开始，介绍门限密码算法的原理与应用。首先阐述 (t, n) 秘密分享方案，然后介绍 RSA 和 SM2 两种门限密码算法。由于门限密码算法主要是计算原理层面的工作，本章最后以两个基于两方门限密码算法的密钥安全方案为例，简要介绍门限密码算法的实

Chapter 8

第 8 章 基于门限密码算法的密钥安全方案

际应用。

8.1　秘密分享

秘密分享的最初动机是解决密钥管理的安全问题。在大多数情况下，一个主密钥会控制多个其他密钥或多个重要文件。一旦主密钥丢失、损坏或被盗，会造成相关重要文件或者其他密钥不可用或被盗。解决此问题的一种方法是创建密钥的多个备份，并将这些备份分发给不同的人或存储在多个位置。但这种方法并不理想，因为创建的备份越多，密钥泄露的可能性就越大；相反，创建的备份越少，密钥损坏不可用的可能性就越大。秘密分享的目的就是在尽量不增加泄露风险的前提下，通过提高密钥管理的可靠性来缓解针对关键数据的攻击。

在秘密分享方案中，需要分享的秘密分成若干秘密分量（也称子秘密），并被安全地分发给若干参与者掌管，同时规定哪些参与者合作可以恢复该秘密，哪些参与者合作不能得到关于该秘密的任何信息。利用秘密分享方案保管密钥具有如下优点：

- 为秘密合理地创建了备份，克服了以往简单保存副本的缺陷，即副本的数量与泄露的风险正相关。

- 攻击者必须获取足够多的子秘密才能恢复出所分享的秘密，保证了秘密的安全性和完整性。

- 在不增加风险的情况下，提高了系统的可靠性。

秘密分享的这些优点使得它特别适用于在分布式网络环境中保护重要数据的安全，是网络应用服务中保证数据安全的重要工具之一。一种最为基本的秘密分享方案就是将秘密拆分成若干分量。例如，将一个密钥 K 分解成 3 个分量 K_1、K_2 和 K_3，其中 K_1、K_2 随机生成，而 $K_3 = K_1 \oplus K_2 \oplus K$（在某些情况下，也可以在有限域上执行，如 $K_3 = K - K_1 - K_2$）。这样，使用任意两个密钥分量都无法恢复出密钥，需要全部三个密钥分量才能恢复出密钥。这种方案称为 (n, n) 门限秘密分享方案。

8.1.1　Shamir 秘密分享方案

(n, n) 门限秘密分享方案是一种非常简单直接的秘密分享方案，但是如果其中任一秘密分量缺失就无法恢复原有秘密，会带来很大的可用性问题。1979 年，Shamir 观察到任意 t 个不同的点可以确定 $t-1$ 阶的多项式曲线，从而用多项式的方法给出了秘密分享方案。该秘密分享方案如下：

- **系统参数**　假定 n 是参与者的数目，t 是门限值，p 是一个大素数，要求 $p>n$，所有计算在素域 F_p 上进行。

- **秘密分发**　可信中心任意取 $t-1$ 个随机数 $a_1, \cdots, a_{t-1}$，秘密构造一个 $t-1$ 次多项式 $f(x) = \sum_{i=1}^{t-1} a_i x^i + a_0$，其中秘密 $S = f(0) = a_0$。可信中心任取 n 个互不相同的非零元素 $x_1, \cdots,$

x_n，计算子秘密 $S_i=f(x_i)$，并秘密地把 (x_i, S_i) 发送给 n 个参与者，其中 $1 \leqslant i \leqslant n$，$x_i$ 是公开的，子秘密 S_i 不公开。至此，子秘密产生和分发步骤完毕，此过程称为 $t-1$ 阶秘密分享（Secret Sharing，SS），并称多项式 $f(x)$ 为分享多项式。

- **秘密重建**　在进行秘密重建过程时，任意 t 个参与者可通过拉格朗日插值公式 $S=a_0=$

$$\sum_{j=1}^{t} \left[f(x_j) \prod_{l \neq j} \frac{x_l}{x_l - x_j} \right]$$ 得到秘密数据 S。

在实际应用过程中，由于所有数据在素域 F_p 上进行，$a_0, \cdots, a_{t-1}$ 和 n 的数据范围都是 $[0,$ $p)$，分享数据 x_i 和 $f(x_i)$ 的数据范围也是 $[0, p)$。Shamir 秘密分享方案可以满足：①不少于 t 个成员的集合都可以通过所持有的正确的子秘密重构原秘密；②不足 t 个成员的集合都无法重构原秘密。因此它是一种 (t, n) 门限秘密分享方案，其中 t 称为方案的门限值。

Shamir 方案作为广泛使用的门限方案，具有以下优点：

- t 个子秘密可以确定出完整的多项式。
- 在原有参与者的秘密分量保持不变的情况下，可以增加新的参与者。
- 还可以在原有分享秘密未暴露之前，在不改变作为分享秘密的常数项的前提下，构造具有新系数的多项式，重新计算新一轮参与者的子秘密。

但是，该方案存在以下问题：

- 在秘密分发阶段，不诚实可信的秘密分发者可分发无效的子秘密给参与者。
- 在秘密重建阶段，某些参与者可能提交无效的秘密分量使得无法恢复正确秘密。
- 秘密分发者与参与者之间需要点对点的安全通道。

8.1.2　基于 Shamir 秘密分享方案的扩展

基于基本的 Shamir 秘密分享方案，可以构建针对一些复杂算术计算的秘密分享，来帮助进一步搭建门限密码算法，下面将介绍几种重要的支持算术计算的秘密分享方案。

1. 联合 Shamir 随机秘密分享（Joint-RSS）

在联合 Shamir 随机秘密分享中，n 个参与者 $U_1, U_2, \cdots, U_n$ 分别选择任意的秘密值，并各自按照"可信中心"的步骤来分发所选秘密值的分量，从而实现对一个随机值的秘密分享。该随机值等于所有被分享的秘密值之和，整个过程不需要可信中心的参与。详细过程如下：

1）每个参与者 U_i 将自己作为"可信中心"，选取随机的秘密值 $a_0^{(i)}$，构造多项式为 $f_i(x) = \sum_{j=0}^{t-1} a_j^{(i)} x^j$，执行 $t-1$ 阶 SS。

2）$U_j(1 \leqslant j \leqslant n)$ 收到其余 $n-1$ 个参与者 $U_i(1 \leqslant i \leqslant n, i \neq j)$ 发送给自己的 $f_i(j)$，计算 $\sigma_j = \sum_{i=1}^{n} f_i(j)$ 作为自己的分量。

上述过程称为 $t-1$ 阶 Joint-RSS，此时参与者分享的秘密为 $\sigma = \sum_{i=1}^{n} a_0^{(i)}$，相应的分享多项式为 $f(x) = \sum_{j=0}^{t-1} a_j x^i$，其中 $a_j = \sum_{i=1}^{n} a_j^{(i)}$。

2. 联合 Shamir 零秘密分享（Joint-ZSS）

联合 Shamir 零秘密分享与联合 Shamir 随机秘密分享类似，不同的是，此时每个参与者 U_i 选取的秘密 $a_0^{(i)} = 0$，所以参与者分享的秘密 a_0 也为 0。

3. 秘密和 / 差的分享

假设参与者 U_i 已经得到了 u 和 v 的 $t-1$ 阶 SS 分享分量：$u_i = f_u(x)$，$v_i = f_v(x)$，其中 $u = f_u(0)$，$v = f_v(0)$，$f_u(x)$ 和 $f_v(x)$ 是不同的 $t-1$ 次多项式。

容易看出，每个参与者 U_i 分别计算 $z_i = u_i \pm v_i$ 即可得到秘密和 / 差 $z = u \pm v$ 的秘密分享分量，z 的分享多项式是 $f_z(x) = f_u(x) \pm f_v(x)$，$f_z(x)$ 也是 $t-1$ 次的。

4. 秘密乘积的分享（Mul-SS）

与秘密和 / 差的分享类似，参与者 U_i 将自己的分享分量 u_i 与 v_i 相乘，就可实现对乘积 $h = uv$ 的秘密分享。此时，分享多项式 $f_h(x) = f_u(x) \times f_v(x)$ 的次数为 $2t-2$，也就是说需要至少 $2t-1$ 个参与者才能恢复秘密 $h = uv$。需要注意的是，$f_h(x)$ 是由两个 $t-1$ 次多项式相乘得到，所以 $f_h(x)$ 不是不可约多项式。因此 $f_h(x)$ 的系数并不是完全随机的，这就会降低安全性。为此，需要对 $f_h(x)$ 进一步 "随机化"：加上随机的 $2t-2$ 次多项式，使其系数完全随机。详细过程如下：

1）参与者执行 $2t-2$ 阶 Joint-ZSS，U_i 的分享分量为 a_i，作为随机化因子。

2）U_i 计算 $h_i = u_i v_i + a_i$ 作为对秘密 $h = uv$ 的分享分量。

此时参与者分享的秘密为 uv，至少 $2t-1$ 个参与者 U_i 广播其 h_i，通过插值公式可以恢复出 $h = uv$。

5. 秘密逆的分享（Inv-SS）

设 U_i 已经分享了 u，分量是 u_i。秘密逆的分享的基本思想是，首先分享一个随机秘密 β，在计算 $(\beta u)^{-1}$ 的基础上得到 $c = u^{-1} \bmod p$ 的分享分量。逆的分享过程如下：

1）参与者集合执行 $t-1$ 阶 Joint-RSS 分享随机秘密 β，分享分量为 β_i。

2）至少 $2t-1$ 个参与者执行 u 与 β 乘积的分享过程 Mul-SS，并广播自己乘积的分享分量 $(\beta u)_i$。

3）U_i 记录广播的 $(\beta u)_j$ $(1 \leqslant j \leqslant n)$，通过插值公式计算出 βu，并计算 $c_i = (\beta u)^{-1} \beta_i \bmod p$ 得到 u^{-1} 的分享分量。

需要注意的是，广播 $(\beta u)_i$ 不会影响机密性，因为 β_i 随机并且保密，所以 u_i 的信息不会泄露。由于分享随机数 β 的多项式是 $t-1$ 次，所以 c 的分享多项式也是 $t-1$ 次，也就是说，虽然需要至少 $2t-1$ 个参与者才能得到分享分量 c_i，但 t 个 c_i 的持有者就可以恢复出 c。

6. 点乘的分享（PM-SS）

Shamir 秘密分享方案可以直接应用在椭圆曲线上点乘的分享中，不同于前述的 Shamir

秘密分享及计算方案，点乘的分享计算需要在椭圆曲线阶的域上执行。设 U_i 已经分享了 u，分量是 u_i，任意 t 个参与者的集合 Q 通过分享 u_iG 计算 uG 的过程如下：

1）至少 t 个 U_i 计算点乘 u_iG，并广播。

2）U_i 通过插值公式计算 $uG = \left(\sum_{i \in Q} u_i \prod_{j \in Q, j \neq i} \frac{j}{j-i} \right) G = \sum_{i \in Q} (u_iG) \prod_{j \in Q, j \neq i} \frac{j}{j-i}$。

8.2 门限密码算法

门限密码算法可以在秘密分享方案的基础上进行构建。对于一个 (t, n) 秘密分享方案而言，将秘密分给独立的 n 个参与者，任意不少于 t 个参与者合作可以恢复出秘密，少于 t 个参与者合作不能得到关于秘密的任何信息；而对于门限密码算法，其中的密钥信息可以被分享给独立的多个参与者，每一次密钥计算都需要多个参与者同意，从而提高算法的安全性和健壮性。当少量参与者发生故障、不可用时，不影响私钥的可用性；同样，少量参与者泄露秘密分量，也不会泄露私钥。

从秘密分享到门限密码算法还有距离。在秘密分享方案中，需要分享的秘密被分成若干子秘密，并安全地分发给若干参与者掌管，同时规定哪些参与者合作可以恢复该秘密，哪些参与者合作不能得到关于该秘密的任何信息。但是，对密钥直接进行秘密分享并没有解决如何安全使用密钥进行密码运算的问题。一般的密码算法需要将完整的密钥作为输入，因此如果密钥已经经过秘密分享，则必须重建原始密钥以供算法使用。

在门限密码算法中，各参与方分别使用持有的密钥分量进行运算，将各参与方的运算结果进行合成，无须使用子秘密重现原始密钥，就可以得到与使用原始密钥直接进行密码运算相同的结果，整个密码运算过程中原始密钥明文不会在任何地方出现或使用，而且各参与方之间传递的数据也不能用来推导密钥或密钥分量的任何信息。

目前的门限密码一般分为需要可信中心和不需要可信中心两类。当可信中心存在时，可以方便地实现秘密分发，减少小组成员之间的通信量和计算量；但一个被小组内所有成员信任的可信中心并不是一直存在的，此时需要小组成员联合实现对秘密的分享，即无可信中心方案。注意，可信中心只参加密钥的生成和分享的计算，不参加利用密钥分量执行密码计算的过程。

门限签名算法是门限密码算法的重要研究内容之一。早在 1989 年，Desmedt 和 Frankel 就提出了基于 RSA 的门限签名方案⊖。在近两年，Lindell⊖等人和 Doerner⊜等人在 Crypto

⊖ Desmedt Y, Frankel Y. Threshold cryptosystems[C]. Conference on the Theory and Application of Cryptology. Springer, New York, NY, 1989: 307-315.

⊖ Lindell Y. Fast secure two-party ECDSA signing[C]. Annual International Cryptology Conference. Springer, Cham, 2017: 613-644.

⊜ Doerner J, Kondi Y, Lee E, et al. Secure two-party threshold ECDSA from ECDSA assumptions[C]. 2018 IEEE Symposium on Security and Privacy (SP). IEEE, 2018: 980-997.

和 IEEE S&P 上也分别提出了针对 ECDSA 的门限签名方案。针对我国的 SM2 密码算法，尚铭、马原等人也提出了 SM2 门限密码算法，包括门限签名算法、门限解密算法等。本节将介绍针对 RSA 和 SM2 的两个门限密码算法。

8.2.1　RSA 门限密码算法示例

在 RSA 签名方案中，(n, e) 作为公钥，(d, p, q) 作为私钥，以满足 $d = e^{-1} \bmod \varphi(n)$，其中 p 和 q 为大素数，$n = pq$ 和 $\varphi(n)=(p-1)(q-1)$。使用 RSA 算法对消息 M 签名，$S = M^d \bmod n$。拥有公钥的任何人都可以通过检查 $S^e = M \bmod n$ 来验证签名。

这样，RSA(n, n) 门限密码方案可以如下进行构建：可信中心角色已知 $\varphi(n)$ 和签名私钥 d，希望委托其他各参与方以门限密码算法方式协作对消息签名。例如，可信中心将私钥 d 拆分成 3 份——d_1、d_2、d_3，满足 $d_1+d_2+d_3=d \bmod \varphi(n)$，并分发给三个参与方，那么不用重新构建私钥 d 即可完成签名操作：首先每个参与方使用每一份子私钥独自处理消息，分别得到签名分量 $S_1=M^{d_1}$，$S_2=M^{d_2}$，$S_3=M^{d_3}$，这样就可以计算出完整签名 $S=S_1S_2S_3=M^{d_1+d_2+d_3}=M^d \bmod n$。于是，RSA 门限密码方案能够有效缓解私钥 d 暴露的风险，在实际计算中只要三个私钥分量不全部泄露即可。RSA(n, n) 门限密码方案需要所有拥有私钥分量的参与方同时在线，在一个或多个私钥分量不可用的情况下私钥相关的操作（如签名、解密）无法正常进行。为了提高可用性，可以基于 RSA(n, n) 采用副本的方式完成一个简单的 RSA(t, n) 门限密码方案。例如，RSA$(2, 3)$ 方案可以将私钥 d 拆分为如下分量：$d = a_b+b_a=a_c+c_a = b_c+c_b \bmod \varphi(n)$。将 a_b 和 a_c 发给参与方 A，b_a 和 b_c 发给参与方 B，c_a 和 c_b 发给参与方 C。这样，任意两个参与方都可以利用自己对应的分量（例如，A 和 C 之间可以通过各自持有的 a_c、c_a）合作进行签名或解密。

8.2.2　SM2 门限密码算法示例

针对 SM2 椭圆曲线公钥密码算法，尚铭、马原等人提出了相应的门限密码方案，包括门限签名算法、门限密钥交换协议和门限解密算法。该 SM2 门限密码方案可支持存在可信中心和不存在可信中心两种情况。对于签名方案来说，在 $n \geqslant 2t-1$ 条件下，任何包括 $2t-1$ 个参与者的集合可以合作生成一个有效的数字签名。需要注意的是，恢复出密钥的门限值仍为 t。也就是说，如果有 t 个恶意参与者，就会导致密钥泄露，但是在不泄露各自分量的前提下，完整数字签名计算需要 $2t-1$ 个参与者。

门限签名方案一般包括三个部分：密钥生成、签名生成和签名验证。在密钥生成阶段，参与者（通过可信中心，或不通过可信中心）对私钥进行拆分并公开公钥；签名生成时，每个参与者首先通过秘密分享的方式计算得到 r，而后得到 s 的分享分量 s_i，不少于门限数量的参与者广播其 s_i，通过插值公式计算出签名 s；在签名验证时，直接对签名结果 (r, s) 进行验证。

对于 SM2 门限签名方案，需要分享的秘密为私钥 d。但是，对于作为中间参数的随机数

k，因为在已知签名 (r, s) 和 k 的情况下，可以推导出私钥 d，所以在签名过程中 k 也必须保密。

为了降低复杂度，可以对 SM2 签名方案中 s 的计算式进行如下等价变形：

$$s=(1+d)^{-1}(k-rd)=(1+d)^{-1}(k-(1+d)r+r)$$
$$=(1+d)^{-1}(k+r)-r \bmod q$$

可以看出，上式只用到了 $(1+d)^{-1}$ 而没有单独用到 d，因此在实现 SM2 门限签名方案时，可以只对 $(1+d)^{-1}$ 进行秘密分享。

在以上讨论和分析的基础上，针对存在和不存在可信中心的情况，可以提出安全有效的 SM2 算法门限签名方案。可信中心只在密钥生成时参与，签名生成和验证时并不需要可信中心参与。门限签名的详细过程包括密钥生成、签名生成两部分，而签名验证过程与原 SM2 算法的签名验证完全一致。

1. 密钥生成

如果存在可信中心，那么密钥生成过程如下：给定门限 t 和参与者集合 $\{U_1, U_2, \cdots, U_n\}$，$n \geq 2t-1$。可信中心随机选取一个整数 d 作为私钥（保密），计算 $P=dG$ 作为公钥（公开）。秘密分发时，计算 $d'=(1+d)^{-1} \bmod q$ 并执行 $t-1$ 阶 SS，将 d' 分享给参与者 U_i。

如果不存在可信中心，那么密钥生成过程如下：对于参与者集合 $\{U_1, U_2, \cdots, U_n\}$，$n \geq 2t-1$，每个参与者 U_i（$i \in [1, n]$）首先执行 $t-1$ 阶 Joint-RSS，用于分享随机产生的私钥 d，分享分量为子私钥 d_i，参与者集合执行 PM-SS 得到公钥 $P=dG$。由于在签名时需要用到 $d'=(1+d)^{-1}$，因此参与者需要将 d' 分享，执行 Inv-SS 得到 d' 的分享分量 d_i'。具体过程如下：

1）参与者集合执行 $t-1$ 阶 Joint-RSS 和 $2t-2$ 阶 Joint-ZSS，分享分量分别为 β_i 和 α_i。

2）U_i 计算 $\gamma_i=\beta_i(1+d_i)+\alpha_i$ 并广播。

3）U_i 记录广播的 γ_j（$1 \leq j \leq n$），通过插值公式恢复出 $\gamma=\beta(1+d)$。

4）U_i 计算 $d_i'=\gamma^{-1}\beta_i$ 得到 $(1+d)^{-1}$ 的分享分量。

2. 签名生成

至少 $2t-1$ 个参与者执行以下过程对消息 m 进行签名生成：

1）执行 $2t-2$ 阶 Joint-ZSS，分享分量为 μ_i。

2）执行分享随机秘密 k 的 $t-1$ 阶 Joint-RSS，分享分量为 k_i。

3）执行 PM-SS 得到点乘 $kG=(x_1, y_1)$，并计算 $r=\text{Hash}(m)+x_1 \bmod q$。

4）U_i 计算 $s_i=d_i'(k_i+r)+\mu_i-r$，得到签名 s 的分享分量 s_i。

5）至少 $2t-1$ 个参与者 U_i 广播其 s_i。

6）U_i 通过插值公式得到签名结果 s。

8.3　基于两方门限密码算法的密钥安全方案

上一节我们简单介绍了常见的 RSA 和 SM2 门限密码算法，然而要构建基于它们的密钥安全方案，不只是对门限密码算法的协议进行简单应用，还需要考虑以下几方面：

- □ 构建一个门限密码系统往往涉及多方交互，考虑到整体性能、交互逻辑复杂度、实时性等要求，需要尽量采用简单直接的交互协议，参与方数量越少，信息交互次数越少，在协作时越能保证信息交流的实时性。

- □ 复杂的协议在带来高安全强度的同时，也可能会引入高额的计算量、网络交互量和存储量，尤其对于公钥密码算法，它们本身的计算复杂度已经非常高了。因此，整个系统在实现时仍然需要评估门限密码算法的算法复杂度，例如，有些 ECDSA 门限密码算法会引入同态运算，这将给性能带来不小的挑战。

- □ 需要根据实际需求确定部署模式。例如，目前的门限密码一般分为需要可信中心和无可信中心两类。当可信中心存在时，可以方便地实现秘密分发，减少参与方之间的通信量和计算量，但一个被合作的所有成员信任的可信中心并不是一直存在的，此时需要参与成员联合实现对秘密的生成和分享，即无可信中心方案。

- □ 有些门限密码算法在初始化时，需要将敏感的密钥分量分发给可信的参与方，而且在某些场景下，需要防止成员欺骗。此外，还需要考虑参与方之间的身份鉴别和信道安全问题。甚至有些场景下，会要求被签名的消息（更严格一点，消息摘要也要被保护）或者解密得到的消息不广播给所有参与方。

由于以上方面的问题涉及具体的使用场景，本节主要从密码软件实现角度出发，重点对门限密码算法在密码软件实现中的密钥安全问题进行阐释。

8.3.1 方案的原理

考虑在用户终端（如 PC 或智能移动终端）上实现安全的密码计算，我们可以利用 (2, 2) 门限密码算法生成私钥，将其中一个私钥分量存放在用户终端，并将另一个私钥分量存放在专用硬件的协作服务端。

门限密码算法在此的作用是显而易见的，即密钥永远不会在用户终端和协作服务端上完整出现，那么对于一个具备攻破用户终端能力的攻击者来说，他只能获取到密钥的一部分，而不能窃取整个密钥，也就无法在协作服务端不参与的情况下进行签名伪造或者数据解密。当然，虽然无法获取整个密钥，但是如果没有额外的安全措施，攻击者可以借助当前用户终端来使用密钥，这方面就需要有别的保护技术配合。可以通过增加密钥分量防移植机制（例如，将密钥与用户终端设备特征进行绑定）、密钥使用控制（例如，秘密分量进一步利用口令进行保护、增加协作服务端对密钥使用者的识别和控制），防止攻击者通过持有原有用户终端设备、复制密钥分量的方法对密钥进行非法使用。

8.3.2　安全假设和安全目标

方案假设敌手能够对用户终端设备（如 PC 或智能移动终端）发动内存信息泄露攻击，通过利用内存信息泄露漏洞，或者发动冷启动攻击和只读 DMA 攻击，来读取用户终端的内存数据。

方案假设协作服务端是可信的，协作服务端中存储的私钥分量不会被攻击者获取；同时，在密钥初始化阶段，客户端和协作端之间可以通过带外方式（如可信的短信验证等）来确定对方的身份。

在以上安全假设的前提下，该系统要达到以下目标：

1）在私钥计算过程中，攻击者即便获取了用户终端设备内存中的数据，也无法恢复出完整的密钥。

2）用户终端和协作服务端之间传输的数据不会向对方或第三方泄露自己私钥分量的信息，从而导致两个私钥分量被同时获取。

3）能够防范攻击者非法调用用户终端产生签名或进行解密。

前两个目标主要是由门限密码算法本身来实现的，一个安全的门限密码算法应该达到这两个安全目标；第三个目标则主要依赖门限密码算法可以实现的密钥使用控制。事实上，为了加强安全性，还可以进一步借助可信执行环境等技术来搭建安全计算环境，并实现可信显示、可信输入等功能。

8.3.3　系统架构和工作流程

本节对门限密码算法在实际应用中的系统架构和工作流程进行举例说明，分别针对有可信中心和无可信中心两种架构进行阐述。

1. 需要可信中心的两方门限密钥安全方案

早在 2000 年，就有研究人员利用门限密码算法来构建密码应用系统。在第 10 届 USENIX Security 会议上，Dan Boneh 等研究人员提出的 SEM（Security Mediator，安全中介者）方案结合两方 RSA 门限密码算法，实现了一种需要可信中心的密钥安全方案。

SEM 架构（如图 8-1 所示）基于 8.2.1 节中介绍的 RSA(2,2) 门限密码算法，即两方 RSA 门限密码算法。SEM 将每个 RSA 私钥分成两部分：一个分量分发给用户，另一个分量分发给协作服务端。如果用户和协作服务端合作，则他们可以使用各自持有的私钥分量来完成与标准 RSA 算法完全一致的签名或解密计算。由于私钥不由任何一方完整保存，而且只拥有单个私钥分量是不能恢复出整个私钥的，因此用户和协作服务端都不能在未经双方同意的情况下进行签名或解密。通过这种方式，一方面可以实现对密钥的保护，另一方面则赋予了协作服务端控制用户密钥使用的能力。

SEM 方案主要包括 3 个参与者，即可信中心、协作服务端和用户终端。可信中心与用户（终端）之间已经通过带外等方式建立了一定的信任关系，两者共享了一个秘密信息（如口令或密钥）。具体地：

1）方案假设可信中心是完全可信的。可信中心的主要工作是为每个用户生成 RSA 公钥和两个私钥分量（一个给用户，一个给协作服务端），并分别发送给用户和协作服务端。可信中心自己也有一对公 / 私钥对，对分发的私钥分量进行签名以保障私钥分量的完整性和来源的真实性。

2）用户终端主要实现用户方面的两方 RSA 门限密码算法的计算工作和私钥分量的安全存储。

3）协作服务端用于处理来自用户的请求，主要实现服务端方面的两方 RSA 门限密码算法的计算工作，同时假设协作服务端中通过专门的硬件安全模块（Hardware Security Module，HSM）对其私钥分量进行使用，确保不会被攻击者获取。

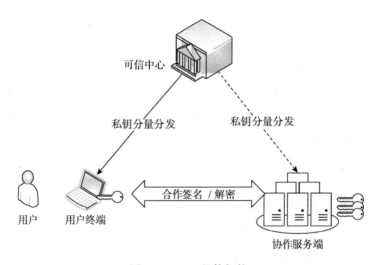

图 8-1　SEM 整体架构

SEM 方案的工作流程主要包括密钥生成、合作签名 / 解密两大部分。

（1）密钥生成

和标准 RSA 一样，SEM 方案中每个用户都具有公钥 (n, e)，其中模数 n 是两个大质数 p 和 q 的乘积，并且 e 是与 $\varphi(n)$ 互素的整数。每个用户的模数 n 都不相同，对于每个公钥 (n, e)，还对应存在私钥 (n, d)，其中 $de=1 \bmod \varphi(n)$。但与标准 RSA 不同的是，用户并不完全持有私钥 d，d 被分为 d_u 和 d_s 两个部分，其中 $d=d_u+d_s \bmod \varphi(n)$，分别被用户终端和协作服务端持有。

在具体工作过程中，由可信中心负责密钥的生成和初始化操作，它为每个用户生成一个参数集合 $\{p, q, e, d, d_s\}$。前 4 个数值的生成与标准 RSA 的生成方式相同。第五个数值 d_s 是一个位于 $[1, n]$ 区间的随机整数，然后可信中心分别导出以下两个数据结构。

1）协作服务端私钥分量包：该数据结构包括协作服务端私钥分量 d_s。协作服务端私钥分量包由可信中心签名并使用协作服务端的公钥加密形成数字信封。协作服务端私钥分量包并不会在密钥生成时就立即分发给协作服务端，而是在具体实施签名 / 解密时，由用户终端转发。由于该数据结构利用协作服务端公钥进行了加密并被可信中心签名，因此用户终端也无法破坏其机密性和完整性。

2）用户终端私钥分量包：该数据结构包括用户私钥分量 d_u。用户私钥分量包也由可信中心签名，并利用用户提供的密钥（或口令）进行加密后分发给用户，由用户导入用户终端。在进行合作签名 / 解密之前，用户终端需要解密并验证该密钥包的签名。

（2）合作签名 / 解密

在进行合作签名 / 解密时，用户首先通过用户终端向协作服务端发起请求，该请求中包含了协作服务端私钥分量包，然后协作服务端通过带外方式（如短信、电话）发送密钥使用确认信息或者评估当前用户的风险。在用户确认或者风险较低的情况下，协作服务端才会提取出私钥分量包中的 d_s 协助用户进行签名或解密。接下来将具体介绍完整的合作签名和合作解密计算过程。

1）合作签名计算。用户利用 SEM 方案为消息 M 签名的过程如下：

①用户通过用户终端将签名请求发送至协作服务端，请求中包括消息 M 和协作服务端私钥分量包。

②协作服务端通过带外方式（如短信、电话）发送密钥使用确认信息或者评估当前用户的风险。在用户确认或者风险较低的情况下，它将验证和解密请求中的协作服务端私钥分量包，获得 d_s，然后计算部分签名 $S_s=M^{d_s} \pmod{n}$，并将 S_s 返回给用户。

③用户接收 S_s 后，利用自己的私钥分量 d_u 计算签名结果 $S=S_s \cdot M^{d_u} \pmod{n}$，并验证 $S^e \pmod{n}$ 是否等于 M。如果相等，则成功获得签名值 S。

2）合作解密计算。解密与上面的签名生成过程非常相似。用户利用 SEM 方案解密密文消息 C 的过程如下：

①用户通过用户终端将解密请求发送至适当的协作服务端，请求中包括消息密文 C 和协作服务端私钥分量包。

②协作服务端通过带外方式（如短信、电话）发送密钥使用确认信息或者评估当前用户的风险。在用户确认或者风险较低的情况下，它将验证和解密请求中的协作服务端私钥分量包，获得 d_s，然后计算 $P_s=C^{d_s} \pmod{n}$，并将 P_s 返回给用户。

③用户接收 P_s 后，计算明文 $P=P_s \cdot C^{d_u} \pmod{n}$，并验证 $P^e \pmod{n}$ 是否等于 C。如果相等，则明文即为 P。

2. 不需要可信中心的两方门限密钥安全方案

本部分介绍的方案基于林璟锵、马原等人发表的 SM2 门限密码算法专利。与 8.2.2 节介绍的 SM2 (t, n) 门限密码算法方案有所不同，该专利是一个 $(2, 2)$ 门限密码算法，即两方门限密码算法，主要目的是将密钥拆分为两份，使得任意一方密钥被窃取都不会导致密钥泄露。与前面介绍的 SEM 方案不同的是，该方案可以在没有可信中心的情况下实现。

基于两方 SM2 门限密码算法的密钥安全方案示意图如图 8-2 所示。

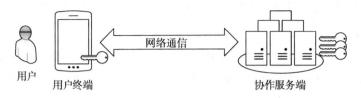

图 8-2　基于两方 SM2 门限密码算法的密钥安全方案示意图

该方案包括两个参与者：

1）**用户终端**　负责实现密钥生成、签名生成和公钥解密的门限密码算法逻辑，同时存储密钥的秘密分量。用户使用时，需通过用户终端提供的用户界面输入 PIN 码进行身份鉴别。

2）**协作服务端**　主要功能是配合用户终端的密钥生成、签名生成和公钥解密的门限密码算法实现。协作服务端还配备了一个 HTTPS 网站，用于进行密钥初始化工作。同时假设协作服务端中存储的私钥分量通过专门的硬件安全模块（HSM）进行存储和使用，不会被攻击者获取。

本方案的工作流程主要包括密钥生成、合作签名 / 解密两部分。SM2 私钥是本方案的安全基础。在用户终端设计中，与私钥有关的动作，包括密钥生成、数字签名以及解密，都是由用户终端与协作服务端合作完成的。需要说明的是，以下介绍的算法中，相关的域参数和变量符号与第 1 章中有关 SM2 算法的小节类似，即 G 是 $E(F_p)$ 的一个基点，它的阶为 n，即 nG 为无穷远点。

（1）密钥生成

由于本方案不涉及可信中心，因此需要由用户终端和协作服务端合作生成密钥，而不像 SEM 方案那样，由可信中心进行密钥的生成和分发。令 A 为用户终端，B 为协作服务端，则 A 和 B 双方合作生成 SM2 私钥的门限密码算法如算法 8-1 所示。

算法 8-1　两方 SM2 门限密码算法密钥对生成过程

输入：无

输出：

A：私钥分量 D_1

B：私钥分量 D_2

公钥 P

B：

1. 产生私钥分量 D_2，秘密计算 $D_2^{-1} \bmod n$，计算点 $P_2 = D_2^{-1} G$ 发送给 A。

A：

2. 获取 P_2 后，产生私钥分量 D_1，计算公钥 $P = D_1^{-1} P_2 - G$ 并公开。

需要说明的是，标准 SM2 算法中的公钥 P 和私钥 d 的对应关系为 $P=dG$，而算法 8-1 中的公钥 $P=D_1^{-1}P_2-G=D_1^{-1}D_2^{-1}G-G=(D_1^{-1}D_2^{-1}-1)G$，这样私钥 d 实际上是 $D_1^{-1}D_2^{-1}-1$。密钥初始化需要一些特殊处理，并且假定初始化过程中用户终端是安全的。假设用户和协作服务端已经建立了一定的信任关系，例如，用户在协作服务端搭建的 HTTPS 网站注册了一个账号，并通过带外的方式完成了身份鉴别，那么用户需要借助用户终端和协作服务端完成以下步骤：

1）用户登录协作服务端搭建的 HTTPS 网站，发起密钥生成请求。

2）协作服务端产生并存储私钥分量 D_2，然后计算公钥分量 P_2 并将 P_2 以及密钥标识发送给用户终端。考虑到便利性和安全性，协作服务端可以通过 HTTPS 通道将 P_2 以及密钥标识以二维码形式发送到用户终端或 PC 终端上，用户终端利用扫码的方式，对 P_2 以及密钥标识进行读取。

3）用户终端得到密钥标识和公钥分量 P_2 后，保存密钥标识，并利用算法 8-1 产生自己的私钥分量 D_1，计算完整的公钥 P 后公开。

4）用户终端可以将自己的私钥分量 D_1 进一步拆分，拆分为与用户 PIN 和硬件特征（例如，移动终端上的 SIM 卡唯一标识、用户终端 CPU 序列号、IMEI、IMSI 等）相关的部分，然后删除完整的私钥分量 D_1。

其中第 4 步中的进一步拆分主要是为了防范攻击者非授权地发起使用密钥请求，由于这个设计，在用户 PIN 安全以及硬件信息不可复制的前提下，可以有效阻止攻击者非授权地使用密钥。

（2）合作签名 / 解密

在完成密钥的生成后，用户终端就可以与协作服务端合作进行签名和解密计算。接下来，介绍完整的合作签名和合作解密计算过程。

1）合作签名计算。令 A 为用户终端，B 为协作服务端，则 A 和 B 双方合作进行 SM2 签名的算法如算法 8-2 所示。

算法 8-2 两方 SM2 门限密码算法签名生成过程

输入：

A：消息 M，私钥分量 D_1

B：私钥分量 D_2

输出：

SM2 签名结果 (r, s)

A：

1. 计算消息摘要 $e=H(M)$。

2. 产生随机数 $k_1 \in [1, n-1]$，计算点乘 $Q_1=k_1G$，将 Q_1 和 e 发送给 B。

B:

3. 产生随机数 k_2, $k_3 \in [1, n-1]$，计算 $k_2G+k_3Q_1=(x_1, y_1)$，然后计算 $r=(x_1+e) \bmod n$，若 $r=0$ 重新开始签名过程。

4. 计算 $s_2=D_2k_3 \bmod n$ 和 $s_3=D_2(r+k_2)\bmod n$，将 s_2、s_3 和 r 发送给 A。

A:

5. 计算 $s=D_1k_1s_2+D_1s_3-r \bmod n$，得到 (r, s) 作为签名结果。若 $s=0$ 或 $s=n-r$ 则重新发起签名过程。

下面简单验证算法 8-2 的正确性。相比标准 SM2 算法的签名 (r, s)（其中 $kG=(x_1, y_1)$，$r=x_1+e$，$s=(1+d)^{-1}(k-rd)=(1+d)^{-1}(k+r)-r$，算法 8-2 中 $(x_1, y_1)=k_2G+k_3Q_1=k_2G+k_3k_2G=(k_1k_3+k_2)G$，即 $k=k_2+k_1k_3$，这样最终的签名 $s=D_1k_1s_2+D_1s_3-r=D_1k_1D_2k_3+D_1D_2(r+k_2)-r=D_1D_2(k+r)-r$。同时，考虑到密钥生成过程中有 $d=(D_1^{-1}D_2^{-1}-1)$，即 $D_1D_2=(1+d)^{-1}$，因此和标准 SM2 算法的签名 (r, s) 是完全一致的。

合作签名是由第三方应用通过用户终端发起的，具体工作方式如下：

①用户终端计算消息 M 的摘要 e，生成随机数 k_1，并计算签名分量 Q_1，将密钥标识、Q_1 和消息摘要 e 发送给协作服务端。

②协作服务端收到请求后，根据密钥标识确定用户身份，并通过带外方式（如短信、电话）发送密钥使用确认信息或者评估当前用户的风险。在用户确认或者风险状态可控后，协作服务端生成随机数 k_2、k_3，利用 Q_1 和消息摘要 e，计算部分签名 r，然后根据自己的私钥分量 D_2，生成 s_2 和 s_3。最后将 r、s_2 和 s_3 发送给用户终端。

③由于用户终端本地的私钥分量 D_1 使用 PIN 作为因子之一拆分保存，在用户终端使用 D_1 计算 s 之前，用户需要在用户终端弹出的用户界面上输入 PIN，利用 PIN、硬件特征等信息在不恢复出 D_1 的情况下直接计算出 s，这样就获得了完整签名 (r, s)。由于本地输入的 PIN 可能是错误的，因此用户终端会在本次签名完毕后，进行一次验证签名操作。

需要说明的是，与密钥生成阶段不同，用户不必依赖协作服务端搭建的 HTTPS 网站进行计算，因为用户终端和协作服务端之间的通信不需要专门保护：①两者之间完成了隐式的身份鉴别，即不持有相应私钥分量无法计算出合法的签名结果；②两者交互的信息包括随机数值参与的模乘结果（s_2 和 s_3）、椭圆曲线上的点乘结果（Q_1）、可以公开的消息摘要（e）和部分签名值（r），这些数据即使明文传输也不会泄露私钥分量 D_1 和 D_2；③篡改交互的信息只会导致拒绝服务，不会泄露私钥本身。

2）合作解密计算。令 A 为用户终端，B 为协作服务端，则 A 和 B 双方合作进行 SM2 解密的过程如算法 8-3 所示。

算法 8-3　两方 SM2 门限密码算法公钥解密过程

输入：

A：密文 C，私钥分量 D_1

B：私钥分量 D_2

输出：

明文消息 M

A：

1. 收到密文 C。

2. 从 C 中提取 C_1 并验证，生成随机数 k，计算 $T_1=kC_1$，将 T_1 发送给 B。

B：

3. 计算点 $T_2=D_2^{-1}T_1$，并发送给 A。

A：

4. 计算 $(x_2, y_2)=k^{-1}D_1^{-1}T_2-C_1$。

5. 由点 (x_2, y_2) 计算明文消息 M 并进行验证。

下面简单验证算法 8-3 的正确性。相比标准 SM2 算法中的 $dC_1=(x_2, y_2)$，算法 8-3 中 $(x_2, y_2)=k^{-1}D_1^{-1}T_2-C_1=k^{-1}D_1^{-1}D_2^{-1}T_1-C_1=k^{-1}D_1^{-1}D_2^{-1}kC_1-C_1=(k^{-1}D_1^{-1}D_2^{-1}k-1)C_1$，同时，考虑到密钥生成过程中有 $d=(D_1^{-1}D_2^{-1}-1)$，因此和标准 SM2 算法的解密过程是完全一致的。

与合作签名操作类似，合作解密是由第三方应用通过用户终端发起的，具体工作方式如下：

①用户终端生成随机数 k，利用 k 计算 T_1，发送 T_1 给协作服务端。

②协作服务端收到请求后，根据密钥标识确定用户身份，并通过带外方式（如短信、电话）发送密钥使用确认信息或者评估当前用户的风险。在用户确认或者风险状态可控后，协作服务端利用私钥分量 D_2 和 T_1，计算得到部分明文 T_2，并将 T_2 发送回用户终端。

③由于用户终端本地的私钥分量 D_1 使用 PIN 作为因子之一拆分保存，在用户终端使用 D_1 计算 $(x_2, y_2)=k^{-1}D_1^{-1}T_2-C_1$ 之前，用户需要在用户终端弹出的用户界面上输入 PIN，利用 PIN、硬件特征等信息在不恢复出 D_1 的情况下直接计算出 (x_2, y_2)。与签名不同的是，SM2 解密算法内置了对于明文的完整性校验，因此如果本地输入的 PIN 是错误的，那么就可以检测出该错误。

与合作签名类似，不必依赖协作服务端搭建的 HTTPS 网站进行计算，用户终端和协作服务端之间的通信也不需要专门保护。

8.3.4　实现评估

本节主要从安全性和性能方面简要评估基于门限密码算法的实现。

1. 安全性分析

首先考虑密钥直接泄露的情况：

- ❑ 即使用户终端被完全控制，该方案也可以保证密钥的安全，这主要是由门限密码算法来达成的：私钥被拆分成两个部分，分别存储于用户终端和协作服务端，在存储和计算过程中，用户终端在任意时刻都不会合成完整的私钥。

- ❑ 在用户终端和协作服务器的通信过程中：

  - 两方 RSA 门限密码算法传递的是经过加密的协作服务端私钥分量包和由用户终端私钥分量生成的模幂值。一方面，协作服务端私钥分量包由于被加密，攻击者无法获取其中的私钥分量 d_s；另一方面，由于离散对数问题，攻击者也无法从模幂结果逆推得到指数（即用户终端私钥分量 d_u）。

  - 对于两方 SM2 门限密码算法，传递的是随机数值参与的模乘结果和椭圆曲线上的点乘结果。一方面，由于随机数的参与，攻击者无法通过模乘结果逆推出参与模乘计算的乘数；另一方面，由于椭圆曲线离散对数问题，攻击者也无法从点乘结果逆推得到随机数或私钥分量。

- ❑ 协作服务器的私钥分量存放在相对安全的硬件安全模块（HSM）中，只有完全攻破了硬件安全模块，才有可能最终合成实际使用的密钥。

因此，攻击者非法获取完整密钥的难度相当于同时攻破用户终端和协作服务器，而协作服务端的密钥是存储在硬件安全模块中的，这几乎是无法达成的。

从攻击者非授权地调用签名 / 解密计算的威胁来看：

- ❑ 若攻击者使用假冒终端或假冒协作服务端执行计算或发起重放攻击，则因其不掌握各自的私钥分量而无法得到正确的计算结果。

- ❑ 由于用户终端的私钥分量与用户口令、密钥或 PIN 码相关，因此在不知道用户口令、密钥或 PIN 码的情况下，攻击者无法恢复出原始的用户终端私钥分量。而且，用户终端私钥分量还可以进一步与硬件信息相关，这样即便整个用户终端镜像被非法移植到其他设备上，也无法恢复出原始的私钥分量，也就无法非授权地发起签名 / 解密请求。

- ❑ 由于在合作签名和解密过程中进行了隐式的身份鉴别，攻击者无法发起中间人攻击，不具备对应的私钥分量的攻击者是无法与任意一方正常交互的。

- ❑ 即使用户 PIN 码被泄露、硬件信息被非法复制，整个镜像被移植到攻击者的用户终端上，由于协作服务器在每次签名 / 解密计算时，会通过带外方式发送用户确认消息或评估风险，只有在用户确认或风险可控的情况下，协作服务端才能允许使用自己的私钥分量协助客户端完成最后的签名 / 解密实现。

从整体效果来看，基于门限密码算法的密钥安全方案的安全性相当于传统的 USB Key，在某些情况下甚至更安全。对于密钥泄露的风险来说，只有用户终端和协作服务端被同时攻破的情况下攻击者才能获取密钥，这显然要比获取 USB Key 中密钥的难度更大，因为攻击者很难接触到协作服务端所使用的硬件安全模块，即使能够接触到，硬件安全模块本身也具备了很强的防御机制。对于密钥被冒用的风险来说，攻击者必须获取用户终端且知悉用户 PIN、口令等信息，这类似于 USB Key 被人获取并且得知了 PIN。而且，通过门限密码算法，还引入了协作服务端对密钥使用的控制，这样在发生威胁的情况下还可以从可信的协作服务器端对密钥的非法使用进行阻断，这是传统的 USB Key 无法做到的。综上，通过门限密码算法，密码软件实现可以在不借助寄存器、Cache、处理器特性等的情况下，具备和硬件密码实现相当的安全性，而且具有易实现和易部署的优点。

此外需要说明的是，在 SEM 这种有可信中心的方案中，用户的完整私钥同时被可信中心（在初始化阶段）所掌握。由于可信中心自己可能非法保留完整用户私钥明文，在一些涉及法律责任的场景下可能存在一定风险，因为可信中心也具备进行签名的能力，可以伪造用户的签名。

2. 性能分析

虽然在安全性上得到了一定的增强，但是门限密码算法引入了额外的性能消耗，还增加了多方通信所导致的通信消耗。

（1）标准 RSA 与两方 RSA 门限密码算法的性能对比

表 8-1 简要比较了两方 RSA 门限密码算法与标准 RSA 实现之间的理论性能差异。需要说明的是，模幂是 RSA 计算中的主要负载，因此仅列出模幂的相关计算数量。

表 8-1 标准 RSA 与两方 RSA 门限密码算法的计算量对比

	标准 RSA	两方门限 RSA		
		用户终端	服务端	交互次数
签名	私钥模幂 ×1	私钥模幂 ×1，验签 ×1（公钥模幂 ×1）	私钥模幂 ×1	2 次
解密	私钥模幂 ×1	私钥模幂 ×1，加密 ×1（公钥模幂 ×1）	私钥模幂 ×1	2 次

从表 8-1 可以看出，在不考虑网络交互消耗，且假设服务端的性能比客户端强很多（即服务端的计算负载可以忽略）的情况下，两方 RSA 门限密码算法和标准 RSA 的计算性能是相当的，因为公钥模幂和私钥模幂相比，公钥一般很小，其计算量是可以忽略不计的。但是，现在大多数 RSA 签名 / 解密计算会使用中国剩余定理加速模幂计算，在计算过程中，需要使用秘密素数 p 和 q，而两方 RSA 门限密码算法不能让用户和服务端知道 p 和 q，否则私钥 d 就泄露了。因此，SEM 方案无法利用 CRT 加速。而 CRT 加速的模幂计算消耗仅有非 CRT 的 1/4，因此，总体而言，如果不考虑网络通信消耗，SEM 方案相比利用 CRT 加速的标准 RSA 需要额外 3 倍的计算消耗，与不利用 CRT 加速的标准 RSA 性能相当。

（2）标准 SM2 与两方 SM2 门限密码算法的性能对比

表 8-2 简要比较该方案与标准 SM2 实现之间的理论性能差异。需要说明的是，SM2 计算中的主要负载是椭圆曲线上的基点 G 的点乘（kG）和非固定点的点乘（kP），因此仅列出

与之相关的计算数量。

表 8-2   标准 SM2 与两方 SM2 门限密码算法的计算量对比

| | 标准 SM2 | 两方门限 SM2 | | |
		用户终端	协作服务端	交互次数
密钥生成	$kG \times 1$	$kP \times 1$	$kG \times 1$	1 次
签名	$kG \times 1$	$kG \times 1$、验签 $\times 1$（$kG \times 1$、$kP \times 1$）	$kG \times 1$、$kP \times 1$	2 次
解密	$kP \times 1$	$kP \times 1$	$kP \times 1$	2 次

对于椭圆曲线上的基点 G 的点乘计算（kG）而言，由于基点 G 是固定的，且随机数 k 与消息无关，可以使用预计算技术来进行加速，因此相对于非固定点的点乘（kP）而言，它要快近一个数量级。从表 8-2 可以看出，在不考虑网络交互消耗，且假设服务端的性能比客户端强很多（即服务端的计算负载可以忽略）的情况下，使用两方 SM2 门限密码算法的密钥生成和签名计算将降低近一个数量级的水平，而解密计算性能比较接近，其中签名主要是因为加入了验签计算来验证结果，如果不进行验签操作，则性能不会有明显的降低。但是考虑到签名计算和公钥解密计算的使用频率相对少，而且还有用户输入 PIN 的时间，在大多数场景下，这种程度的效率降低还是可以接受的。

8.3.5   密钥使用控制

正如以上介绍的两个方案所述，除了保证密钥安全外，基于门限密码算法的密钥安全方案还带来了一个额外的好处，就是引入了对于密钥的使用控制，即协作服务端可以根据用户的当前情况来控制用户能否使用密钥。这种控制机制在公钥基础设施（Public Key Infrastructure，PKI）的证书撤销中尤其有用。

证书撤销是 PKI 的一个重要问题，它可以在用户私钥存在风险的情况下，提前结束其生命周期，保证泄露的私钥不会再被恶意使用。证书撤销有两个重要的实现方式：证书撤销列表和在线证书状态协议。

- ❑ 证书撤销列表（Certificate Revocation List，CRL）是处理证书撤销的最常见方式。CA（Certification Authority，证书认证中心）会定期发布所有已撤销证书的序列号列表。CRL 放在被称为 CRL 分发点的指定服务器上。公钥加密场景下，发送者确认接收方的证书不在当前 CRL 后，将加密的消息发送给接收者；签名验证场景下，验证者需要检查签名签发时签名者的证书是否在 CRL 中。

- ❑ 在线证书状态协议（Online Certificate Status Protocol，OCSP）是对 CRL 的一个改进，它不再向每个用户传输较长的 CRL，而是提供更及时的撤销信息。为了验证某个证书，用户向 CA 发送 OCSP 查询请求，然后 CA 返回一个由它自己签名的应答，说明当前是否撤销了指定的证书。公钥加密场景下，发送者向接收方发送消息时，它都会向 CA 发送 OCSP 查询，以确保接收方的证书仍然有效；签名验证场景下，验证者向 CA 发送 OCSP 查询，以检查相应的证书当前是否有效。

但是，CRL 和 OCSP 等传统证书撤销技术在应用中仍然有一些问题：

❏ 如果使用 CRL 撤销证书，其他人（Bob）为了验证某个用户（Alice）签名或加密消息，Bob 必须先下载较长的 CRL 并验证 Alice 的证书不在 CRL 上。Bob 为验证 CRL 上的一个证书必须下载整个 CRL，否则无法验证 CA 在 CRL 上的签名。由于 CRL 会随着被撤销证书数量增加而变大，因此客户端一般不会经常下载它们，而是每周或每月下载一次。这样，证书撤销可能在撤销发生一个月后才实际生效。

❏ 如果使用 OCSP 撤销证书，每当 Bob 向 Alice 发送电子邮件时，Bob 都会首先发出 OCSP 查询以验证 Alice 证书的有效性。然后，Bob 发送用 Alice 公钥加密的电子邮件。加密的电子邮件可能会在 Alice 的电子邮件服务器上停留几个小时或几天。如果在此期间 Alice 的密钥被撤销，那么也没有办法阻止 Alice 在密钥撤销后解密该电子邮件。

❏ 签名验证者即使及时得知用户证书已经被撤销，但是由于签名中可能不会包括时间信息，因此验证者就无法确定该用户是在证书撤销前还是在证书撤销后进行签名的。

以上这些问题的根源就在于，证书撤销并没有真正地阻断私钥的使用。在引入门限密码算法后，可以将协作服务端作为 CA 的一部分，将用户的私钥拆分存储在用户终端和协作服务端上，那么就可以引入 CA 控制用户私钥使用的机制，因为用户无法单独完成签名和解密操作。这种控制能力可以是短时的，根据风险阻断某一次的签名／解密；也可以是永久的，将用户使用私钥的能力永久剥夺，类似于证书撤销。这种撤销方法不是撤销用户的证书，而是剥夺用户执行签名和解密等操作的能力。与 CRL 和 OCSP 技术相比，它有以下 2 个重要的优势：

❏ **零延迟撤销** 基于两方门限密码算法的密钥安全方案赋予直接阻断私钥使用的能力，在用户证书撤销后，用户将立即被剥夺签名和解密的能力，而不会有任何延迟。

❏ **隐式时间戳** OCSP 和 CRL 都要求签名者在签名生成时访问受信任的时间服务，以获得签名的安全时间戳。否则，验证者无法确定签名是何时签发的。但是，基于门限密码算法的密钥安全方案并不需要时间戳服务，因为证书的撤销是即时的，一旦证书被撤销，相应的私钥不能再用于消息签名，签名验证者可以确认签名生成时签名者证书确实有效。

以上机制主要实现的是服务端对于用户终端的密钥使用控制，这种控制机制也能反过来使用，即由用户终端控制服务端的密钥使用。考虑云服务场景下，云平台可能需要代理存储和使用用户的密钥完成与业务系统的交互。这种情况下，密钥如果完全处于云平台中，则存在着密钥被恶意使用的风险，而且在一些涉及法律责任的业务场景中，也存在责任无法界定的问题。通过门限密码算法，可以将密钥分别拆分至云平台和用户终端，在云服务使用密码资源时，需要与用户终端进行确认和交互，合作进行签名和解密操作。云平台执行的任何密钥操作，都需要由用户终端配合完成，云平台无法独自完成，这样就保证了用户终端对于云平台存储的密钥的使用控制。

8.4　本章小结

与基于计算机体系结构的密钥安全方案不同，门限密码算法从密码算法层面给出了密钥安全方案的实现思路，通过将密钥拆分成多个分量，每个成员持有原始密钥的一个分量，只有达到门限数量的成员合作，才能进行密码计算；而少于门限数量的成员合作既不能进行密码计算，也无法获取私钥的任何信息。通过调整门限密码算法的参数，既能保护密钥的机密性，还能保护密钥的完整性和可用性。

秘密分享是门限密码算法的基础。(t, n) 秘密分享最早提供了一种在不增加秘密泄露或丢失等各种风险的前提下提高可靠性的办法。基本思想包括秘密分发和秘密重构，秘密分发者将原始秘密分成 n 个分量并将这些秘密分量分发给不同的成员保管；在重构秘密时，任意不少于 t 个的参与者合作，以自己保留的秘密为输入，重构出原始秘密。最经典和广泛使用的 Shamir 秘密分享方案利用 Lagrange 插值多项式理论设计了 (t, n) 秘密分享方案。

门限密码算法基于秘密分享的思路，不仅仅是将密钥拆分，还要在进行具体密码运算时保证无须恢复原始密钥，各参与方就可以利用持有的密钥分量进行计算，得到与使用原始密钥直接进行密码运算相同的结果。以门限签名算法为例，每个参与方先利用私钥分量对消息进行签名操作得到部分签名结果（签名分量），之后使用超过特定门限值的若干个有效签名分量合成为最终的签名结果。这样整个门限签名过程没有生成原始私钥，保证了私钥的机密性。本章简单介绍了 RSA (n, n) 门限密码算法和基于 Shamir 秘密分享的 SM2 (t, n) 门限密码算法。

在门限密码算法方案设计和应用中，需要综合度量安全和性能因素。本章详细介绍了两个基于两方门限密码算法的密钥安全方案，分别实现了协作式的 RSA 和 SM2 计算。从这两个方案可以看出，门限密码算法一方面可以保护密钥安全，另一方面引入了对于密钥使用的控制机制，可以实现更为丰富的密码安全功能。

参考文献

[1]　Luís T A N Brandão, Nicky Mouha, Apostol Vassilev. Threshold Schemes for Cryptographic Primitives: Challenges and Opportunities in Standardization and Validation of Threshold Cryptography [R].

[2]　Shamir A. How to share a secret[J]. Communications of the ACM, 1979, 22(11): 612-613.

[3]　Gennaro R , Jarecki S , Krawczyk H . Robust Threshold DSS Signatures[J]. Information & Computation, 2001, 164(1):54-84.

[4]　尚铭，马原，林璟锵，荆继武 . SM2 椭圆曲线门限密码算法 [J]. 密码学报，2014(02): 49-60.

[5]　Boneh D, Ding X, Tsudik G, et al. A Method for Fast Revocation of Public Key Certificates and Security Capabilities[C]. USENIX Security Symposium. 2001.

[6]　林璟锵，马原，荆继武，王琼霄，雷灵光，蔡权伟，王雷. 适用于云计算的基于 SM2 算法的签名及解密方法和系统：中国发明专利 ZL2014104375995[P]. 2017-11-03.

缩略语表

缩略语	英文	中文
2Key-TDEA	2-Key Triple Data Encryption Algorithm	两密钥的三重数据加密算法
3GPP	Third Generation Partnership Project	第三代合作伙伴计划
3Key-TDEA	3-Key Triple Data Encryption Algorithm	三密钥的三重数据加密算法
ACM	Authenticated Code Module	已鉴别代码模块
ACPI	Advanced Configuration and Power Management Interface	高级配置和电源管理接口
AE	Authenticated Encryption	认证加密（模式）
AEAD	Authenticated Encryption with Associated Data	带相关数据的认证加密（模式）
AES	Advanced Encryption Standard	高级加密标准
AES-NI	Advanced Encryption Standard New Instruction	高级加密标准新指令
AF	Auxiliary carry Flag	辅助进位标志（位）
APIC	Advanced Programmable Interrupt Controller	高级可编程中断控制器
ARR	Address-Range Register	地址范围寄存器
ARX	Add-Rotate-XOR	加－循环移位－异或
ASF	Advanced Synchronization Facility	高级同步设施
ASIC	Application Specific Integrated Circuit	专用集成电路
AVX	Advanced Vector Extensions	高级向量扩展
BIOS	Basic Input/Output System	基本输入／输出系统
BTB	Branch Target Buffer	分支目标缓存器
CA	Certification Authority	证书认证中心
CAP	Cryptographic Algorithm Provider	密码算法提供者
CAR	Cache As RAM	Cache 作为内存
CBC	Cipher Block Chaining	密文分组链接（模式）
CBC-MAC	Cipher Block Chaining Message Authentication Code	密文分组链接消息鉴别码
CCM	Counter with CBC-MAC	带 CBC-MAC 的计数器模式
CF	Carry Flag	进位标志（位）
CFB	Cipher Feedback	密文反馈（模式）
CIOS	Coarsely Integrated Operand Scanning	（Montgomery 乘法的）粗粒度操作数扫描（模式）
CISC	Complex Instruction Set Computing	复杂指令集
CMAC	Cipher-based Message Authentication Code	基于对称加密算法的消息鉴别码
CNG	Cryptography API: Next Generation	（Windows）密码应用编程接口：下一代

（续）

缩略语	英文	中文
CPL	Current Privilege Level	当前特权级
CPU	Central Processing Unit	中央处理器
CRL	Certificate Revocation List	证书撤销列表
CRT	Chinese Remainder Theorem	中国剩余定理
CryptoAPI	Cryptographic Application Programming Interface	（Windows）密码应用编程接口
CSP	Cryptographic Service Provider	密码服务提供者
CTR	Counter	计数器（模式）
CTR_DRBG	Deterministic Random Bit Generator based on Counter mode of Block Cipher	基于对称加密算法计数器模式的确定性随机数生成器
DE	Debugging Extension	调试扩展
DES	Data Encryption Standard	数据加密标准
DF	Direction Flag	方向标志（位）
DH	Diffie-Hellman	Diffie-Hellman（密钥协商算法）
DLL	Dynamic-Link Library	动态链接库
DMA	Direct Memory Access	直接存储器访问
DoS	Denial of Service	拒绝服务
DPL	Descriptor Privilege Level	描述符特权级
DRAM	Dynamic Random Access Memory	动态随机访问存储器
DRBG	Deterministic Random Bit Generator	确定性随机比特生成器
DSA	Digital Signature Algorithm	数字签名算法
DTLS	Datagram Transport Layer Security	数据包传输层安全协议
ECB	Electronic Code Book	电码本（模式）
ECC	Elliptic Curve Cryptography	椭圆曲线密码学
ECDH	Elliptic Curve Diffie-Hellman	椭圆曲线 Diffie-Hellman（密钥协商算法）
ECDSA	Elliptic Curve Digital Signature Algorithm	椭圆曲线数字签名算法
EdDSA	Edwards-Curve Digital Signature Algorithm	Edwards 椭圆曲线数字签名算法
EDL	Enclave Definition Language	enclave 定义语言
EEPROM	Electrically Erasable Programmable Read-Only Memory	带电可擦可编程只读存储器
EFI	Extensible Firmware Interface	可扩展固件接口
ELF	Executable and Linkable Format	可执行和可链接格式
EPC	Enclave Page Cache	enclave 页面缓存
FIPS	Federal Information Processing Standard	（美国）联邦信息处理标准
FIQ	Fast Interrupt Request	快速中断请求
FPGA	Field Programmable Gate Array	现场可编程逻辑阵列
GCC	GNU Complier Collection	GNU 编译器套件
GCM	Galois/Counter Mode	Galois/ 计数器模式
GDT	Global Descriptor Table	全局描述符表
GMAC	Galois Message Authentication Code	Galois 消息鉴别码
GMP	GNU Multiple Precision	GNU 多精度
GOT	Global Offset Table	全局偏移表

（续）

缩略语	英文	中文
GPR	General-Purpose Register	通用寄存器
GPU	Graphics Processing Unit	图形处理器
Hash_DRBG	Deterministic Random Bit Generator based on Hash function	基于密码杂凑算法的确定性随机数生成器
HLE	Hardware Lock Elision	硬件锁消除
HMAC	Keyed-Hash Message Authentication Code	带密钥的杂凑消息鉴别码
HMAC_DRBG	Deterministic Random Bit Generator based on Keyed-Hash Message Authentication Code	基于 HMAC 的确定性随机数生成器
HSM	Hardware Security Module	硬件安全模块
HTM	Hardware Transactional Memory	硬件事务内存
IaaS	Infrastructure as a Service	基础设施即服务
IEC	International Electro technical Commission	国际电工委员会
IETF	Internet Engineering Task Force	互联网工程工作组
IF	Interrupt Flag	中断允许标志（位）
IKE	Internet Key Exchange	互联网密钥交换（协议）
IMEI	International Mobile Equipment Identity	国际移动设备识别码
IMSI	International Mobile Subscriber Identity	国际移动用户识别码
IOMMU	I/O Memory Management Unit	输入 / 输出内存管理单元
IOPL	Input/Output Privilege Level	I/O 特权等级
IPI	Inter-Processor Interrupt	处理器间中断
IPSec	Internet Protocol Security	互联网协议安全
iRAM	internal Random Access Memory	内部随机存取存储器
IRQ	Interrupt Request	中断请求
ISA	Instruction-Set Architecture	指令集架构
ISO	International Organization for Standardization	国际标准化组织
IV	Initial Vector	初始向量
KAT	Known Answer Test	已知答案测试
KBKDF	Key-Based Key Derivation Function	基于密钥的密钥派生函数
KDF	Key Derivation Function	密钥派生函数
KEK	Key Encryption Key	密钥加密密钥
KEM	Key Encapsulation Mechanism	密钥封装机制
KSP	Key Storage Provider	密钥存储提供者
KVM-QEMU	Kernel-based Virtual Machine/ Quick EMUlator	基于内核的虚拟机 / 快速模拟器
L1 D-Cache	Level 1 Data Cache	1 级数据 Cache
L1TF	Level 1 Cache Terminal Fault	1 级 Cache 终端故障
LCP	Launch Control Policy	启动控制策略
LDT	Local Descriptor Table	局部描述符表
LFB	Line Fill Buffer	行填充缓冲区
LKM	Loadable Kernel Module	可装载内核模块
LLC	Last Level Cache	末级 Cache
LRPC	Local Remote Process Call	本地远程过程调用

（续）

缩略语	英文	中文
LSA	Local Security Authority	本地安全权威
MAC	Message Authentication Code	消息鉴别码
MCSC	Minimum Cache-Sharing Core set	最小 Cache 共享核集
MD5	Message Digest 5	MD5（杂凑算法）
MDS	Microarchitectual Data Sampling	微架构数据采样
MEE	Memory Encryption Engine	内存加密引擎
MLE	Measured Launch Environment	已度量启动环境
MMU	Memory Management Unit	内存管理单元
MMX	Matrix Math Extensions	矩阵数学扩展
MP	Multi-Precision	多精度
MQV	Menezes-Qu-Vanstone	Menezes-Qu-Vanstone（密钥协商算法）
MSR	Model-Specific Register	模块特殊寄存器
MTRR	Memory Type Range Register	内存类型范围寄存器
NIST	National Institute of Standards and Technology	美国国家标准技术院
NMI	Non-Maskable Interrupt	不可屏蔽中断
NRBG	Non-deterministic Random Bit Generator	非确定性随机比特生成器
NSA	National Security Agency	美国国家安全局
NVRAM	Non-Volatile RAM	非易失性随机存取存储器
OAEP	Optimal Asymmetric Encryption Padding	最优非对称加密填充
OCSP	Online Certificate Status Protocol	在线证书状态协议
OF	Overflow Flag	溢出标志（位）
OFB	Output Feedback	输出反馈（模式）
OTP	One Time Password	一次性口令
PaaS	Platform as a Service	平台即服务
PAE	Physical Address Extension	物理地址扩展
PAT	Page Attribute Table	页表属性表
PBKDF	Password-Based Key Derivation Function	基于口令的密钥派生函数
PCD	Page-level Cache Disable	页级 Cache 禁用（位）
PCR	Platform Configuration Register	配置寄存器
PDE	Page Directory Entry	页目录项
PEBS	Precise-Event-Based Sampling	基于精确事件的取样
PEM	Privacy-Enhanced Mail	隐私增强邮件
PF	Parity Flag	奇偶标志（位）
PGD	Page Global Directory	页全局目录
PGE	Page Global Enable	页全局使能
PIC	Position-Independent Code	地址无关代码
PIN	Personal Identification Number	个人识别码
PKI	Public-Key Infrastructure	公钥基础设施
PLT	Procedure Linkage Table	过程链接表
PMD	Page Middle Directory	页中间目录
PRF	Pseudo Random Function	伪随机函数

（续）

缩略语	英文	中文
PRM	Processor Reserved Memory	处理器保留内存
PRNG	Pseudo Random Number Generator	伪随机数生成器
PSE	Page Size Extension	页大小扩展
PSS	Probabilistic Signature Scheme	概率性签名方案
PT	Page Table	页表
PTE	Page Table Entry	页表项
PUB	Publication	出版物
PUD	Page Upper Directory	页上级目录
PWT	Page-level Write-Through	页级写通（位）
PXE	Preboot Execute Environment	预启动执行环境
QEMU	Quick EMUlator	快速模拟器
RAM	Random Access Memory	随机存取存储器
RFC	Request For Comments	征求意见
RISC	Reduced Instruction Set Computing	精简指令集
ROM	Read-Only Memory	只读存储器
ROP	Return-Oriented Programming	返回导向编程
RPL	Request Privilege Level	请求者特权级
RSA	Rivest-Shamir-Adleman	Rivest-Shamir-Adleman（公钥密码算法）
RTM	Restricted Transactional Memory	受限事务内存
SaaS	Software as a Service	软件即服务
SCC-AES	Security Controller-AES	安全控制器 -AES
SCR	Secure Configuration Register	安全配置寄存器
SDE	Software Development Emulator	软件开发模拟器
SE	Secure Element	安全单元
SF	Sign Flag	符号标志（位）
SGX	Software Guard Extensions	软件防护扩展
SHA	Secure Hash Algorithm	安全密码杂凑算法
SIMD	Single Instruction Multiple Data	单指令多数据
SMAP	Supervisor-Mode Access Prevention	管理模式访问保护
SMC	Secure Monitor Call	安全监视器调用
SMEP	Supervisor-Mode Execution Prevention	管理模式执行保护
SMI	System Management Interrupt	系统管理中断
SMM	System Management Mode	系统管理模式
SMP	Symmetrical Multi-Processing	对称多处理
SoC	System on Chip	片上系统
SPICE	Simple Protocol for Independent Computing Environments	独立计算环境简单协议
SRAM	Static Random Access Memory	静态随机访问存储器
SSA	State Save Area	状态存储区
SSE	Streaming SIMD Extensions	单指令多数据流扩展
SSH	Secure Shell	安全外壳协议

（续）

缩略语	英文	中文
SSL	Secure Sockets Layer	安全套接层
TA	Trusted Application	可信应用
TCB	Trusted Computing Base	可信计算基
TEE	Trusted Execution Environment	可信执行环境
TF	Trap Flag	跟踪标志（位）
TFM	Transformation Object	转换对象
TLB	Translation Lookaside Buffer	转换旁路缓冲器（又称快表）
TLS	Transport Layer Security	传输层安全
TRNG	True Random Number Generator	真随机数生成器
TSX	Transactional Synchronization Extension	事务同步扩展
TXT	Trusted Execution Technology	可信执行技术
TZASC	TrustZone Address Space Controller	TrustZone 地址空间控制器
TZPC	TrustZone Protection Controller	TrustZone 保护控制器
VME	Visual-8086 Mode Extension	虚拟 8086 模式扩展
VMM	Virtual Machine Manager	虚拟机监控器
VMS	Virtualization Management System	虚拟化管理系统
VT-d	Virtualization Technology for Directed I/O	直接访问 I/O 的虚拟化技术
VT-x	Virtualization Technology on x86 platform	x86 平台的虚拟化技术
XOF	Extendable Output Function	可扩展输出函数
ZF	Zero Flag	零标志（位）
ZUC	ZU Chongzhi	祖冲之序列密码算法

应用密码学：协议、算法与C源程序（原书第2版）

作者：（美）Bruce Schneier 译者：吴世忠 祝世雄 张文政 等
ISBN：978-7-111-44533-3 定价：79.00元

本书是密码学领域的经典著作。它没有将密码学的应用仅仅局限在通信保密性上，而是紧扣密码学的发展轨迹，从计算机编程和网络化应用方面，阐述了密码学从协议、技术、算法到实现的方方面面，向读者全面展示了现代密码学的进展。书中涵盖密码学协议的通用类型、特定技术，以及现实世界密码学算法的内部机制，包括DES和RSA公开密钥加密系统。书中提供了源代码列表和大量密码学应用方面的实践活动，如产生真正的随机数和保持密钥安全的重要性。

信息安全数学基础

作者：贾春福 钟安鸣 杨骏 ISBN：978-7-111-55700-5 定价：39.00元

随着计算机和网络技术的飞速发展和广泛应用，网络与信息安全问题日益凸显，网络空间安全理论与技术成为当前重要的研究领域。"信息安全数学基础"对网络空间安全理论与技术的深入学习具有重要的意义。本书依据《高等学校信息安全专业指导性专业规范》中关于"信息安全数学基础"的相关教学要求选取内容，并将编者多年来积累的实际教学经验融入其中，力求系统、全面地覆盖网络空间安全领域所涉及的数学基础知识。

推荐阅读

云安全原理与实践

陈兴蜀 葛龙 主编 ISBN：978-7-111-57468-2 定价：69.00元

在云计算发展的同时，其安全问题也日益凸显，并成为制约云计算产业发展的重要因素。本书从云计算的基本概念入手，由浅入深地分析了云计算面临的安全威胁及防范措施，并对云计算服务的安全能力、云计算服务的安全使用以及云计算服务的安全标准现状进行了介绍。本书的另一大特色是将四川大学网络空间安全研究院团队的学术研究成果与阿里云企业实践结合，一些重要章节的内容给出了在阿里云平台上的实现过程，通过"理论+实践"的模式使得学术与工程相互促进，同时加深读者对理论知识的理解。

云数据安全

徐鹏 林璟锵 金海 王蔚 王琼霄 著 ISBN：978-7-111-60509-6 定价：59.00元

本书旨在介绍当前云数据面临的主要安全威胁，并针对不同应用场景，结合作者近几年来的研究成果，分别探讨云数据的安全存储、安全共享、安全搜索、安全编辑等问题，最后通过集成上述部分核心技术解决云邮件系统的安全问题。通过本书的介绍，可以让读者基本了解云数据安全技术的发展历程，深入了解部分主流的云数据安全技术及其应用价值，领会"理论+实践"的结合方法。

云服务安全

邹德清 代炜琦 金海 著 ISBN：978-7-111-60508-9 定价：79.00元

如今，云安全问题已成为限制云计算发展的关键因素。许多云服务安全问题亟待解决，包括如何应对虚拟化特性带来的新的安全挑战、如何保护云租户的应用与数据安全以及如何保障云服务的可靠性等，因此，研究云服务安全关键技术对于推动云计算技术快速发展具有重大意义。本书结合作者多年关于云服务安全的科研成果，全面、系统地对云服务的基本概念、云服务可信构建机制、云服务安全监控技术、虚拟域安全保障方法和云服务高可靠性保障机制等内容进行了深入剖析和系统介绍，并给出若干实例和思路，理论性和实践性兼顾。

推荐阅读

网络协议分析（第2版）

作者：寇晓蕤 蔡延荣 张连成 ISBN：978-7-111-57614-3

本书以TCP/IP协议族中构建Internet所必须的协议作为主题，详细讨论了TCP/IP协议的体系结构和基本概念，并深入分析了各个协议的设计思想、流程以及所解决的问题。在内容选择上，注意选取目前互联网体系结构中常用的或者对实际工作具有指导意义的协议进行介绍；在写作方法上既讨论原理性的知识，又加入了实际应用相关的内容，并将协议发展的新内容涵盖其中。本书适合作为高校网络空间安全学科相关专业网络分析课程的教材，也可供技术人员参考。

网络攻防技术（第2版）

作者：朱俊虎 奚琪 张连成 等 ISBN：978-7-111-61936-9

网络攻击和防御始终是对立、矛盾的，但又是相辅相成、互相联系的。深入了解这对矛盾的两个方面，才能为做好网络安全防护工作打下坚实的基础。本书面向初学者，系统介绍了网络攻击与防御技术。全书从内容上分为两大部分，第一部分重点介绍网络攻击技术，从网络安全面临的不同威胁入手，详细介绍了信息收集、口令攻击、软件漏洞、Web应用攻击、恶意代码、假消息攻击、拒绝服务攻击等攻击技术，并结合实例进行深入的分析。第二部分重点介绍网络防御技术，从网络防御的模型入手，详细介绍了访问控制机制、防火墙、网络安全监控、攻击追踪与溯源等安全防御的技术与方法，并从实际应用角度分析了它们的优势与不足。

网络防御与安全对策：原理与实践（原书第3版）

作者：[美] 查克·伊斯特姆（Chuck Easttom）著 译者：刘海燕 等 ISBN：978-7-111-62685-5

网络安全与防御已经成为当今IT领域中广受关注的话题。本书以全面介绍网络安全面临的威胁以及网络防护的方法为目标，将网络安全理论、技术和网络安全意识培养有机结合起来，通过精心选材、对关键内容的透彻解析，为读者搭建出坚实、宽基础的网络安全知识框架。